建设专业管理人员岗位考试指导丛书

施工员岗位考试指导用书

无锡市建设培训中心　组织编写

中国建筑工业出版社

图书在版编目（CIP）数据

施工员岗位考试指导用书/无锡市建设培训中心组织编写. —北
京：中国建筑工业出版社，2013.2
　（建设专业管理人员岗位考试指导丛书）
　ISBN 978-7-112-15067-0

Ⅰ.①施⋯　Ⅱ.①无⋯　Ⅲ.①建筑工程-工程施工-岗位培训-自
学参考资料　Ⅳ.①TU74

中国版本图书馆 CIP 数据核字（2013）第 012205 号

本书为无锡市建设培训中心组织，由多位具有丰富教学与施工现场实际工作经
验的教师执笔编写完成。

全书共分为：1 专业基础知识、2 专业管理实务、3 试卷汇编等三大部分内容。
可供建设专业管理人员的各岗位应考人员阅读使用。

*　　*　　*

责任编辑：张伯熙　曾　威
责任设计：张　虹
责任校对：肖　剑　王雪竹

建设专业管理人员岗位考试指导丛书
施工员岗位考试指导用书
无锡市建设培训中心　组织编写
*
中国建筑工业出版社出版、发行（北京西郊百万庄）
各地新华书店、建筑书店经销
北京红光制版公司制版
廊坊市海涛印刷有限公司印刷
*
开本：787×1092 毫米　1/16　印张：18½　字数：448 千字
2013 年 4 月第一版　　2014 年 9 月第三次印刷
定价：**42.00** 元
ISBN 978-7-112-15067-0
（23070）

施工员岗位考试指导用书
编写委员会

主　　编：徐晓春

副主编：蔡国英　任锡刚　安　晶

编　　写：安震中　陈伯兴　姚健平

　　　　　徐　芸　宋晓敏　宋怡倩

　　　　　钱佩莉

前　言

　　为了帮助我市建设专业管理人员各岗位应考人员正确理解考试大纲和考试用书的知识点，提高应考人员的解题能力、熟悉解题技巧，受无锡市建设局教育培训领导小组办公室委托，无锡市建设培训中心组织有关大专院校的专家编写了本指导丛书。本指导丛书包括如下九分册：

　　1. 施工员岗位考试指导用书
　　2. 质检员岗位考试指导用书
　　3. 材料员岗位考试指导用书
　　4. 资料员岗位考试指导用书
　　5. 造价员岗位考试指导用书
　　6. 机械员岗位考试指导用书
　　7. 试验员岗位考试指导用书
　　8. 城建档案管理员岗位考试指导用书
　　9. 计算机操作员岗位考试指导用书

　　本指导丛书的编写以江苏省建设专业管理人员岗位培训教材《施工员考试大纲·习题集》和《施工员专业基础知识》、《施工员专业管理实务》，《质检员考试大纲·习题集》和《质检员专业基础知识》、《质检员专业管理实务》，《材料员考试大纲·习题集》和《材料员专业基础知识》、《材料员专业管理实务》，《资料员考试大纲·习题集》和《资料员专业基础知识》、《资料员专业管理实务》，《造价员考试大纲·习题集》和《造价员专业基础知识》、《造价员专业管理实务》，《机械员考试大纲·习题集》和《机械员专业基础知识》、《机械员专业管理实务》，《试验员考试大纲·习题集》和《试验员专业基础知识》、《试验员专业管理实务》，《城建档案管理员考试大纲·习题集》和《城建档案管理员专业基础知识》、《城建档案管理员专业管理实务》以及《计算机操作员考试大纲》为依据，内容涵盖了各岗位的考试要点、典型题析、模拟试题和试题汇编，力求知识要点与考试要点相吻合，知识层次与结构层次合理。

　　与江苏省建设专业管理人员岗位培训教材各岗位的考试大纲和习题集相比，更注重考试要点和典型题的分析，并考虑岗位特征，融合了新老规范的叙述，分析新老规范的区别，着重阐述新规范的规定，对考生的应试和实际工作均有指导性。

　　本丛书由无锡市建设培训中心编写组编写。

　　本丛书编写过程中，参考了江苏省建设专业管理人员岗位培训教材，直接采用了岗位考试大纲·习题集的部分原题或经修改后采用，在此向原书编著者致以真挚的感谢。

　　限于编者的水平及时间的仓促，难免出现疏漏和不妥，恳请广大读者批评、指正。

编者

2013 年 3 月

无锡市建设培训中心简介

  无锡市建设培训中心（以下简称中心）是无锡市建设局所属有偿公益类事业单位，是一个集培训、升学、考证为一体的建设职业技术培训单位。目前中心已成为无锡地区建筑类专业最具规模的多层次、多学科、多渠道综合教育培训机构，并以高效优质、灵活多变的教学方式享誉全市。

  目前中心面积近 3000m²，可容纳千名学员同时参加培训。另外还设有培训实训基地 7000m²。中心一直承担着无锡市建设行业培训工作，创办至今已累计培训 15 余万人次，每年培训学员 2 万余人。

  多年来中心始终坚持以"服务为本，规范创新，追求卓越"的培训宗旨，不断积累了丰富的培训经验。为了适应建筑行业日趋现代化、信息化的形势，满足不同类型的建筑行业工作者的需求，培训中心已开发学历教育、特种作业岗位工种培训、建设专业职业资格与岗位管理人员培训、各类专业技术人员继续教育培训、另外可根据企业需求定置相应的培训，并承办政府职能部门委托的岗位培训考试考务工作。

  中心注重教师干部队伍建设，现有专兼职教师中副教授以上高级职称占 60%，具有较强的教育教学管理与实践技术能力。中心还建立了一支近 30 人的专业教学管理团队，其中大专以上学历占 95%，本科以上学历占 60%。在办学上形成了不断开拓创新的优良传统，推动我市建设教育培训工作和谐、可持续发展。

  中心办学多年来硕果累累，效益显著，多次荣获先进集体、文明单位等一系列荣誉称号，充分发挥了政府办学的示范与辐射效应，引领无锡市建筑行业职业技术教育现代化、信息化进程。

目 录

1 专 业 基 础 知 识

1.1　建筑识图

1.1.1　考试要点

1.1.1.1　制图的基本知识
1. 图幅、图标及会签栏的规定
2. 线型、字体、比例和尺寸标注的规定
3. 常用建筑材料图例的规定
4. 常用制图工具的使用方法

1.1.1.2　投影的基本知识
1. 投影的形成和分类，平行投影的分类
2. 物体的单面正投影、两面正投影、多面正投影的形成和相互间的关系，三面投影图的形成和投影关系
3. 点、线、面的投影特点
4. 组合体尺寸的标注和识读
5. 基本体轴测投影图的绘制方法

1.1.1.3　剖面图和断面图
1. 剖面图的形成、种类和应用
2. 断面图的形成、种类和应用
3. 剖面图与断面图的区别

1.1.1.4　建筑工程施工图的识读
1. 建筑工程施工图的种类
2. 建筑工程施工图常用符号及规定
3. 建筑施工图和结构施工图的识读方法

1.1.2　典型题析

1. 在工程图中，若粗实线的线宽为（　　　），则细实线的线宽一般为 0.75mm。

A. 1.0mm　　　　　B. 2.0mm　　　　　C. 3.0mm　　　　　D. 4.0mm

答案：C

解析：细实线线宽为粗实线线宽的1/4。

2. 图标中显示的内容包括（　　　）。

A. 工程名称　　　　B. 图纸比例　　　　C. 设计单位

D. 图名　　　　　　E. 设计日期

1

答案：ABCDE

解析：图纸标题栏（简称图标），用来填写设计单位、工程名称、图名、图号图纸比例以及设计人、制图人、审批人的签名和日期等。

3. 建筑工程设计文件包括（　　）。

A. 建筑设计图纸　　　　　　　　B. 结构设计图纸

C. 设备专业设计图纸　　　　　　D. 工程概预算书

E. 设计说明书和计算书

答案：ABCDE

解析：建筑工程设计文件包括建筑设计图纸、结构设计图纸、设备专业设计图纸、工程概预算书、设计说明书和计算书等文字资料。

4. 建筑专业施工图主要包括以下内容：（　　）。

A. 设计说明、总平面图　　　　　B. 结构平面布置图

C. 平面图、立面图　　　　　　　D. 剖面图、详图

E. 基础平面图

答案：ACD

解析：建筑专业施工图主要包括设计说明、总平面图、建筑平面图、建筑立面图、建筑剖面图以及建筑详图等。

5. 建筑立面图主要表明建筑物（　　）。

A. 屋顶的形式　　B. 外墙饰面　　C. 房间大小

D. 内部分隔　　　E. 楼层高度

答案：AB

解析：建筑立面图主要表明建筑物外部形状、房屋的长、宽、高尺寸，屋顶的形状，门窗洞口的位置，外墙饰面、材料及做法等。

6. 结构专业施工图的基本内容包括：（　　）。

A. 结构布置图　　B. 构件详图　　C. 管线系统图

D. 结构设计说明　　E. 结构计算书

答案：ABD

解析：结构专业施工图的基本内容包括结构布置图、构件详图、结构设计说明。

7. 断面图的种类有（　　）。

A. 全断面　　　　B. 半断面　　　C. 移出断面

D. 重合断面　　　E. 中断断面

答案：CDE

解析：断面图的种类有：移出断面、重合断面、中断断面。

8. 下列对绘图工具及作图方法描述正确的是（　　）。

A. 三角板画铅垂线应该从上到下　　B. 三角板画铅垂线应该从下到上

C. 丁字尺画水平线应该从左到右　　D. 圆规作园应该从左下角开始

E. 分规的两条腿必须等长，两针尖合拢时应会合成一点

答案：BCDE

解析：三角板画铅垂线应该从下到上。

9. 三个投影图就能判断几乎所有物体的形状和大小，这就是通常所说的轴视图。
（　　）（判断题）

答案：错误

解析：三个投影图就能判断几乎所有物体的形状和大小，这就是通常所说的三视图。

10. 剖面图中剖切位置不同产生的剖切效果基本相同。（　　）（判断题）

答案：错误

解析：不同的剖切位置会产生不同的剖切效果。

11. 下例关于标高描述正确的是（　　）。

A. 是用来标注建筑各部分竖向高程的一种符号

B. 标高分绝对标高和相对标高，以米为单位

C. 建筑上一般把建筑室外地面的高程定为相对标高的基准点

D. 绝对标高以我国青岛附近黄海海平面定为相对标高的基准点

E. 零点标高注成±0.000，正数标高数字一律不加正号

答案：ABDE

解析：建筑上一般把建筑室内地面的高程定为相对标高的基准点。

12. 下列关于详图索引标志说法正确的是（　　）。

A. 详图索引标志应以粗实线绘制

B. 上方（上半圆）注写的是详图编号

C. 下方（下半圆）注写的是详图所在的图纸编号

D. 当详图绘制在本张图纸上时，可以仅用细实线在索引标志的下半圆内画一段水平细实线

E. 当所索引的详图是局部的详图时，引出线一段的粗短线，表示作剖面时的投影方向

答案：BCD

解析：详图索引标志应以细实线绘制，当所索引的详图是局部的详图时，应在被剖切部位绘制剖切位置线，并以引出线引出索引符号，引出线的一侧表示为剖视方向。

13. 正面图和侧面图必须上下对齐，这种关系叫"长对正"。（　　）（判断题）

答案：错误

解析：正面图和侧面图必须上下对齐，这种关系叫"高平齐"。

14. 断面图中同一物体只能在一个位置切开画断面。（　　）（判断题）

答案：错误

解析：同一物体可以在不同位置作几个断面。

15. ②⁄₁ 表示 2 号轴线前附加的第一根轴线。（　　）（判断题）

答案：错误

解析：②⁄₁ 表示 2 号轴线后附加的第一根轴线。

16. 在结构平面图中配置双层钢筋时，底层的钢筋弯钩向下和向右，顶层钢筋的弯钩向上或向左。（　　）（判断题）

答案：错误

解析：在结构平面图中配置双层钢筋时，底层的钢筋弯钩向上和向左，顶层钢筋的弯钩向下或向右。

17. 剖面图剖切符号的编号数字可以写在剖切位置线的任意一边。（　　）（判断题）

答案：错误

解析：剖面图剖切符号的编号数字应写在投射方向线的端部。

18. 横向定位轴线之间的距离，称为进深（　　）。（判断题）

答案：错误

解析：横向定位轴线之间的距离，称为开间。

19. 平面图中的外部尺寸一般标注为二道。（　　）（判断题）

答案：错误

解析：平面图中的外部尺寸一般标注为三道。

20. 确定物体各组成部分之间相互位置的尺寸叫定形尺寸。（　　）（判断题）

答案：错误

解析：确定物体各组成部分之间相互位置的尺寸叫定位尺寸。

1.1.3 模拟试题

模拟试题（一）（建筑工程）

一、单项选择题

1. 常用的 A2 工程图纸的规格是（　　）。

A. 841×1189　　　　B. 594×841　　　　C. 297×420　　　　D. 420×594

2. 投射线互相平行并且（　　）投影面的方法称之为正投影法。

A. 显实　　　　　B. 垂直　　　　　C. 斜交　　　　　D. 定比

3. 在对称平面垂直的投影面上的投影图，以对称线为界一半画外形图、一半画剖面图，这种剖面图称为（　　）。

A. 对称剖面图　　　B. 断面图　　　　C. 阶梯剖面图　　　D. 半剖面图

4. 在工程图中，用粗实线表示图中（　　）。

A. 对称轴线　　　B. 不可见轮廓线　　C. 图例线　　　D. 主要可见轮廓线

5. 用假想的剖切平面 P 剖开物体，将在观察者和剖切平面之间的部分移去，而将其余部分向投影面投射所得的图形称为（　　）。

A. 剖面图　　　　B. 断面图　　　　C. 切面图　　　　D. 剖视图

6. 标高的基准点用（　　）表示。

A. ±0.000　　　　B. +0.000　　　　C. −0.000　　　　D. 0.000

答案：1. D；2. B；3. D；4. D；5. A；6. A

二、多项选择题

1. 绘制剖面图常用的剖切方法包括（　　）。

A. 全剖面图　　　　B. 半剖面图　　　　C. 局部剖面图

D. 阶梯剖面图　　　E. 展开剖面图

2. 平行投影依次分为（　　）。

A. 中心投影　　　　B. 斜投影　　　　C. 正投影

D. 分散投影　　　E. 单面投影

3. 在三面投影图中（　　）能反映物体的宽度。

A. 正面图　　　　B. 侧面图　　　　C. 平面图

D. 斜投影图　　　E. 剖面图

答案：1. ABCDE；2. BC；3. BC

三、判断题（正确选 A，错误选 B）

1. 丁字尺是供画水平线条用的。　　　　　　　　　　　　　　　　（　　）

2. 三个投影图就能判断几乎所有物体的形状和大小，这就是通常所说的轴视图。

（　　）

3. 断面图中同一物体只能在一个位置切开画断面。　　　　　　　（　　）

答案：1. A；2. B；3. B

模拟试题（二）（建筑工程）

一、单项选择题

1. 常用构件梁、板、柱代号为（　　）。

A. L、B、Z　　　　B. GL、B、Z　　　　C. L、WB、Z　　　　D. L、B、QZ

2. 中心投影法是指所有投影线（　　）。

A. 相互平行　　　B. 相互垂直　　　C. 汇交于一点　　　D. 平行或相切

3. 在作钢筋混凝土构件的投影图时，假想混凝土为透明体，图内不画材料图例，钢筋用（　　）画出。

A. 细实线　　　　B. 点划线　　　　C. 虚线　　　　D. 粗实线

4. 在施工图中索引符号是由（　　）的圆和水平直线组成，用细实线绘制。

A. 直径为 10mm　　B. 半径为 12mm　　C. 周长为 14cm　　D. 周长为 6cm

5. 钢筋混凝土材料图例为（　　）。

A. ▨　　　　B. ▨　　　　C. ▨　　　　D. ▨

6. 1 号图纸图幅是（　　）图纸图幅的对裁。

A. 0 号　　　　B. 2 号　　　　C. 3 号　　　　D. 4 号

答案：1. A；2. C；3. D；4. A；5. C；6. A

二、多项选择题

1. 建筑平立剖常用的比例为（　　）。

A. 1：10　　　　B. 1：50　　　　C. 1：100

D. 1：200　　　　E. 1：300

2. 图纸中尺寸标注的组成包括（　　）。

A. 尺寸界限　　　B. 尺寸线　　　　C. 尺寸起止符号

D. 尺寸数字　　　E. 尺寸箭头

3. 剖面图主要用于表达物件（　　）。

A. 内部形状　　　B. 内部结构　　　C. 断面形状

D. 外部形状　　　E. 断面结构

答案：1. BCD；2. ABCD；3. AB

三、判断题（正确选 A，错误选 B）

1. ①/₂ 表示 2 号轴线前附加的第一根轴线。　　　　　　　　　　　　（　　）

2. 两框一斜线，定是垂直面；斜线在哪面，垂直哪个面。　　　　　　（　　）

3. 铅笔标号 H 表示硬铅芯，数字越大表示铅芯越硬。　　　　　　　　（　　）

答案：1. B；2. A；3. A

模拟试题（三）（建筑工程）

一、单项选择题

1. 我国横式图纸会签栏通常处于（　　　　）。

A. 图框内左上角　　　　　　　　　　　B. 图框内右上角

C. 图框内左下角　　　　　　　　　　　D. 图框外左上角

2. 在三面投影图中，（　　　）投影同时反映了物体的长度。

A. W 面投影和 H 面　　　　　　　　　B. V 面投影和 H 面

C. H 面投影和 K 面　　　　　　　　　D. V 面投影和 W 面

3. 我国规定，剖面图的剖切符号由剖切位置线及（　　　）组成。

A. 投影方向线　　　　B. 剖视线　　　　C. 轮廓线　　　　D. 加注线

4. 横向定位轴线编号用阿拉伯数字，（　　　）依次编号。

A. 从右向左　　　　　　　　　　　　　B. 从中间向两侧

C. 从左至右　　　　　　　　　　　　　D. 从前向后

5. 下面四种平面图不属于建筑施工图的是（　　　）。

A. 总平面图　　　　B. 基础平面图　　　　C. 首层平面图　　　　D. 顶层平面图

6. 圆锥体置于三面投影体系中，使其轴线垂直于 H 面，其水平投影为（　　　）。

A. 一段圆弧　　　　B. 矩形　　　　C. 椭圆　　　　D. 圆

答案：1. D；2. B；3. A；4. C；5. B；6. D

二、多项选择题

1. 根据基准点的不同，标高分为（　　　）。

A. 绝对标高　　　　　B. 相对标高　　　　C. 基准标高

D. 高程标高　　　　　E. 黄海标高

2. 平行投影基本规律与特性主要包括（　　　）。

A. 平行性　　　　　　B. 定比性　　　　　C. 度量性

D. 类似性　　　　　　E. 积聚性

3. 图纸中尺寸标注的组成包括（　　　）。

A. 尺寸界限　　　　　B. 尺寸线　　　　　C. 尺寸起止符号

D. 尺寸数字　　　　　E. 尺寸箭头

答案：1. AB；2. ABCDE；3. ABCD

三、判断题（正确选 A，错误选 B）

1. 在结构平面图中配置双层钢筋时，底层的钢筋弯钩向下和向右，顶层钢筋的弯钩向上或向左。　　　　　　　　　　　　　　　　　　　　　　　　　　（　　）

2. 剖面图中剖切位置不同产生的剖切效果基本相同。　　　　　　　　（　　）

3. 图样上数字应采用阿拉伯数字。　　　　　　　　　　　　　　　　（　　）

答案：1. B；2. B；3. A

模拟试题（四）（市政工程）

一、单项选择题

1. 在工程图中，若粗实线的线宽为（　　），则细实线的线宽一般为 0.75mm。

A. 1.0mm　　　　　B. 2.0mm　　　　　C. 3.0mm　　　　　D. 4.0mm

2. 点的 V 面投影和 H 面投影的连线，必（　　）。

A. 垂直于 OZ 轴　　　　　　　　B. 平行于 OX 轴

C. 垂直于 OX 轴　　　　　　　　D. 平行于投影线

3. 用平行投影面的假想剖切平面将物体在预想的位置切断，仅画出该剖切面与物体接触部分的图形，并在该图形内画上相应的材料图例，这样的图形称为（　　）。

A. 剖面图　　　　　B. 断面图　　　　　C. 切面图　　　　　D. 剖视图

4. 在下列四组立体中，都属于平面体的是（　　）。

A. 棱柱、圆柱　　　B. 棱锥、圆锥　　　C. 圆柱、圆锥　　　D. 棱柱、棱锥

5. 断面图的剖切符号用剖切位置线表示。断面图剖切符号宜采用阿拉伯数字进行编号，编号所在的一侧同时代表该断面图的（　　）。

A. 剖视方向　　　　B. 剖视线　　　　　C. 轮廓线　　　　　D. 加注线

6. 一套房屋施工图的编排顺序是：图纸目录、设计总说明、总平面图、建筑施工图、（　　）、设备施工图。

A. 建筑平面图　　　B. 建筑立面图　　　C. 建筑剖面图　　　D. 结构施工图

答案：1. C；2. C；3. B；4. D；5. A；6. D

二、多项选择题

1. 剖面图主要用于表达物件（　　）。

A. 内部形状　　　　B. 内部结构　　　　C. 断面形状

D. 外部形状　　　　E. 断面结构

2. 度量性是指（　　）。

A. 当空间直线平行于投影面时，其投影反映其线段的实长。

B. 点的投影仍旧是点。

C. 当空间平面图形平行于投影面时，其投影反映平面的实形。

D. 当直线倾斜于投影面时，其投影小于实长。

E. 当直线垂直于投影面时，其投影积聚为一点。

3. 工程图用细实线表示的是（　　）。

A. 尺寸界线　　　　B. 尺寸线　　　　　C. 尺寸起止符号

D. 尺寸数字　　　　E. 引出线

答案：1. AB；2. AC；3. ABE

三、判断题（正确选 A，错误选 B）

1. 在建筑楼地面的同一部位，建筑标高与结构标高是不相等的，二者的差值就是楼地面面层的构造厚度。　　　　　　　　　　　　　　　　　　　　　　　　　　（　　）

2. 剖面图剖切符号的编号数字可以写在剖切位置线的任意一边。　　　　（　　）

3. 平行投影又可以分为斜投影和正投影。　　　　　　　　　　　　　　（　　）

答案：1. A；2. B；3. A

模拟试题（五）（市政工程）

一、单项选择题

1. 形体分析法是根据基本体投影特性，在投影图上分析组合体各组成部分的形状和相对位置，然后（　　）综合想象出组合体的形状。

　　A. 按基本体的组合规律　　　　　　　　B. 按投影角度

　　C. 组合体自身的条件　　　　　　　　　D. 按投影规律

2. ▨这个图例符号是（　　）材料图例符号。

　　A. 普通砖　　　　　B. 耐火砖　　　　　C. 石材　　　　　　D. 金属

3. 投影面的平行面在该投影面上的投影反映实形，另外两投影积聚成直线，且分别（　　）。

　　A. 垂直于相应的投影轴　　　　　　　　B. 垂直于相应的投影面

　　C. 平行于相应的投影面　　　　　　　　D. 平行于相应的投影轴

4. 断面图主要用于表达物体中某一局部的（　　）。

　　A. 内部形状　　　　B. 内部构造　　　　C. 内部结构　　　　D. 断面形状

5. 建筑模数中的基本模数是指（　　）。

　　A. 3M　　　　　　　B. 6M　　　　　　　C. 1M　　　　　　　D. 12M

6. 比例是指（　　）。

　　A. 实物的线性尺寸与图样中图形大小的尺寸之比

　　B. 建筑物画在图上的大小和它的实际大小的关系

　　C. 图形大小与另一图形大小尺寸之比

　　D. 实物大小与实物大小尺寸之比

答案：1. D；2. A；3. D；4. D；5. C；6. B

二、多项选择题

1. 断面图的种类有（　　）。

　　A. 全断面　　　　　　B. 半断面　　　　　　C. 移出断面

　　D. 重合断面　　　　　E. 中断断面

2. 积聚性是指（　　）。

　　A. 在空间平行的两直线，它们的同面投影也平行

　　B. 当直线垂直于投影面时，其投影积聚为一点

　　C. 点的投影仍旧是点

　　D. 当平面垂直于投影面时，其投影积聚为一直线

　　E. 当直线倾斜于投影面时，其投影小于实长

3. 下例对绘图工具及作图方法描述正确的是（　　）。

　　A. 三角板画铅垂线应该从上到下

　　B. 三角板画铅垂线应该从下到上

　　C. 丁字尺画水平线应该从左到右

　　D. 圆规作画应该从左下角开始

　　E. 分规的两条腿必须等长，两针尖合拢时应会合成一点

答案：1. CDE；2. BD；3. BCDE

三、判断题（正确选 A，错误选 B）

1. 平面图中的外部尺寸一般标注为二道。 （ ）

2. 横向定位轴线之间的距离，称为进深。 （ ）

3. 正面图和侧面图必须上下对齐，这种关系叫"长对正"。 （ ）

答案：1. B；2. B；3. B

模拟试题（六）（市政工程）

一、单项选择题

1. 在建筑施工图中，标高单位为（ ）。

A. m   B. cm   C. cm   D. mm

2. 在建筑详图中，材料图例 表示（ ）。

A. 混凝土   B. 水泥珍珠岩   C. 金属材料   D. 玻璃

3. 已知 M 点在 N 点正前方，则 M 和 N 两点的（ ）坐标值不相等。

A. X 方向   B. Y 方向   C. Z 方向   D. 所有方向

4. 在土建图中有剖切位置符号及编号 其对应图为（ ）。

A. 剖面图、向左投影   B. 剖面图、向右投影

C. 断面图、向左投影   D. 断面图、向右投影

5. 断面图的剖切符号用（ ）。

A. 剖切位置线   B. 箭头   C. 编号   D. 投射方向线

6. 在某张建施图中，有详图索引 $\frac{5}{3}$，其分母 3 的含义为（ ）。

A. 图纸的图幅为 3 号   B. 详图所在图纸编号为 3

C. 被索引的图纸编号为 3   D. 详图（节点）的编号为 3

答案：1. A；2. B；3. B；4. D；5. A；6. B

二、多项选择题

1. 识读组合体投影图的方法有（ ）。

A. 形体分析法   B. 叠加分析法   C. 线面分析法

D. 切割分析法   E. 综合分析法

2. 详图常用的比例有（ ）。

A. 1：10   B. 1：20   C. 1：100

D. 1：200   E. 1：500

3. 在 V 面和 H 面上投影均为矩形的空间物体，可能是（ ）。

A. 长方体   B. 三棱柱   C. 圆柱体

D. 三棱锥   E. 球

答案：1. AC；2. AB；3. ABC

三、判断题（正确选 A，错误选 B）

1. 轴测图一般不能反映出物体各表面的实形，因而度量性差同时作图较复杂。

（ ）

2. 总平面图中所注的标高均为绝对标高，以米为单位。　　　　　　（　　）

3. 确定物体各组成部分之间相互位置的尺寸叫定形尺寸。　　　　　　（　　）

答案：1. A；2. A；3. B

案例分析

（一）下图中为建筑工程施工图常用符号：

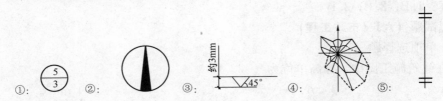

1. 在工程施工图中用于标注标高的图例为（　　）。

A. ②　　　　　　　B. ③　　　　　　　C. ④　　　　　　　D. ⑤

2. 关于图例①的含义说法不正确的为（　　）。

A. 这种表示方法叫做详图索引标志

B. 图中圆圈中的"分子"数"5"表示详图的编号

C. 图中圆圈中的"分子"数"5"表示画详图的那张图纸的编号

D. 图中圆圈中的"分母"数"3"表示画详图的那张图纸的编号

3. 上述图例中能够表达两种功能含义图例的为（　　）。

A. ②　　　　　　　B. ③　　　　　　　C. ④　　　　　　　D. ⑤

4. 完全对称的构件图，可在构件中心线上画上图例（　　）。

A. ②　　　　　　　B. ③　　　　　　　C. ④　　　　　　　D. ⑤

答案：1. B；2. C；3. C；4. D

（二）下图是某商住楼基础详图，该基础是十字交梁基础，基础梁用代号 JL 表示。认真阅读该基础详图，回答以下问题。

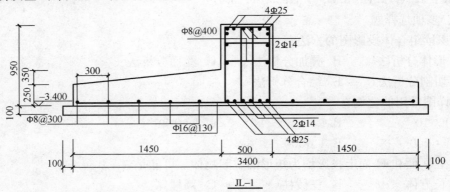

JL—1

1. 该商住楼基础详图采用的绘图比例最可能为（　　）。

A. 1∶1　　　　　B. 1∶25　　　　　C. 1∶100　　　　　D. 1∶200

2. 基础底部配置的分布钢筋为（　　）。

A. 直径为 16 的 HRB335 级钢筋，间距 130

B. 直径为 14 的 HRB335 级钢筋，间距 130

C. 直径为 8 的 HPB300 级钢筋，间距 400

D. 直径为 8 的 HPB300 级钢筋，间距 300

3. JL 的尺寸为（　　）。

A. 3600mm×1050mm

B. 3400mm×950mm

C. 500mm×950mm

D. 500mm×1050mm

4. 基础底面标高为（　　）。

A. −0.950　　　　B. −2.450　　　　C. −3.400　　　　D. −3.500

答案：1. B；2. D；3. C；4. C

（三）某工程的平面图和立面图如下所示。

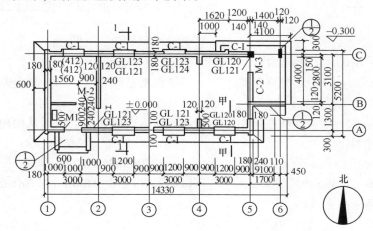

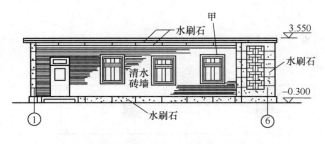

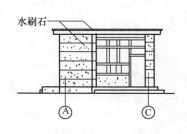

1. 关于该工程立面图的说法正确的为（　　）。

A. ①～⑥轴立面图为南立面图

B. A～C 轴立面图为南立面图

C. ①～⑥轴立面图为北立面图

D. A～C 轴立面图为北立面图

2. 该工程的层高为（　　）。

A. 3.25 m　　　　B. 3.55 m　　　　C. 3.85 m　　　　D. 无法确定

3. 由平面图中的详图索引可知详图所在的图纸编号为（　　）。

A. 1　　　　B. 2　　　　C. 3　　　　D. 4

4. 下列不属于该工程墙体厚度的为（　　）。

A. 360　　　　B. 240　　　　C. 180　　　　D. 120

答案：1. A；2. B；3. B；4. C

（四）某工程基础详图如下图所示，该详图由平面图和剖面图组成。

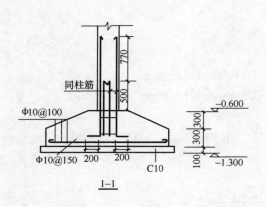

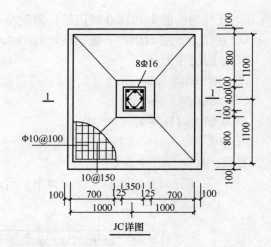

JC详图

1. 该工程采用的基础形式为（　　）。

A. 条形基础　　　　B. 独立基础　　　　C. 筏板基础　　　　D. 复合基础

2. 剖面图 1-1 的投影方向为（　　）。

A. 从左向右　　　　B. 从右向左　　　　C. 从后向前　　　　D. 从前向后

3. 基础尺寸为（　　）。

A. 2200mm×2000mm×600mm　　　　B. 2200mm×2400mm×600mm

C. 2200mm×2000mm×700mm　　　　D. 2200mm×2400mm×700mm

4. 基础底面标高为（　　）。

A. −0.600　　　　B. −0.900　　　　C. −1.200　　　　D. −1.300

答案：1. B；2. D；3. A ；4. C

（五）看下图回答问题。

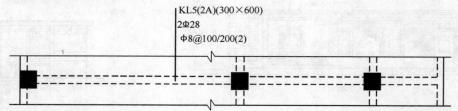

1. KL5（2A）表示（　　）。

A. 框架梁 KL5 共有 2 跨，其中一端有悬臂

B. 框架梁 KL5 共有 2 跨，其中两端有悬臂

C. 框架梁 KL5 共有 3 跨

D. 框架梁 KL5 共有 2 跨半

2. 梁截面尺寸是（　　）。

A. 300mm×500mm　　　　B. 300mm×600mm

C. 300mm×550mm　　　　D. 250mm×600mm

3. 2 Φ 28 表示（　　）。

A. 梁上部用 2 根直径 28mm 的 HPB300 级钢筋作通长筋

B. 梁下部用 2 根直径 28mm 的 HPB300 级钢筋作通长筋

12

C. 梁上部用 2 根直径 28mm 的 HRB335 级钢筋作通长筋

D. 梁下部用 2 根直径 28mm 的 HRB335 级钢筋作通长筋

4. Φ 8@100/200（2）表示（　　　　）。

A. 箍筋用直径 8mm 的 HPB235 级钢筋，加密区间距 200mm 布置，非加密区间距 100mm 布置，采用 2 肢箍

B. 箍筋用直径 8mm 的 HPB235 级钢筋，加密区间距 100mm 布置，非加密区间距 100mm 布置，采用 2 肢箍

C. 箍筋用直径 8mm 的 HPB235 级钢筋，加密区间距 200mm 布置，非加密区间距 200mm 布置，采用 2 肢箍

D. 箍筋用直径 8mm 的 HPB235 级钢筋，加密区间距 100mm 布置，非加密区间距 200mm 布置，采用 2 肢箍

答案：1. A；2. B；3. C；4. D

1.2　建 筑 结 构

1.2.1　考试要点

1. 影响钢筋、混凝土之间粘结力强度的因素；钢筋的锚固和搭接
2. 影响混凝土结构耐久性的主要因素；对混凝土材料耐久性的要求
3. 建筑结构的荷载分类；建筑结构设计的两种极限状态——承载能力极限状态和正常使用极限状态的概念及其设计表达式
4. 钢筋和混凝土两种材料的强度指标
5. 受弯构件正截面破坏形式；单筋矩形截面正截面承载力的计算
6. 影响斜截面承载力的因素；受弯构件斜截面破坏形式；斜截面受剪承载力的计算及有关构造要求
7. 受压构件中纵向钢筋和箍筋的构造要求；偏心受压构件的分类与各自的受力特点
8. 影响砌体抗压强度的主要因素；砌体受压构件的计算
9. 房屋静力计算方案的确定；墙、柱高厚比验算
10. 建筑物抗震设防的目标；砌体结构房屋的抗震构造措施；混凝土结构房屋的抗震构造措施

1.2.2　典型题析

1. 混凝土保护层最小厚度是从保证钢筋与混凝土共同工作，满足对受力钢筋的有效锚固以及（　　　　）的要求为依据的。

A. 保证受力性能　　　　　　　　B. 保证施工质量

C. 保证耐久性　　　　　　　　　D. 保证受力钢筋搭接的基本要求

答案：C

解析：根据《混凝土结构设计规范》GB 50010—2010 3.5.1 条混凝土结构应根据设计使用年限和环境类别进行耐久性设计，耐久性设计包括下列内容：①确定结构所处的环

13

境类别；②提出对混凝土材料的耐久性基本要求；③确定构件钢筋的保护层厚度；④不同环境条件下的耐久性技术措施；⑤提出结构使用阶段的检测与维护要求。

2. 有两根梁截面尺寸、截面有效高度完全相同，都采用混凝土 $C20$，HRB335 级钢筋，但跨中控制截面的配筋率不同，梁 1 为 1.1%，梁 2 为 2.2%，其正截面极限弯矩分别为 M_{u1} 和 M_{u2}，则有（　　）。

A. $M_{u1} = M_{u2}$
B. $M_{u2} > 2M_{u1}$
C. $M_{u1} < M_{u2} < 2M_{u1}$
D. $M_{u1} > M_{u2}$

答案：C

解析：

1. 验算 ρ_{max}：

梁 2 $\rho_2 = 2.2\% > \rho_{max} = 1.93\%$ 为超筋梁

其最大承载力用 $M_{u2} = \alpha_1 f_c b h_0^2 \zeta_b (1 - 0.5\zeta_b)$（$\zeta_b = 0.55$）计算

2. 即使 $\rho_2 < \rho_{max}$，由于 $x = \dfrac{f_y A_S}{\alpha_1 f_c b}$，得 $x_2 = 2x_1$

而 $x \ll h_0$，$M_{u1} = f_y A_{S1} \left(h_0 - \dfrac{x_1}{2} \right)$，$M_{u2} = f_y A_{S2} \left(h_0 - \dfrac{x_2}{2} \right)$

将 $x_2 = 2x_1$ $A_{S1} = 2A_{S2}$ 代入 可得

$M_{u1} < M_{u2} < 2M_{u1}$

3. 提高受弯构件正截面受弯承载力最有效的方法是（　　）。

A. 提高混凝土强度
B. 提高钢筋强度
C. 增加截面高度
D. 增加截面宽度

答案：C

解析：由公式 $M = \alpha_s \alpha_1 f_c b h_0^2$ 及 $M = f_y A_S \left(h_0 - \dfrac{x}{2} \right)$ 可知，截面有效高度 h_0 的平方与 M 成正比，可见最有效方法是增加梁高。其次是增加钢筋面积 A_s 和提高钢筋强度等级。而提高混凝土的强度等级及增加梁宽效果不大。

4. 受压构件正截面界限相对受压区高度有关的因素是（　　）。

A. 钢筋强度
B. 混凝土的强度
C. 钢筋及混凝土的强度
D. 钢筋、混凝土强度及截面高度

答案：C

解析：

界限相对受压区高度 $\zeta_b = \dfrac{\beta_1}{1 + \dfrac{f_y}{E_S \varepsilon_{cu}}}$，当混凝土强度等级 $\leqslant C50$ 时，$\beta_1 = 1.0$

当混凝土强度等级为 $C80$ 时，$\beta_1 = 0.74$。而 f_y 与钢筋级别有关。

5. 图中的四种截面，当材料强度、截面肋宽 B，和截面高度 h、所配纵向受力筋均相同时，其能承受的正弯矩（忽略自重的影响）下列选项正确的是（　　）。

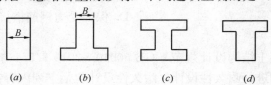

(a)　　　　(b)　　　　(c)　　　　(d)

A. $(a)=(b)=(c)=(d)$ B. $(a)=(b)>(c)=(d)$

C. $(a)>(b)>(c)>(d)$ D. $(a)=(b)<(c)=(d)$

答案：D

解析：梁正截面承载力计算时基本假定之一是不考虑受拉区混凝土承担拉力。梁在正弯矩作用下，图（b）按矩形，图（c）按T形计算，故（a）=（b）<（c）=（d）。

6. 对于仅配箍筋的梁，在荷载形式及配筋率 ρ_{sv} 不变时，提高受剪承载力的最有效措施是（　　）。

A. 增大截面高度   B. 增大箍筋强度

C. 增大截面宽度   D. 增大混凝土强度的等级

答案：A

解析：由公式 $V=0.7f_tbh_0+f_{yv}\dfrac{nA_{SV1}}{S}h_0$，当配筋率不变，即 $\rho_{sv}=\dfrac{nA_{SV1}}{bS}$ 不变，欲提高抗剪承载力最有效的措施是增加梁高，其次是提高箍筋强度等级。

7. 有一单筋矩形截面梁，截面尺寸为 $b\times h=200mm\times500mm$，承受弯矩设计值为 $M=114.93kN\cdot m$，剪力设计值 $V=280kN$，采用混凝土的强度等级为 C20，纵筋放置一排，采用 HRB335 级钢，则该梁截面尺寸是否满足要求（　　）。

A. 条件不足，无法判断

B. 不满足正截面抗弯要求

C. 能满足斜截面的抗剪要求

D. 能满足正截面抗弯要求，不能满足斜截面抗剪要求

答案：D

解析：

1. 计算 a_s：

纵筋外边缘到混凝土边缘的距离，即等于箍筋直径加保护层厚度

混凝土为 C20，混凝土保护层厚度需增加 5mm，假设箍筋直径为 6mm，纵筋外边缘到混凝土边缘的距离 $=20+5+6=31mm$，近似取 30mm。

假设钢筋直径为 20mm，则 $a_s=30+\dfrac{d}{2}=30+\dfrac{20}{2}=40mm$

2. 正截面抗弯承载力计算：

混凝土 C20（$f_c=9.6N/mm^2$，$f_t=1.1N/mm^2$），钢筋 HRB335（$f_y=300N/mm^2$）

受压区高度 $x=h_0-\sqrt{h_0^2-\dfrac{2M}{\alpha_1f_cb}}=460-\sqrt{460^2-\dfrac{2\times114.93\times10^6}{1\times9.6\times200}}=151.88mm$

$<\zeta_bh_0=0.55\times460=253mm$ 截面尺寸满足

$A_S=\dfrac{\alpha_1f_cbx}{f_y}=\dfrac{1\times9.6\times200\times151.88}{300}=972mm^2>\rho_{min}bh=0.2\%\times200\times500=200mm^2$

3. 斜截面抗剪承载力计算：

$0.25\beta_cf_cbh_0=0.25\times1\times9.6\times200\times460=220.8kN<V=280kN$

截面尺寸不满足要求。

故选择 D。

8. 轴向压力对偏心受压构件的受剪承载力的影响是（　　）。

A. 轴向压力对受剪承载力没有影响

B. 轴向压力可使受剪承载力提高

C. 当压力在一定范围内时，可提高受剪承载力，但当轴力过大时，却反而降低受剪承载力

D. 无法确定

答案：D

解析：

$$V \leqslant \frac{1.75}{\lambda+1} f_t b h_0 + f_{yv} \frac{A_{sv}}{S} h_0 + 0.07N \text{ 式中}$$

N——与剪力设计值 V 相应的轴向压力设计值，当大于 $0.3 f_c A$ 时，取 $0.3 f_c A$

当 $N < 0.3 f_c A$ 时，随着 N 增大，V 增大

但当 $N > 0.3 f_c A$ 时，随着 N 增大，V 不变

故选 D

9. 矩形截面梁，$b \times h = 200 \times 500 \text{mm}^2$，采用 C20 混凝土，HRB335 钢筋，结构安全等级为二级，$\gamma_0 = 1.0$，配置 4Φ20（$A_s = 1256 \text{mm}^2$）钢筋。当结构发生破坏时，属于下列（　　）种情况。

（提示：$f_c = 9.6 \text{N/mm}^2$，$f_t = 1.1 \text{N/mm}^2$，$f_y = 300 \text{N/mm}^2$，$\zeta_b = 0.55$）

A. 界限破坏　　　　B. 适筋梁破坏　　　　C. 少筋梁破坏　　　　D. 超筋梁破坏

答案：B

解析：

1. 混凝土受压区高度

$$x = \frac{f_y A_s}{\alpha_1 f_c b} = \frac{300 \times 1256}{1 \times 9.6 \times 200} = 196.25 \text{mm} < \zeta_b h_0 = 0.55 \times 460 = 253 \text{mm}$$

不会发生超筋破坏

2. 钢筋截面面积

$$A_s = 1256 \text{mm}^2 > \rho_{min} bh = 0.2\% \times 200 \times 500 = 200 \text{mm}^2$$

不会发生少筋破坏

故为适筋梁，选 B

10. 预应力钢筋宜采用（　　）。

A. 碳素钢丝　　　　B. 刻痕钢丝　　　　C. 钢绞线

D. 热轧钢筋Ⅲ级纲　E. 热处理钢筋

答案：ABCE

解析：GB 50010—2010 4.2.1条 4 预应力钢筋宜采用预应力钢丝、钢绞线和预应力螺纹钢筋。注意新老规范区别。

11. 受压构件中应配有纵向受力钢筋和箍筋，要求（　　）。

A. 纵向受力钢筋应由计算确定

B. 箍筋由抗剪计算确定，并满足构造要求

C. 箍筋不进行计算，其间距和直径按构造要求确定。

D. 为了施工方便，不设弯起钢筋

E. 纵向钢筋直径不宜小于 12mm，全部纵向钢筋配筋率不宜超过 5%

答案：ADE

解析：轴心受压构件，其杆端剪力为零，箍筋不进行计算，其间距和直径按构造要求确定。偏心受压构件，尤其在风载荷和水平地震作用较大时，在杆端产生的剪力较大，箍筋由抗剪计算确定并满足构造要求。

12. 经验算，砌体房屋墙体的高厚比不满足要求，可采用下列（   ）几项措施。

A. 提高块体的强度等级　　　　　　B. 提高砂浆的强度等级

C. 增加墙体的厚度　　　　　　　　D. 减小洞口的面积

E. 增大圈梁高度

答案：BCD

解析：《砌体结构设计规范》GB 50003—2011

墙、柱高厚比验算公式：$\beta = \dfrac{H_0}{h} \leqslant \mu_1 \mu_2 [\beta]$

当砂浆强度等级提高，使 $[\beta]$ 增大；当增加墙厚，使 β 减少；减小洞口面积，使 μ_2 增大故答案为 BCD

13. 在适筋梁中，其他条件不变的情况下，ρ 越大，受弯构件正截面的承载力越大。（   ）（判断题）

答案：A

解析：在适筋梁中，其他条件不变，随 ρ 增加，M_u 越大，故正确。但对超筋梁，其他条件不变，随 ρ 增加，M_u 不一定增大。因为当 $\rho \geqslant \rho_{max}$ 时，此梁承载能力不再增大，等于单筋梁极限承载力。

14. 后砌的非承重砌体隔墙，应沿墙高每隔 500mm 配置 2Φ6 钢筋与承重墙或柱拉结，并每边伸入墙内不宜小于 1m。（   ）（判断题）

答案：B

解析：后砌隔墙，拉结筋每边伸入墙内 500mm。7 度时长度大于 7.2m 的大房间及 8 度、9 度时，外墙转角及内外墙交接处，当未设构造柱时，应沿墙高每隔 500mm 配置 2Φ6 钢筋与承重墙或柱拉结，并每边伸入墙内不宜小于 1m。

案例分析

（一）某工程位于地震区，抗震设烈度为 8 度，Ⅰ类场地土，是丙类建筑。该工程为框架结构，采用预应力混凝土平板楼盖，其余采用普通混凝土。设计使用年限为 50 年，为三类环境。（单选题）

15. 该结构的钢筋的选用，下列何项不正确（   ）。

A. 普通钢筋宜采用热轧钢筋

B. 冷拉钢筋是用作预应力钢筋的

C. 钢筋的强度标准值具有不小于 95% 的保证率

D. 预应力钢筋宜采用预应力钢绞线

16. 该工程材料选择错误的是（   ）。

A. 混凝土强度等级不应低于 C15，当采用 HRB335 级钢筋时，混凝土不宜低于 C20

B. 当本工程采用 HRB400、RRB400 级钢筋时，混凝土不得低于 C25

C. 预应力混凝土部分的强度等级不应低于 C30

D. 当采用钢绞线、钢丝、热处理钢筋做预应力时，混凝土不宜低于 C40

答案：15. B；16. B

解析：此题按 GB 50010—2002 编写，按 GB 50010—2010 4.1.2 条 素混凝土结构的混凝土强度等级不应低于 C15；钢筋混凝土结构的混凝土强度等级不应低于 C20；采用强度等级 400MPa 及以上钢筋时，混凝土强度等级不应低于 C25。预应力混凝土结构的混凝土强度等级不宜低于 C40，且不应低于 C30。

17. 以下混凝土规定错误是（　　）。

A. 最大水灰比 0.55

B. 最小水泥用量 300kg/m³

C. 最低混凝土强度等级 C30

D. 最大氯离子含量 0.1%，最大碱含量 3.0 kg/m³

18. 其抗震构造措施应按（　　）要求处理。

A. 8 度　　　　　　B. 7 度　　　　　　C. 6 度　　　　　　D. 5 度

此题按 GB 50010—2002 编写。GB 50010—2010 3.5.3 条对此条作了变动，详见规范。

答案：17. A；18. B

解析：根据 GB 50010—20101 11.1.3 条注 1，丙类建筑，当建筑物场地为Ⅰ类时，除 6 度设防外，应允许按表内降低一度所对应的抗震等级采取抗震构造措施。故本题其抗震构造措施应按 7 度要求处理。

19. 该工程对选择建筑场地和地基采取的措施不包括（　　）

A. 采取基础隔震措施

B. 选择坚实的场地土

C. 选择厚的场地覆盖层

D. 将建筑物的自振周期与地震的卓越周期错开，避免共振

答案：C

（二）某单跨仓库，为砌体结构，15m×36m。檐口标高＋6.00m，屋面结构为钢筋混凝土屋架有檩体系。其结构布置简图见下图。（单选题）

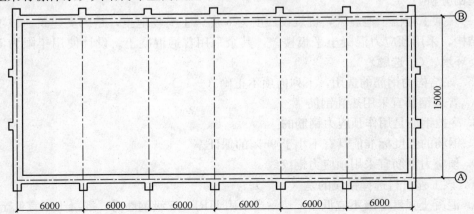

20. 房屋的静力计算方案是（　　）。

A. 刚性方案　　　　B. 弹性方案　　　　C. 刚弹性方案　　　　D. 空间方案

答案： C

解析： GB 50003—2011，4.2.1 条屋面为 2 类屋盖，横墙间距为 36m（20m≤S≤48m），故为刚性方案。

21. 对该工程中圈梁的作用描述正确的是（　　）。

A. 增强砌体结构房屋的整体刚度

B. 提高其高厚比，以满足稳定性

C. 防止由于较大的振动荷载对房屋引起的不利影响

D. 增大墙体的承载力

答案： AC

解析： GB 50003—2001 应为 AC，按 GB 50003—2011，7.1.1 条应为 C。

22. 圈梁宜连续地设在同一水平面上并交圈封闭。当圈梁被门窗洞口截断时，应在洞口上部增设与截面相同的附加圈梁，附加圈梁与圈梁的搭接长度（　　）。

A. 不应小于垂直间距 H 的 1.5 倍

B. 不应小于垂直间距 H 的 2 倍，且≥1m

C. 不得小于 1500mm

D. 不得小于 2000mm

答案： B

23. 过梁的破坏一般不会有（　　）情况发生。

A. 跨中截面受弯承载力不足而破坏

B. 过梁支座处水平灰缝受剪承载力不足而发生的破坏

C. 支座附近斜截面受剪承载力不足，阶梯形斜裂缝不断扩展而破坏

D. 过梁局部压坏

答案： D

24. 构造柱的做法不正确的是（　　）。

A. 应设置基础　　　　　　　　　　B. 可不单独设置基础

C. 应伸入室外地面下 500mm　　　D. 与埋深小于 500mm 的基础圈梁相连

答案： A

（三）矩形截面简支梁截面尺寸 200×500mm，计算跨度 $l_0 = 4.24$m（净跨 $l_n = 4$m），承受均布荷载设计值（包括自重）$q = 100$N/m，混凝土强度等级采用 C30（$f_c = 14.3$N/mm^2，$f_t = 1.43$N/mm^2），箍筋采用 HPB235 级钢筋（$f_{yv} = 210$N/mm^2）。两边砖墙厚 240mm。

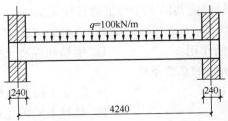

25. 计算剪力设计值最接近的数值是（　　）。

A. 140kN　　　　　B. 170kN　　　　　C. 200kN　　　　　D. 230kN

答案： C

解析： 支座剪力设计值 $V_{max} = \dfrac{1}{2}ql_n = \dfrac{1}{2} \times 100 \times 4 = 200\text{kN}$

26. 复核梁截面尺寸是否满足上限值的要求时，公式右侧的限制最接近（　　）。

A. 140kN　　　　　B. 170kN　　　　　C. 200kN　　　　　D. 332 kN

答案： D

解析： $0.25\beta_c f_c bh_0 = 0.25 \times 1 \times 14.3 \times 200 \times 465 = 332\text{kN}$

27. 当取箍筋间距为 100mm 时，梁应该设置的抗剪箍筋面积为（　　）。

A. 72mm² 　　　　　　　　　　　　　 B. 44mm²（55mm²）

C. 89mm² 　　　　　　　　　　　　　 D. 92mm²

答案： B

解析：

按 GB 50010—2002，$V = 0.7f_t bh_0 + 1.25 f_{yv} \dfrac{nA_{SV1}}{S} h_0$

$$\frac{nA_{SV1}}{S} = \frac{200 \times 10^3 - 0.7 \times 1.43 \times 200 \times 465}{1.25 \times 210 \times 465} = 0.876\text{mm}^2/\text{mm}$$

$$A_{SV1} = \frac{0.876 \times 100}{2} = 43.8\text{mm}^2 \approx 44\text{mm}^2$$

按 GB 50010—2010，$V = 0.7f_t bh_0 + f_{yv} \dfrac{nA_{SV1}}{S} h_0$

$$\frac{nA_{SV1}}{S} = \frac{200 \times 10^3 - 0.7 \times 1.43 \times 200 \times 465}{210 \times 465} = 1.095\text{mm}^2/\text{mm}$$

$$A_{SV1} = \frac{1.095 \times 100}{2} = 54.75\text{mm}^2 \approx 55\text{mm}^2$$

28. 进行正截面受弯计算的时候，采用的弯矩设计值最接近（　　）kN·m。

A. 195　　　　　B. 225　　　　　C. 245　　　　　D. 270

答案： B

解析： $M_{max} = \dfrac{1}{8}ql_0^2 = \dfrac{1}{8} \times 100 \times 4.24^2 = 224.72\text{kN·m}$

1.2.3　模拟试题

模拟试题（一）（建筑工程）

一、单项选择题

1. 钢筋和混凝土两种材料能共同工作与下列哪项无关（　　）。

A. 二者之间的粘结力　　　　　　　B. 二者的线膨胀系数相近

C. 混凝土对钢筋的防锈作用　　　　D. 钢筋和混凝土的抗压强度大

2. （　　）是使钢筋锈蚀的必要条件。

A. 钢筋表面氧化膜的破坏　　　　　B. 混凝土构件裂缝的产生

C. 含氧水分侵入　　　　　　　　　D. 混凝土的碳化进程

3. 混凝土保护层最小厚度是从保证钢筋与混凝土共同工作，满足对受力钢筋的有效锚固以及（　　）的要求为依据的。

    A. 保证受力性能   B. 保证施工质量

    C. 保证耐久性   D. 保证受力钢筋搭接的基本要求

4. 《混凝土结构设计规范》中混凝土强度的基本代表值是（　　）。

    A. 立方体抗压强度标准值   B. 立方体抗压强度设计值

    C. 轴心抗压强度标准值   D. 轴心抗压强度设计值

5. 有两根梁截面尺寸、截面有效高度完全相同，都采用混凝土 C_{20}，HRB335 级钢筋，但跨中控制截面的配筋率不同，梁 1 为 1.1%，梁 2 为 2.2%，其正截面极限弯矩分别为 M_{u1} 和 M_{u2}，则有（　　）。

    A. $M_{u1} = M_{u2}$ B. $M_{u2} > 2M_{u1}$ C. $M_{u1} < M_{u2} < 2M_{u1}$ D. $M_{u1} > M_{u2}$

6. 当受压构件处于（　　）时，受拉区混凝土开裂，受拉钢筋达到屈服强度；受压区混凝土达到极限压应变被压碎，受压钢筋也达到其屈服强度。

    A. 大偏心受压   B. 小偏心受压   C. 界限破坏   D. 轴心受压

7. 对砌体结构为刚性方案、刚弹性方案以及弹性方案的判别因素是（　　）。

    A. 砌体的材料和强度

    B. 砌体的高厚比

    C. 屋盖、楼盖的类别与横墙的刚度及间距

    D. 屋盖、楼盖的类别与横墙的间距，和横墙本身条件无关

8. （　　）是基坑开挖时，防止地下水渗流入基坑，支挡侧壁土体坍塌的一种基坑支护形式或直接承受上部结构荷载的深基础形式。

    A. 止水帷幕   B. 地下连续墙   C. 深基坑支护   D. 排桩

答案：1. D；2. A；3. C；4. A；5. C；6. A；7. C；8. B

二、多项选择题

1. 常用的多、高层建筑结构体系有（　　）。

    A. 框架结构体系   B. 剪力墙结构体系   C. 框架-剪力墙结构体系

    D. 筒体结构体系   E. 板柱结构体系

2. 刚性和刚弹性方案房屋的横墙应符合下列哪几项要求（　　）。

    A. 墙的厚度不宜小于 180mm

    B. 横墙中开有洞口时，洞口的水平截面面积不应超过横墙截面面积 25%

    C. 单层房屋的横墙长度不宜小于其高度

    D. 多层房屋的横墙长度不小于横墙总高度的 1/2

    E. 横墙的最大水平位移不能超过横墙高度的 1/3000

3. 经验算，砌体房屋墙体的高厚比不满足要求，可采用下列（　　）几项措施。

    A. 提高块体的强度等级   B. 提高砂浆的强度等级

    C. 增加墙体的厚度   D. 减小洞口的面积

    E. 增大圈梁高度

4. 受弯构件正截面承载力计算采用等效矩形应力图形，其确定原则为（　　）。

    A. 保证压应力合力的大小和作用点位置不变

B. 矩形面积等于曲线围成的面积

C. 由平截面假定确定 $x = 0.8x_c$

D. 两种应力图形的重心重合

E. 不考虑受拉区混凝土参加工作

答案：1. ABCD；2. ACD；3. BCD；4. AE

三、判断题（正确选 A，错误选 B）

1. 混凝土是弹塑性材料。（　　）

2. 混凝土结构用钢筋，按化学成分可分为碳素钢和普通低合金钢，按表面形状可分为光面钢筋、变形钢筋。（　　）

3. 多层和高层建筑随着房屋高度的增大，结构的设计一般是由水平荷载控制。

（　　）

4. 无弯起钢筋的钢筋混凝土梁斜截面抗剪能力，由混凝土、箍筋共同提供。（　　）

答案：1. A；2. A；3. A；4. A

四、案例

某工程位于地震区，抗震设防烈度为 8 度，Ⅰ类场地上，无地下室，共五层，建筑物高度为 15m，丙类建筑。该工程为框架结构，采用预应力混凝土平板楼盖，其余采用普通混凝土。设计使用年限为 50 年，为三类环境。

1. 该结构的钢筋的选用，下列何项不正确？（　　）。

A. 普通钢筋宜采用热轧钢筋

B. 冷拉钢筋是用作预应力钢筋的

C. 钢筋的强度标准值具有不小于 95% 的保证率

D. 预应力钢筋宜采用预应力钢绞线

2. 该工程材料选择错误的是（　　）。

A. 混凝土强度等级不应低于 C15，当采用 HRB335 级钢筋时，混凝土不宜低于 C20

B. 当本工程采用 HRB400、RRB400 级钢筋时，混凝土不得低于 C25

C. 预应力混凝土部分的强度等级不应低于 C30

D. 当采用钢绞线、钢丝、热处理钢筋做预应力时，混凝土不宜低于 C40

3. 其抗震构造措施应按（　　）要求处理。

A. 8 度 　　　　　B. 7 度 　　　　　C. 6 度 　　　　　D. 5 度

4. 该工程对选择建筑场地和地基采取的措施不包括（　　）。

A. 采取基础隔震措施

B. 选择坚实的场地土

C. 选择厚的场地覆盖层

D. 将建筑物的自振周期与地震的卓越周期错开，避免共振

答案：1. B；2. B；3. B；4. C

模拟试题（二）（建筑工程）

一、单项选择题

1. 钢筋混凝土受力后会沿钢筋和混凝土接触面上产生剪应力，通常把这种剪应力称为（　　）。

22

A. 剪切应力   B. 粘结应力

C. 握裹力   D. 机械咬合作用力

2. 混凝土的耐久性主要取决于它的（   ）。

A. 养护时间   B. 密实性

C. 养护条件   D. 材料本身的基本性能

3. 下面关于混凝土徐变不正确叙述是（   ）。

A. 徐变是在持续不变的压力长期作用下，随时间延续而继续增长的变形

B. 持续应力的大小对徐变有重要影响

C. 徐变对结构的影响，多数情况下是不利的

D. 水灰比和水泥用量越大，徐变越小

4. 提高受弯构件正截面受弯承载力最有效的方法是（   ）。

A. 提高混凝土强度   B. 提高钢筋强度

C. 增加截面高度   D. 增加截面宽度

5. 当受弯构件剪力设计值 $V < 0.7 f_t b h_0$ 时（   ）。

A. 可直接按最小配筋率 $\rho_{sv,min}$ 配箍筋

B. 可直接按构造要求的箍筋最小直径及最大间距配箍筋

C. 按构造要求的箍筋最小直径及最大间距配箍筋，并验算最小配箍率

D. 按受剪承载力公式计算配箍筋

6. 25～30 层的住宅、旅馆高层建筑常采用（   ）结构体系。

A. 框架   B. 剪力墙

C. 框架-剪力墙   D. 筒体

7. 建筑物抗震设防的目标中的中震可修是指（   ）。

A. 当遭受低于本地区抗震设防烈度（基本烈度）的多遇地震影响时，建筑物一般不受损坏或不需修理仍可继续使用

B. 当遭受低于本地区抗震设防烈度（基本烈度）的多遇地震影响时，建筑物可能损坏，经一般修理或不需修理仍能继续使用

C. 当遭受本地区抗震设防烈度的地震影响时，建筑物可能损坏，经一般修理或不需修理仍能继续使用

D. 当遭受本地区抗震设防烈度的地震影响时，建筑物一般不受损坏或不需修理仍可继续使用

8. 对跨度较大或有较大振动的房屋及可能产生不均匀沉降的房屋，过梁宜采用（   ）。

A. 钢筋砖过梁   B. 钢筋混凝土过梁   C. 砖砌平拱   D. 砖砌弧拱

答案： 1. B；2. B；3. D；4. C；5. B；6. B；7. C；8. B

二、多项选择题

1. 按结构的承重体系和竖向传递荷载的路线不同，砌体结构房屋的布置方案有（   ）。

A. 横墙承重体系   B. 纵墙承重体系   C. 横墙刚性承重体系

D. 纵横墙承重体系   E. 空间承重体系

2. 结构重要性系数 γ_0 应根据（　　）考虑确定。

A. 建筑物的环境类别　　　　　　　B. 结构构件的安全等级

C. 设计使用年限　　　　　　　　　D. 结构的设计基准期

E. 工程经验

3. 受弯构件中配置一定量的箍筋，其箍筋的作用为（　　）。

A. 提高斜截面抗剪承载力　　　　　B. 形成稳定的钢筋骨架

C. 固定纵筋的位置　　　　　　　　D. 防止发生斜截面抗弯不足

E. 抑制斜裂缝的发展

4. 轴心受压砌体在总体上虽然是均匀受压状态，但砖在砌体内则不仅受压，同时还受弯、受剪和受拉，处于复杂的受力状态。产生这种现象的原因是（　　）。

A. 砂浆铺砌不匀，有薄有厚

B. 砂浆层本身不均匀，砂子较多的部位收缩小，凝固后的砂浆层就会出现突起点

C. 砖表面不平整，砖与砂浆层不能全面接触

D. 因砂浆的横向变形比砖大，受粘结力和摩擦力的影响

E. 砖的弹性模量远大于砂浆的弹性模量

答案：1. ABD；2. BCE；3. ABCE；4. ABCD

三、判断题（正确选 A，错误选 B）

1. 在浇注大深度混凝土时，为防止在钢筋底面出现沉淀收缩和泌水，形成疏松空隙层，削弱粘结，对高度较大的混凝土构件应分层浇注或二次浇捣。　　　　　　　（　　）

2. 凡正截面受弯时，由于混凝土受压区边缘的压应变达到混凝土极限压变值，使混凝土压碎而产生破坏的梁，都称为超筋梁。　　　　　　　　　　　　　　　（　　）

3. 鸭筋与浮筋的区别在于其两端锚固部是否位于受压区，两锚固端都位于受压区者称为鸭筋。　　　　　　　　　　　　　　　　　　　　　　　　　　　　（　　）

4. 根据试验研究，砌体房屋的空间工作性能，主要取决于屋盖或楼盖水平刚度和横墙间距的大小。　　　　　　　　　　　　　　　　　　　　　　　　　　　（　　）

答案：1. A；2. B；3. A；4. A

模拟试题（三）（建筑工程）

一、单项选择题

1. 结构用材料的性能均具有变异性，例如按同一标准生产的钢材，不同时生产的各批钢筋的强度并不完全相同，即使是用同一炉钢轧成的钢筋，其强度也有差异，故结构设计时就需要确定一个材料强度的基本代表值，即材料的（　　）。

A. 强度组合值　　B. 强度设计值　　C. 强度代表值　　D. 强度标准值

2. 一般说结构的可靠性是指结构的（　　）。

A. 安全性　　　　　　　　　　　　B. 适用性

C. 耐久性　　　　　　　　　　　　D. 安全性、适用性、耐久性

3. （　　）属于超出承载能力极限状态。

A. 裂缝宽度超过规定限值

B. 挠度超过规范限值

C. 结构或构件视为刚体失去平衡

D. 预应力构件中混凝土的拉应力超过规范限值

4. 钢筋混凝土受弯构件纵向受拉钢筋屈服与受压混凝土边缘达到极限压应变同时发生的破坏属于（　　）。

  A. 适筋破坏   B. 超筋破坏   C. 界限破坏   D. 少筋破坏

5. 对于仅配箍筋的梁，在荷载形式及配箍率 ρ_{sv} 不变时，提高受剪承载力的最有效措施是（　　）。

  A. 增大截面高度   B. 增大箍筋强度

  C. 增大截面宽度   D. 增大混凝土强度的等级

6. 大小偏心受压破坏特征的根本区别在于构件破坏时，（　　）。

  A. 受压混凝土是否破坏

  B. 受压钢筋是否屈服

  C. 混凝土是否全截面受压

  D. 远离作用力 N 一侧钢筋是否屈服

7. 当建筑物的功能变化较多，开间布置比较灵活，如教学楼、办公楼、医院等建筑，若采用砌体结构，常采用（　　）。

  A. 横墙承重体系   B. 纵墙承重体系

  C. 横墙刚性承重体系   D. 纵横墙承重体系

8. 下列关于地基的说法正确的有（　　）。

  A. 是房屋建筑的一部分

  B. 不是房屋建筑的一部分

  C. 有可能是房屋建筑的一部分，但也可能不是

  D. 和基础一起成为下部结构

答案： 1. D；2. D；3. C；4. C；5. A；6. D；7. D；8. B

二、多项选择题

1. 钢筋和混凝土是两种性质不同的材料，两者能有效地共同工作是由于（　　）。

  A. 钢筋和混凝土之间有着可靠的粘结力，受力后变形一致，不产生相对滑移

  B. 混凝土提供足够的锚固力

  C. 温度线膨胀系数大致相同

  D. 钢筋和混凝土的互楔作用

  E. 混凝土保护层防止钢筋锈蚀，保证耐久性

2. 下列影响混凝土梁斜面截面受剪承载力的主要因素有（　　）。

  A. 剪跨比   B. 混凝土强度   C. 箍筋配箍率

  D. 箍筋抗拉强度   E. 纵筋配筋率和纵筋抗拉强度

3. 受压构件中应配有纵向受力钢筋和箍筋，要求（　　）。

  A. 纵向受力钢筋应由计算确定

  B. 箍筋由抗剪计算确定，并满足构造要求

  C. 箍筋不进行计算，其间距和直径按构造要求确定。

  D. 为了施工方便，不设弯起钢筋

  E. 纵向钢筋直径不宜小于 12mm，全部纵向钢筋配筋率不宜超过 5%

4. 横墙承重体系的特点是（　　）。

A. 门、窗洞口的开设不太灵活

B. 大面积开窗，门窗布置灵活

C. 抗震性能与抵抗地基不均匀变形的能力较差

D. 墙体材料用量较大

E. 抗侧刚度大

答案：1. ACE；2. ABCD；3. ADE；4. BDE

三、判断题（正确选 A，错误选 B）

1. 板中通常布置的钢筋有：受力钢筋、分布钢筋、构造钢筋、弯起钢筋。（　　）

2. 对于暴露在侵蚀性环境中的结构构件，其受力钢筋可采用带肋环氧涂层钢筋，预应力筋应有防护措施。在此情况下宜采用高强度等级的混凝土。（　　）

3. 剪压破坏时，与斜裂缝相交的腹筋先屈服，随后剪压区的混凝土压碎，材料得到充分利用，属于塑性破坏。（　　）

4. 在工程中，独立基础一般用于上部荷载较大处，而且地基承载力较高的情况。

（　　）

答案：1. B；2. A；3. B；4. B

四、案例

某单跨仓库采用砌体结构形式，长×宽为 1.5m×36m。檐口标高＋6.00m，屋面结构采用钢筋混凝土屋架有檩体系。其结构布置简图见下图。

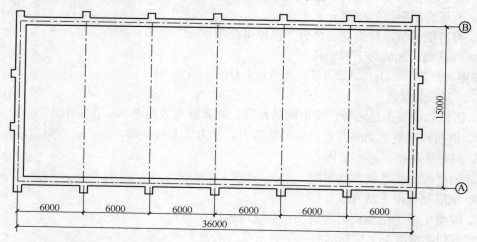

1. 房屋的静力计算方案应选用（　　）。

A. 刚性方案　　　　B. 弹性方案　　　　C. 刚弹性方案　　　　D. 空间方案

2. 该工程关于圈梁作用描述正确的是（　　）。（多选题）

A. 增强砌体结构房屋的整体刚度

B. 提高其高厚比，以满足稳定性

C. 防止由于较大的振动荷载对房屋引起的不利影响

D. 增大墙体的承载力

3. 圈梁宜连续地设在同一水平面上并交圈封闭。当圈梁被门窗洞口截断时，应在洞口上部增设与截面相同的附加圈梁，附加圈梁与圈梁的搭接长度（　　）。

    A. 不应小于垂直间距 H 的 1.5 倍　　 B. 不应小于垂直间距 H 的 2 倍，且≥1m

    C. 不得小于 1500mm　　 D. 不得小于 2000mm

4. 若设置过梁，其破坏形式一般不会发生的情形是（　　）。

    A. 跨中截面受弯承载力不足而破坏

    B. 过梁支座处水平灰缝受剪承载力不足而发生破坏

    C. 支座附近斜截面受剪承载力不足，阶梯形斜裂缝不断扩展而破坏

    D. 过梁局部压坏

5. 关于构造柱的做法错误的是（　　）。

    A. 应设置基础　　 B. 可不单独设置基础

    C. 应伸入室外地面下 500mm　　 D. 与埋深 500mm 的基础圈梁相连

    答案：1. C；2. AC；3. B；4. D；5. A

模拟试题（四）（市政工程）

一、单项选择题

1. 在结构使用期间，其值不随时间变化，或其变化与平均值相比可以忽略不计，或其变化是单调的并能趋于限值的荷载称为（　　）。

    A. 可变荷载　　 B. 准永久荷载

    C. 偶然荷载　　 D. 永久荷载

2. 梁中受力纵筋的保护层厚度主要由（　　）决定。

    A. 纵筋级别　　 B. 纵筋的直径大小

    C. 周围环境和混凝土的强度等级　　 D. 箍筋的直径大小

3. 受弯构件要求 $\rho \geqslant \rho_{min}$ 是为了防止（　　）。

    A. 少筋梁　　 B. 适筋梁

    C. 超筋梁　　 D. 剪压破坏

4. 以下关于混凝土收缩的论述（　　）是不正确的。

    A. 混凝土水泥用量越多，水灰比越大，收缩越大

    B. 骨料所占体积越大，级配越好，收缩越大

    C. 在高温高湿条件下，养护越好，收缩越小

    D. 在高温、干燥的使用环境下，收缩大

5. 用于地面以下或防潮层以下的砌体砂浆最好采用（　　）。

    A. 混合砂浆　　 B. 水泥砂浆

    C. 石灰砂浆　　 D. 黏土砂浆

6. 在下列表述中，错误的选项是（　　）。

    A. 少筋梁在受弯时，钢筋应力过早超过屈服点引起梁的脆性破坏，因此不安全

    B. 适筋梁破坏前有明显的预兆，经济性、安全性均较好

    C. 超筋梁过于安全，不经济

    D. 在截面高度受限制时，可采用双筋梁

7. 抗震性能最差的剪力墙结构体系是（　　）。

    A. 框肢剪力墙　　 B. 整体墙和小开口整体墙

C. 联肢剪力墙   D. 短肢剪力墙

8. 进行基础选型时，一般遵循（   ）的顺序来选择基础形式，尽量做到经济、合理。

A. 条形基础→独立基础→十字形基础→筏形基础→箱形基础

B. 独立基础→条形基础→十字形基础→筏形基础→箱形基础

C. 独立基础→条形基础→筏形基础→十字形基础→箱形基础

D. 独立基础→条形基础→十字形基础→箱形基础→筏形基础

答案：1. D；2. C；3. A；4. B；5. B；6. C；7. A；8. B

二、多项选择题

1. 值得注意的是在确定保护层厚度时，不能一味增大厚度，因为增大厚度一方面不经济，另一方面使裂缝宽度较大，效果不好；较好的方法是（   ）。

A. 减小钢筋直径   B. 规定设计基准期

C. 采用防护覆盖层   D. 规定维修年限

E. 合理设计混凝土配合比

2. 钢筋和混凝土是两种性质不同的材料，两者能有效地共同工作是由于（   ）。

A. 钢筋和混凝土之间有着可靠的粘结力，受力后变形一致，不产生相对滑移

B. 混凝土提供足够的锚固力

C. 温度线膨胀系数大致相同

D. 钢筋和混凝土的互楔作用

E. 混凝土保护层防止钢筋锈蚀，保证耐久性

3. 关于减少混凝土徐变对结构的影响，以下说法错误的是（   ）。

A. 提早对结构进行加载

B. 采用强度等级高的水泥，增加水泥的用量

C. 加大水灰比，并选用弹性模量小的骨料

D. 减少水泥用量，提高混凝土的密实度和养护温度

E. 养护时提高湿度并降低温度

4. 柱中纵向受力钢筋应符合下列规定（   ）。

A. 纵向受力锏筋直径不宜小于 12mm，全部纵向钢筋配筋率不宜超过 5%

B. 当偏心受压柱的截面高度 $h \geqslant 600mm$ 时，在侧面应设置直径为 10mm～16mm 的纵向构造钢筋，并相应地设置复合箍筋或拉筋

C. 柱内纵向钢筋的净距不应小于 50mm

D. 在偏心受压柱中，垂直于弯矩作用平面的纵向受力钢筋及轴心受压柱中各边的纵向受力钢筋，其间距不应大于 400mm

E. 全部纵向钢筋配筋率不宜小于 2%

答案：1. CD；2. ACE；3. ABCE；4. ABC

三、判断题（正确选 A，错误选 B）

1. 混凝土结构的耐久性指在设计基准期内，在正常维护下，必须保持适合于使用，而不需进行维修加固。   （   ）

2. 为防止地基的不均匀沉降，以设置在基础顶面和檐口部位的圈梁最为有效。当房

屋中部沉降较两端为大时，位于檐口部位的圈梁作用较大。　　　　　　　　（　　）

3. 混凝土的抗压能力较强而抗拉能力很弱，钢材的抗拉和抗压能力都很强．混凝土和钢筋结合在一起共同工作，使混凝土主要承受压力，钢筋主要承受拉力，是钢筋混凝土构件的特点。　　　　　　　　　　　　　　　　　　　　　　　　　　　（　　）

4. 当梁支座处允许弯起的受力纵筋不满足斜截面抗剪承载力的要求时，应加大纵筋配筋率。　　　　　　　　　　　　　　　　　　　　　　　　　　　　　　　（　　）

答案：1. B；2. B；3. A；4. B。

模拟试题（五）（市政工程）

一、单项选择题

1. 设计使用年限为 100 年且处于一类环境中的混凝土结构，钢筋混凝土结构要求；混凝土强度等级、预应力混凝土结构的混凝土强度等级分别不应低于（　　）。

　A. C30、C40　　　　B. C25、C30　　　　C. C30、C30　　　　D. C30、C35

2. 对于无明显屈服点的钢筋，其强度标准值取值的依据是（　　）。

　A. 最大应变对应的应力　　　　　　　B. 极限抗拉强度

　C. 0.9 倍极限抗拉强度　　　　　　　D. 条件屈服强度

3. （　　）是使钢筋锈蚀的充分条件。

　A. 钢筋表面氧化膜的破坏　　　　　　B. 混凝土构件裂缝的产生

　C. 含氧水分侵入　　　　　　　　　　D. 混凝土的碳化进程

4. 受弯构件斜截面受剪承载力计算公式，要求其截面限制条件 $V \leqslant 0.25\beta_c f_c b h_0$ 的目的是为了防止发生（　　）。

　A. 斜拉破坏　　　　B. 剪切破坏　　　　C. 斜压破坏　　　　D. 剪压破坏

5. 为了减小混凝土收缩对结构的影响，可采取的措施是（　　）。

　A. 加大构件尺寸　　　　　　　　　　B. 增大水泥用量

　C. 减小荷载值　　　　　　　　　　　D. 改善构件的养护条件

6. 受拉钢筋截断后，由于钢筋截面的突然变化，易引起过宽的裂缝，因此规范规定纵向钢筋（　　）。

　A. 不宜在受压截断　　　　　　　　　B. 不宜在受拉区截断

　C. 不宜在同一截面截断　　　　　　　D. 应在距梁端 1/3 跨度范围内截断

7. 抗震概念设计和抗震构造措施主要是为了满足（　　）的要求。

　A. 小震不坏　　　　B. 中震不坏　　　　C. 中震可修　　　　D. 大震不倒

8. 通常把埋置深度在 3m～5m 以内，只需经过挖槽、排水等普通施工程序就可以建造起来的基础称作（　　）。

　A. 浅基础　　　　　B. 砖基础　　　　　C. 深基础　　　　　D. 毛石基础

答案：1. A；2. B；3. A；4. C；5. D；6. B；7. D；8. A

二、多项选择题

1. 光圆钢筋与混凝土的粘结作用主要由（　　）所组成。

　A. 钢筋与混凝土接触面上的化学吸附作用力

　B. 混凝土收缩握裹钢筋而产生摩阻力

　C. 钢筋表面凹凸不平与混凝土之间产生的机械咬合作用力

29

D. 钢筋的横肋与混凝土的机械咬合作用力

E. 钢筋的横肋与破碎混凝土之间的楔合力

2. 受压构件中应配有纵向受力钢筋和箍筋，要求（   ）。

A. 纵向受力钢筋应由计算确定

B. 箍筋由抗剪计算确定，并满足构造要求

C. 箍筋不进行计算，其间距和直径按构造要求确定

D. 为了施工方便，不设弯起钢筋

E. 纵向钢筋直径不宜小于 12mm，全部纵向钢筋配筋率不宜超过 5%

3. 下列影响混凝土梁斜面截面受剪承载力的主要因素有（   ）。

A. 剪跨比   B. 混凝土强度

C. 箍筋配箍率   D. 箍筋抗拉强度

E. 纵筋配筋率和纵筋抗拉强度

4. 结构设计必须满足功能要求，即结构构件的荷载效应 S（   ）结构构件抗力 R。

A. $<$ B. $>$ C. $=$ D. $\approx$

答案：1. AB；2. ADE；3. ABCD；4. AC

三、判断题（正确选 A，错误选 B）

1. 光圆钢筋和变形钢筋的粘结机理的主要差别是，光面钢筋粘结力主要来自胶结力和摩阻力，而变形钢筋的粘结力主要来自机械咬合作用。   （   ）

2. 配普通箍筋的轴心受压短柱通过引入稳定系数 φ 来考虑初始偏心和纵向弯曲对承载力的影响。   （   ）

3. 单一结构体系只有一道防线，一旦破坏就会造成建筑物倒塌，故框架-剪力墙结构体系需加强构造设计。   （   ）

4. 横向钢筋（如梁中的箍筋）的设置不仅有助于提高抗剪性能，还可以限制混凝土内部裂缝的发展，提高粘结强度。   （   ）

答案：1. A；2. A；3. B；4. A

四、案例

矩形截面简支梁截面尺寸 $200 \times 500\text{mm}$，计算跨度 $l_0 = 4.24\text{m}$（净跨 $l_n = 4\text{m}$），承受均布荷载设计值（包括自重）$q = 100\text{N/m}$，混凝土强度等级采用 C30（$f_c = 14.3\text{N/mm}^2$，$f_t = 1.43\text{N/mm}^2$），箍筋采用 HPB235 级钢筋（$f_{yv} = 210\text{N/mm}^2$）。两边砖墙厚 240mm。

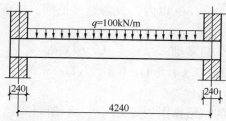

1. 计算剪力设计值最接近的数值是（   ）。

A. 140kN   B. 170kN   C. 200kN   D. 230kN

2. 复核梁截面尺寸是否满足上限值的要求时，公式右侧的限制最接近（   ）。

A. 140kN B. 170kN C. 200kN D. 332kN

3. 当取箍筋间距为 100mm 时，梁应该设置的抗剪箍筋面积为（ ）。

A. 72mm^2 B. 44mm^2（55mm^2） C. 89mm^2 D. 92mm^2

4. 进行正截面受弯计算的时候，采用的弯矩设计值最接近（ ）kN·m。

A. 195 B. 225 C. 245 D. 270

答案：1. C；2. D；3. B；4. B

模拟试题（六）（市政工程）

一、单项选择题

1. 混凝土保护层最小厚度是从保证钢筋与混凝土共同工作，满足对受力钢筋的有效锚固以及（ ）的要求为依据的。

A. 保证受力性能 B. 保证施工质量

C. 保证耐久性 D. 保证受力钢筋搭接的基本要求

2. 混凝土在持续不变的压力长期作用下，随时间延续而继续增曲变形称为（ ）。

A. 应力松弛 B. 收缩徐变 C. 干缩 D. 徐变

3. 受压构件正截面界限相对受压区高度有关的因素是（ ）。

A. 钢筋强度 B. 混凝土的强度

C. 钢筋及混凝土的强度 D. 钢筋、混凝土强度及截面高度

4. 梁支座处设置多排弯起筋抗剪时，若满足了正截面抗弯和斜截面抗弯，却不满足斜截面抗剪，此时应在该支座处设置如下钢筋（ ）。

A. 浮筋 B. 鸭筋 C. 吊筋 D. 支座负弯矩筋

5. 当受压构件处于（ ）时，受拉区混凝土开裂，受拉钢筋达到屈服强度；受压区混凝土达到极限压应变被压碎，受压钢筋也达到其屈服强度。

A. 大偏心受压 B. 小偏心受压 C. 界限破坏 D. 轴心受压

6. （ ）是门窗洞口上用以承受上部墙体和楼盖传来的荷载的常用构件。

A. 地梁 B. 圈梁 C. 拱梁 D. 过梁

7. 表示一次地震释放能量的多少应采用（ ）。

A. 地震烈度 B. 设防烈度 C. 震级 D. 抗震设防目标

8. 一般将（ ）称为埋置深度，简称基础埋深。

A. 基础顶面到±0.000 的距离

B. 基础顶面到室外设计地面的距离

C. 基础底面到±0.000 的距离

D. 基础底面到室外设计地面的距离

答案：1. C；2. D；3. C；4. B；5. A；6. D；7. C；8. D

二、多项选择题

1. 钢筋混凝土结构由很多受力构件组合而成，主要受力构件有（ ）、柱、墙等。

A. 楼板 B. 梁 C. 分隔墙

D. 基础 E. 挡土墙

2. 混凝土结构的耐久性设计主要根据有（ ）。

A. 结构的环境类别 B. 设计使用年限

C. 建筑物的使用用途   D. 混凝土材料的基本性能指标

E. 房屋的重要性类别

3. 当结构或结构构件出现（   ）时，可认为超过了承载能力极限状态。

A. 整个结构或结构的一部分作为刚体失去平衡

B. 结构构件或连接部位因过度的塑性变形而不适于继续承载

C. 影响正常使用的振动

D. 结构转变为机动体系

E. 影响耐久性能的局部损坏

4. 受弯构件正截面承载力计算采用等效矩形应力图形，其确定原则为（   ）。

A. 保证压应力合力的大小和作用点位置不变

B. 矩形面积等于曲线围成的面积

C. 由平截面假定确定 $x=0.8x_0$。

D. 两种应力图形的重心重合

E. 不考虑受拉区混凝土参加工作

答案：1. ABD；2. AB；3. ABD；4. AE

三、判断题（正确选 A，错误选 B）

1. 当验算结构构件的变形和裂缝时，要考虑荷载长期作用的影响。此时，永久荷载应取标准值；可变荷载因不可能以最大荷载值（即标准值）长期作用于结构构件，所以应取经常作用于结构的那部分荷载，它类似永久荷载的作用，故称准永久值。   （   ）

2. 后砌的非承重砌体隔墙，应沿墙高每隔 500mm 配置 2Φ6 钢筋与承重墙或柱拉结，并每边伸入墙内不宜小于 1m。   （   ）

3. 梁内的纵向受力钢筋，是根据梁的最大弯矩确定的，如果纵向受力钢筋沿梁全长不变，则梁的每一截面抗弯承载力都有充分的保证。   （   ）

4. 梁内设置箍筋的主要作用是保证形成良好的钢筋骨架，使钢筋的位置正确。

（   ）

答案：1. A；2. B；3. A；4. B

1.3　建筑施工测量

1.3.1　考试要点

1.3.1.1　施工测量的概念、任务及内容

1. 施工测量的概念和任务

2. 高程、建筑标高、高差、角度、水平距离、坐标的概念

1.3.1.2　测量放线使用的仪器及工具

1. 水准仪的构造、安置和使用

2. 水准测量中的精度要求和误差因素

3. 新型水准仪的特点、基本原理和使用方法

4. 经纬仪的构造、安置和使用

5. 经纬仪观测的误差和原因

6. 全站型电子速测仪的构造和使用

1.3.1.3　建筑物的定位放线

1. 建筑物的定位放线方法

2. 施工测量放线的准备工作

1.3.1.4　一般民用建筑的施工测量放线

1. 土方工程施工测量放线

2. 基础施工测量放线

3. 主体结构施工测量放线

1.3.1.5　高层建筑的施工测量放线

1. 基础及基础定位轴线的测设

2. 垂直度观测

3. 标高测设及水平度控制

1.3.1.6　工业建筑的施工测量放线

1. 工业厂房构件的安装测量方法

2. 工业建筑的柱列轴线和柱基的测设方法

1.3.2　典型题析

1. 水准测量中，设 A 为后视点，B 为前视点，A 尺读数为 2.713m，B 尺读数为 1.401m，已知 A 点高程为 15.000m，则视线高程为（　　）m。

 A. 13.688　　　　B. 16.312　　　　C. 16.401　　　　D. 17.713

答案：D

解析：15+2.713=17.713（m）

2. 设 A 点后视读数为 1.032m，B 点前视读数为 0.729m，则 AB 的两点高差为（　　）m。

 A. -29.761　　　　B. -0.303　　　　C. 0.303　　　　D. 29.761

答案：C

解析：1.032-0.729=0.303（m）

3. 水准测量中，设 A 为后视点，B 为前视点，A 尺读数为 0.425m，B 尺读数为 1.401m，已知 A 点高程为 15.000m，则 B 点高程为（　　）m。

 A. 15.976　　　　B. 16.826　　　　C. 14.024　　　　D. 13.174

答案：C

解析：15.000+（0.425-1.401）=14.024（m）

4. 在 A（高程为 25.812）、B 两点间放置水准仪测量，后视 A 点的读数为 1.360m，前视 B 点的读数为 0.793m，则 B 点的高程为（　　）。

 A. 25.245m　　　　B. 26.605m　　　　C. 26.379m　　　　D. 27.172m

答案：C

解析：25.821+（1.36-0.793）=26.379（m）

5. 下列说法错误的是（　　）。

A. 建筑物的定位是将建筑物的各轴线交点测设于地面上

B. 建筑物的定位方法包括原有建筑物定位法、建筑方格网定位法、规划道路红线定位法和测量控制点定位法

C. 建筑物的放线是根据已定位的外墙轴线交点桩详细测设出其他各轴线交点的位置

D. 为便于在施工中恢复各轴线的位置，可用轴线控制桩和龙门板方法将各轴线延长至槽外

答案：A

解析：建筑物的定位是将建筑物的外轮廓的轴线交点测设于地面上

6. 有关水准测量注意事项中，下列说法错误的是（　　）。

A. 仪器应尽可能安置在前后两水准尺的中间部位

B. 每次读数前均应精平

C. 记录错误时，应擦去重写

D. 测量数据不允许记录在草稿纸上

答案：C

解析：记录错误时，应在原数字上划线后再在上方重写

7. 已知点 A、B 绝对高程是 $H_A＝13.000m$、$H_B＝14.000m$，则 h_{AB} 和 h_{BA} 分别是（　　）。

A. 1.000m，－1.000m　　　　　　B. －1.000m，1.000m

C. 1.000m，1.000m　　　　　　　D. －1.000m，－1.000m

答案：A

解析：$h_{AB}＝14.0－13.00＝1.000$（m）$h_{BA}＝13.00－14.00＝－1.000$（m）

8. A 点水准点 1.976km，水准测量时中间转折了 16 次，其允许误差是（　　）。

A. 4mm　　　　B. 3.87mm　　　　C. 27mm　　　　D. 28mm

答案：D

解析：允许误差＝$\pm 20 \times 1.976^{1/2}＝28$（mm）

9. 在 AB 两点之间进行水准测量，得到满足精度要求的往、返测高差为 $h_{AB}＝＋0.005m$，$h_{BA}＝－0.009m$。已知 A 点高程 $H_A＝417.462m$，则（　　）。

A. B 点的高程为 417.460m　　　　B. B 点的高程为 417.469m

C. 往、返测高差闭合差为＋0.014m　　D. B 点的高程为 417.467m

E. 往、返测高差闭合差为－0.04m

答案：BE

解析：实际高差闭合差＝$0.005＋（－0.009）＝－0.004$（m）

往、返测高差平均值＝$[0.005－（－0.009）] \times 1/2＝0.007$（m）

$H_B＝417.462＋0.007＝417.469$（m）

10. 精密水准仪主要用于国家三、四等水准测量和高精度的工程测量，例如建筑物沉降观测，大型精密设备安装等测量工作。（　　）（判断题）

答案：错误

解析：精密水准仪主要用于国家一、二等水准测量和高精度的工程测量，例如建筑物沉降观测，大型精密设备安装等测量工作。

11. 水准仪的仪高是指望远镜的中心到地面的铅垂距离。（　　）（判断题）

答案：错误

解析：水准仪的仪高是指望远镜的中心到大地水准面的距离。

12. 水准仪的视准轴应平行于水准器轴。（　　）（判断题）

答案：错误

解析：水准仪的视准轴应平行于水准管轴。

13. 仪器精平后，应立即用十字丝的中横丝在水准尺上进行读数，读数时应从下往上读，即从大往小读。（　　）（判断题）

答案：错误

解析：仪器精平后，应立即用十字丝的中横丝在水准尺上进行读数，读数时应从上往下读，即从小往大读。

14. 某工程在施工放线测量时，水准基点由于提供的水准基点距离工地较远，达到2.158km，引测到工地中间转折了18次。A点高程为48.812m，测量时在两点中间放置水准仪，后视A点的读数为1.562m，前视B点的读数为0.995m。

（1）此次测量的允许误差是（　　）mm。

A. 4　　　　　　　　B. 8　　　　　　　　C. 27　　　　　　　　D. 29

（2）B点高程为（　　）m。

A. 48.245　　　　　B. 49.379　　　　　C. 49.807　　　　　D. 50.374

答案：（1）D；（2）B

解析：（1）允许误差$=\pm 20 \times 2.158^{1/2}=29$（mm）

（2）B点高程为$48.812+1.562-0.995=49.379$（m）

1.3.3　模拟试题

模拟试题（一）（建筑工程）

一、单项选择题

1. 绝对高程的起算面是（　　）。

A. 水平面　　　　B. 大地水准面　　　C. 假定水准面　　　D. 底层室内地面

2. 地面上有一点A，任意取一个水准面，则点A到该水准面的铅垂距离为（　　）。

A. 绝对高程　　　B. 海拔　　　　　　C. 高差　　　　　　D. 相对高程

3. 在A（高程为25.812m）、B两点间放置水准仪测量，后视A点的读数为1.360m，前视B点的读数为0.793m，则B点的高程为（　　）。

A. 25.245m　　　　B. 26.605m　　　　C. 26.379m　　　　D. 27.172m

4. 进行经纬仪水准测量，测回法适用于观测（　　）间的夹角。

A. 三个方向　　　B. 两个方向　　　C. 三个以上的方向　D. 一个方向

5. 建筑工程施工测量的基本工作是（　　）。

A. 测图　　　　　B. 测设　　　　　C. 用图　　　　　　D. 识图

6. 水准测量中要求前后视距离相等，其目的是为了消除（　　）的误差影响。

A. 水准管轴不平行于视准轴　　　　　B. 圆水准轴不平行于仪器竖轴

C. 十字丝横丝不水平　　　　　　　　D. 圆水准轴不垂直

答案：1. B；2. D；3. C；4. B；5. B；6. A

二、多项选择题

1. 我国规定以山东青岛市验潮站所确定的黄海的常年平均海平面，作为我国计算高程的基准面。陆地上任何一点到此大地水准面的铅垂距离，就称为（　　）。

A. 高程　　　　　　B. 标高　　　　　　C. 海拔

D. 高差　　　　　　E. 高度

2. 水准仪是测量高程、建筑标高用的主要仪器。水准仪主要有（　　）几部分构成。

A. 望远镜　　　　　B. 水准器　　　　　C. 照准部

D. 基座　　　　　　E. 刻度盘

3. 经纬仪的安置主要包括（　　）内容。

A. 照准　　　　　　B. 定平　　　　　　C. 观测

D. 对中　　　　　　E. 读数

答案：1. AC；2. ABD；3. BD

三、判断题（正确选 A，错误选 B）

1. 水准仪的视准轴应平行于水准器轴。　　　　　　　　　　　　　　　　（　　）

2. 精密水准仪主要用于国家三、四等水准测量和高精度的工程测量，例如建筑物沉降观测，大型精密设备安装等测量工作。　　　　　　　　　　　　　　　（　　）

3. 竖直角是指在同一竖向平面内某方向的视线与水平线的夹角。　　　　　（　　）

答案：1. B；2. B；3. A

模拟试卷（二）（建筑工程）

一、单项选择题

1.（　　）处与铅垂线垂直。

A. 水平面　　　　　B. 参考椭球面　　　C. 铅垂面　　　　　D. 大地水准面

2. 水准仪的（　　）与仪器竖轴平行。

A. 视准轴　　　　　B. 圆水准器轴　　　C. 十字丝横丝　　　D. 水准管轴

3. 转动水准仪的微倾螺旋，使水准管气泡严格居中，从而使望远镜的视线处于水平位置叫（　　）。

A. 粗评　　　　　　B. 对光　　　　　　C. 清除视差　　　　D. 精平

4. 水准测量中，设 A 为后视点，B 为前视点，A 尺读数为 2.713m，B 尺读数为 1.401m，已知 A 点高程为 15.000m 则视线高程为（　　）m。

A. 13.688　　　　　B. 16.312　　　　　C. 16.401　　　　　D. 17.713

5. DJ6 经纬仪的测量精度通常要（　　）DJ2 经纬仪的测量精度。

A. 等于　　　　　　B. 高于　　　　　　C. 接近于　　　　　D. 低于

6. 建筑工程施工测量的基本工作是（　　）。

A. 测图　　　　　　B. 测设　　　　　　C. 高差　　　　　　D. 标高

答案：1. D；2. B；3. D；4. D；5. D；6. B

二、多项选择题

1. 经纬仪的安置主要包括（　　）几项内容。

A. 初平　　　　　　B. 定平　　　　　　C. 精平

D. 对中　　　　　　　E. 复核

2. 水准测量中，使前后视距大致相等，可以消除或削弱（　　）。

A. 水准管轴不平行视准轴的误差　　　B. 地球曲率产生的误差

C. 估读数差　　　　　　　　　　　D. 阳光照射产生的误差

E. 大气折光产生的误差

3. 坐标在测量中是用来确定地面上物体所在位置的准线，坐标分为（　　）。

A. 平面直角坐标　　B. 笛卡尔坐标　　　C. 世界坐标

D. 空间直角坐标　　E. 局部坐标

答案：1. BD；2. ABE；3. AD

三、判断题（正确选 A，错误选 B）

1. 观测值与真值之差称为观测误差。　　　　　　　　　　　　　（　　）

2. 水准仪的仪高是指望远镜的中心到地面的铅垂距离。　　　　　（　　）

3. 用于工程测量尺子的端点均为零刻度。　　　　　　　　　　　（　　）

答案：1. A；2. B；3. A

模拟试卷（三）（建筑工程）

一、单项选择题

1. 在距离丈量中衡量精度的方法是用（　　）。

A. 往返较差　　　　B. 相对误差　　　　C. 绝对误差　　　　D. 闭合差

2. 在水准仪上，圆水准器轴是圆水准器内壁圆弧零点的（　　）。

A. 切线　　　　　　B. 法线　　　　　　C. 垂线　　　　　　D. 水平线

3. 在水准测量中转点的作用是传递（　　）。

A. 方向　　　　　　B. 高程　　　　　　C. 距离　　　　　　D. 角度

4. 用水平面代替水准面，下列描述正确的是（　　）。

A. 对距离的影响大　　　　　　　　　B. 对高差的影响大

C. 对距离和高差的影响均较大　　　　D. 对距离和高差的影响均较小

5. 已知点 A、B 绝对高程是 $H_A = 13.000$m、$H_B = 14.000$m，则 h_{AB} 和 h_{BA} 分别是（　　）。

A. 1.000m，−1.000m　　　　　　B. −1.000m，1.000m

C. 1.000m，1.000m　　　　　　　D. −1.000m，−1.000m

6. 地面点到高程基准面的垂直距离称为该点的（　　）。

A. 相对高程　　　　B. 绝对高程　　　　C. 高差　　　　　　D. 标高

答案：1. B；2. B；3. B；4. B；5. A；6. B

二、多项选择题

1. 高差是指某两点之间（　　）。

A. 高程之差　　　　　　　　　　　　B. 高程和建筑标高之间的差

C. 两点之间同一建筑标高之差　　　　D. 两栋不同建筑之间的标高之差

E. 两栋建筑高度之差

2. 电子水准测量采用的测量原理有（　　）几种。

A. 相关法　　　　　　B. 几何法　　　　　　C. 相位法

D. 光电发 　　　　　E. 数学法

3. 经纬仪目前主要有光学经纬仪和电子经纬仪两大类，工程建设中常用的光学经纬仪是（　　）几种。

A. DJ07 　　　　　　B. DJ2 　　　　　　　C. DJ6

D. DJ15 　　　　　　E. DJ25

答案：1. AC；2. ABC；3. BC

三、判断题（正确选 A，错误选 B）

1. 测量学的任务主要有两方面内容：测定和测设。　　　　　　　　　　　　（　　）

2. 高层建筑由于层数较多、高度较高、施工场地狭窄，故在施工过程中，对于垂直度偏差、水平度偏差及轴线尺寸偏差都必须严格控制。　　　　　　　　　　（　　）

3. 在某次水准测量过程中，A 测点读数为 1.432m，B 测点读数为 0.832m，则实际地面 A 点高。　　　　　　　　　　　　　　　　　　　　　　　　　　　　　（　　）

答案：1. A；2. A；3. B

模拟试卷（四）（市政工程）

一、单项选择题

1. 在水准仪上（　　）。

A. 没有圆水准器　　　　　　　　　B. 水准管精度低于圆水准器

C. 水准管用于精确整平　　　　　　D. 每次读数时必须整平圆水准器

2. 关于水准仪操作说法正确的是（　　）。

A. 不用圆水准器　　　　　　　　　B. 水准管精度低于圆水准器

C. 水准管用于精确整平　　　　　　D. 每次读数时必须整平圆水准器

3. 关于经纬仪四条轴关系，下列说法正确的是（　　）。

A. 照准部水准管轴垂直于仪器的竖轴　　B. 望远镜横轴平行于竖轴

C. 望远镜视准轴平行于横轴　　　　　　D. 望远镜十字竖丝平行于竖盘水准管轴

4. 钢尺量距中，定线不准和钢尺未拉直，则（　　）。

A. 均使得测量结果短于实际值

B. 均使得测量结果长于实际值

C. 定线不准使得测量结果短于实际值，钢尺未拉直得测量结果长于实际值

D. 定线不准使得测量结果长于实际值，钢尺未拉直使得测量结果短于实际值

5. 测定建筑物构件受力后产生弯曲变形的工作叫（　　）。

A. 位移观测　　　B. 沉降观测　　　C. 倾斜观测　　　D. 挠度观测

6. 操作中依个人视力将镜转向明亮背景旋动目镜对光螺旋，使十字丝纵丝达到十分清晰为止是（　　）。

A. 目镜对光　　　B. 物镜对光　　　C. 清除视差　　　D. 精平

答案：1. C；2. C；3. A；4. B；5. D；6. A

二、多项选择题

1. 房屋的定位过程中，主轴线的桩位定好后，应（　　）。

A. 把这些桩点向外伸出 2m～4m，再定下控制桩的桩点

B. 立即定下控制桩的桩点

C. 控制桩的桩点应用混凝土包围成墩

D. 控制桩的桩点应用油漆涂成红色

E. 控制桩的桩点应用永久性保护

2. 经纬仪因仪器因素所产生的观测误差有（　　　）。

A. 使用年限过久　　　　　　　　　B. 检测维修不完善

C. 支架下沉　　　　　　　　　　　D. 对中不认真

E. 调平不准

3. 水准尺是水准测量时使用的标尺，常用的水准尺有（　　　）几种。

A. 整尺　　　　　　B. 折尺　　　　　　C. 塔尺

D. 直尺　　　　　　E. 曲尺

答案：1. AC；2. AB；3. ABCD

三、判断题（正确选 A，错误选 B）

1. 高程是陆地上任何一点到大地水准面的铅垂距离。（　　　）

2. 恢复定位点和轴线位置方法有设置轴线控制桩和龙门板两种方法。（　　　）

3. 根据建筑总平面图到现场进行草测，草测的目的是为核对总图上理论尺寸与现场实际是否有出入，现场是否有其他障碍物等。（　　　）

答案：1. A；2. A；3. A

模拟试卷（五）（市政工程）

一、单项选择题

1. 地面上两相交直线的水平角是（　　　）的夹角。

A. 这两条直线的空间实际线　　　　B. 这两条直线在水平面的投影线

C. 这两条直线在竖直面的投影线　　D. 这两条直线在某一倾斜面的投影线

2. 有关水准测量注意事项中，下列说法错误的是（　　　）。

A. 仪器应尽可能安置在前后两水准尺的中间部位

B. 每次读数前均应精平

C. 记录错误时，应擦去重写

D. 测量数据不允许记录在草稿纸上

3. 经纬仪用光学对中的精度通常为（　　　）mm。

A. 0.05　　　　　　B. 1　　　　　　C. 0.5　　　　　　D. 3

4. 用一根实际长度是 30.010m 的钢尺（名义长度是 30.000m）去施工放样，一座 120m 长的房子，丈量 4 尺后应（　　　）。

A. 返回 0.040m　　　　　　　　　　B. 增加 0.040m

C. 不必增减　　　　　　　　　　　D. 增加多少计算后才能确定

5. 下列说法错误的是（　　　）。

A. 建筑物的定位是将建筑物的各轴线交点测设于地面上

B. 建筑物的定位方法包括原有建筑物定位法、建筑方格网定位法、规划道路红线定位法和测量控制点定位法

C. 建筑物的放线是根据已定位的外墙轴线交点桩详细测设出其他各轴线交点的位置

D. 为便于在施工中恢复各轴线的位置，可用轴线控制桩和龙门板方法将各轴线延长

至槽外

6. 水准仪望远镜的视准轴是（　　　）。

A. 十字丝交点与目镜光心连接　　　　B. 目镜光心与物镜光心的连接

C. 人眼与目标的连接　　　　　　　　D. 十字丝交点与物镜光心的连接

答案：1. B；2. C；3. B；4. A；5. A；6. D

二、多项选择题

1. 建筑物的定位是根据所给定的条件，经过测量技术的实施，把房屋的空间位置确定下来的过程，常用的房屋定位方法有（　　　）。

A. "红线"定位法　　　　　　　　　　B. 方格网定位法

C. 平行线定位法　　　　　　　　　　D. GPS 定位法

E. 轴线定位法

2. 水准仪主要轴线之间应满足的几何关系为（　　　）。

A. 圆水准器轴平行于仪器竖轴　　　　B. 十字丝横丝垂直与仪器竖轴

C. 横轴垂直于仪器竖轴　　　　　　　D. 水准管轴平行于仪器视准轴

E. 圆水准器轴垂直于仪器竖轴

3. 水准测量中误差校核的方法有（　　　）。

A. 返测法　　　　　B. 闭合法　　　　　C. 测回法

D. 附合法　　　　　E. 逆测法

答案：1. ABC；2. ABD；3. ABD

三、判断题（正确选 A，错误选 B）

1. 仪器精平后，应立即用十字丝的中横丝在水准尺上进行读数，读数时应从下往上读，即从大往小读。　　　　　　　　　　　　　　　　　　　　　　　　（　　）

2. 钢结构建筑物测设精度应高于混凝土结构建筑物。　　　　　　　　　　（　　）

3. 在多层建筑物的施工过程中，各层墙体的轴线一般用吊垂球方法测设。　（　　）

答案：1. B；2. A；3. B

模拟试卷（六）（市政工程）

一、单项选择题

1. 水准仪精平是调节（　　　）使水准管气泡居中。

A. 微动螺旋　　　　　　　　　　　　B. 制动螺旋

C. 微倾螺旋　　　　　　　　　　　　D. 脚螺旋

2. 望远镜的视准轴是（　　　）。

A. 十字丝交点与目镜光心连线　　　　B. 目镜光心与物镜光心的连线

C. 人眼与目标的连线　　　　　　　　D. 十字丝交点与物镜光心的连线。

3. 测定一点竖直角时，若仪器高不同，但都瞄准目标同一位置，则所测竖直角（　　　）。

A. 一定相同　　　　　　　　　　　　B. 不同

C. 可能相同也可能不同　　　　　　　D. 不一定相同

4. 用经纬仪观测水平角时，尽量照准目标的底部，其目的是为了消除（　　　）误差对测角的影响。

40

A. 对中   B. 照准

C. 目标偏离中心   D. 指标差

5. 在民用建筑的施工测量中，下列不属于测设前的准备工作的是（   ）。

A. 设立龙门桩   B. 平整场地

C. 绘制测设略图   D. 熟悉图纸

6. 下列哪种图是撒出施工灰线的依据（   ）。

A. 建筑总平面图   B. 建筑平面图

C. 基础平面图和基础详图   D. 立面图和剖面图

答案：1. C；2. D；3. B；4. C；5. A；6. C

二、多项选择题

1. 用钢尺进行直线丈量，应（   ）。

A. 尺身放平   B. 确定好直线的坐标方位角

C. 丈量水平距离   D. 目估或用经纬仪定线

E. 进行往返丈量

2. 全站型电子速测仪简称全站仪，它是一种可以同时进行（   ）和数据处理，由机械、光学、电子元件组合而成的测量仪器。

A. 水平角测量   B. 竖直角测量   C. 高差测量

D. 斜距测量   E. 平距测量

3. 砖混结构施工测量放线时，在墙体轴线检查无误后，在（   ）放出门窗口位置，标出尺寸及型号。

A. 防潮层面上   B. 基础垫层面上   C. 基础墙外侧

D. 基础墙内侧   E. 基础圈梁外侧

答案：1. ACDE；2. ABCDE；3. AC

三、判断题（正确选 A，错误选 B）

1. 工业厂房安装柱子时，柱子垂直校正应先瞄准柱子中心线的底部，然后固定照准部，再仰视柱子中心线顶部。   （   ）

2. 建筑总平面图是施工测设和建筑物总体定位的依据。   （   ）

3. 作为控制建筑物位置的"红线"是指根据城市规划建筑物只能在此线一侧，一般不能超越线外，特殊情况下可以踏压"红线"。   （   ）

答案：1. A；2. A；3. B

四、案例

（一）某工程在施工放线测量时，水准基点由于提供的水准基点距离工地较远，达到 2.158km，引测到工地中间转折了 18 次。A 点高程为 48.812m，测量时在两点中间放置水准仪，后视 A 点的读数为 1.562m，前视 B 点的读数为 0.995m。

1. 水准仪的操作步骤为（   ）。（单选题）

A. 安置仪器、粗平、瞄准、精平、读数

B. 安置仪器、瞄准、粗平、精平、读数

C. 安置仪器、粗平、精平、瞄准、读数

D. 安置仪器、粗平、瞄准、读数、精平

2. 此次测量的允许误差是（　　　）mm。（单选题）

A. 4　　　　　　　　B. 8　　　　　　　　C. 27　　　　　　　　D. 29

3. 在本次水准仪测量中，通过 A 和 B 两点的读数可知（　　　）。（单选题）

A. A 点比 B 点低

B. A 点比 B 点高

C. A 点与 B 点同高

D. A 和 B 点的高低无法确定

4. B 点高程为（　　　）m。（单选题）

A. 48.245　　　　　B. 49.379　　　　　C. 49.807　　　　　D. 50.374

答案：1. A；2. D；3. A；4. B

（二）某拟建工程与周边建筑甲、乙、丙的相互关系如图所示。

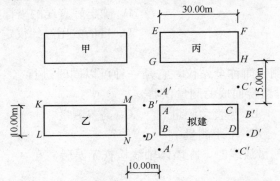

1. 进行该建筑物的定位时，采用的方法为（　　　）。（单选题）

A. "红线"定位法　　　　　　　　B. 平行线定位法

C. 方格网定位法　　　　　　　　D. GPS 定位法

2. 进行该建筑物的平面位置定位时，可不需要使用的工具为（　　　）。（单选题）

A. 小线　　　　　　　　　　　　B. 钢卷尺

C. 水准仪　　　　　　　　　　　D. 大的直角三角尺

3. 关于该建筑物的测量定位方法错误的是（　　　）。（单选题）

A. 量定位的校核采用量对角线 AD、BC 的方法进行，一般误差不得超过长度的 1/4000

B. 在确定建筑物的纵向、横向轴线后，应把轴线引到房屋灰线挖槽之外 2m～4m，建立控制桩

C. 定位完成后还应从水准基点引进水准点

D. 建筑物的水准标高可根据周围房屋确定

4. 该建筑物的控制桩点为（　　　）。（单选题）

A. $A\,B\,C\,D$　　　　　　　　　　　B. $B'\,B''\,D'\,D''$

C. $E\,F\,G\,H$　　　　　　　　　　　D. $K\,L\,M\,N$

答案：1. B；2. C；3. C；4. B

（三）某工程施工放线时，甲方提供了甲、乙两个确定"红线"的桩位，建筑物与定位桩的相互关系如下页图所示。

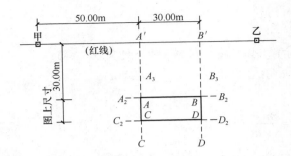

1. 进行该建筑物的定位时，采用的方法为（　　）。

A. "红线"定位法　　　　　　　　B. 方格网定位法

C. 平行定位法　　　　　　　　　D. GPS 定位法

2. 进行该建筑物的定位时，定位主轴线应为（　　）。

A. 横向轴线　　　　　　　　　　B. 纵向轴线

C. 横向或纵向轴线均可　　　　　D. 无法确定

3. 关于该建筑物的测量定位方法不正确的是（　　）。

A. 先将经纬仪安置在甲桩位上，测得 A' 点和 B' 点的桩位

B. 把经纬仪先后移到 A' 和 B' 桩点，测得 A、B、C、D 四点

C. 当 A_2、B_2、C_2、D_2 四个桩点定好位之后，校核定位是否准确

D. 主轴线的桩位定好之后，再定下控制桩的桩点

4. 该建筑物的控制桩点为（　　）。

A. 甲、乙　　　　B. A'、B'　　　　C. A、B、C、D　　　　D. A_2、B_2、C_2、D_2

答案：1. A；2. B；3. C；4. D

1.4　建筑材料

1.4.1　考试要点

1. 材料的密度、表观密度、堆积密度、孔隙率、空隙率、吸水性、吸湿性、耐水性、抗渗性、抗冻性的概念及有关计算。

2. 石灰的熟化和硬化；石灰的组成、性能与应用；建筑石膏的水化、凝结、硬化及其应用。

3. 硅酸盐水泥的矿物组成；影响水泥性质的主要指标（凝结时间、安定性、强度）；六种通用水泥的特点及适用范围。

4. 普通混凝土对材料的要求；混凝土拌合物和易性的概念及指标；影响混凝土和易性的主要因素；混凝土的强度及影响混凝土抗压强度的因素；混凝土配合比三个基本参数；普通混凝土配合比设计；实验室配合比和施工配合比的转换；混凝土外加剂的选用。

5. 砌筑砂浆的主要技术性质与性能；抹灰砂浆主要技术要求。

6. 建筑钢材力学性能及指标；建筑钢材的标准与选用。

7. 石油沥青的组成和主要技术性质；沥青的应用。

1.4.2 典型题析

1. 含水率为 10% 的湿砂 220g，其中水的质量为（　　）。

A. 19.8g　　　　　　B. 22g　　　　　　C. 20g　　　　　　D. 20.2g

答案：C

解析：含水率 $w = \dfrac{m_1 - m}{m} \times 100\%$

即　　　　　　　　　$10\% = \dfrac{220 - m}{m}$　　$m = 200\,\mathrm{g}$

则 水的质量为 $220 - 200 = 20\,\mathrm{g}$

2. 普通混凝土用砂的细度模数范围一般在（　　），以其中的中砂为宜。

A. 3.7～3.1　　　　B. 3.0～2.3　　　　C. 2.2～1.6　　　　D. 3.7～1.6

答案：D

解析：普通混凝土用砂的细度模数范围一般在 3.7～1.6 之间，其中 3.7～3.1 为粗砂，3.0～2.3 为中砂，2.2～1.6 为细砂。

3. 条件允许时，尽量选用最大粒径的粗骨料，是为了（　　）。

A. 节省骨料　　　　　　　　　　　B. 节省水泥

C. 减少混凝土干缩　　　　　　　　D. 节省水泥和减少混凝土干缩

答案：D

解析：为了节省水泥浆，应尽可能选择粒径大的石子作骨料，但必须受结构的截面及钢筋间距等因素的限制。混凝土结构施工质量验收规范（GB 50204—2002（修订））规定：混凝土用的粗骨料，其最大粒径不得超过构件截面最小尺寸的 1/4，且不得超过钢筋最小净间距的 3/4。

4. 强度等级为 15 级以上的灰砂砖可用于建筑（　　）。

A. 一层以上　　　B. 防潮层以上　　　C. 基础　　　　D. 任何部位

答案：D

解析：灰砂砖根据浸水 24h 后的抗压强度和抗折强度分为 MU25、MU20、MU15、MU10 四个强度等级。MU15 级以上的灰砂砖，可用于基础及其他建筑部位。MU10 级灰砂砖，可用于防潮层以上的建筑部位。

5. 加气混凝土具有轻质、绝热、不燃等优点，但不能用于下列（　　）工程。

A. 非承重内外填充墙　　　　　　　B. 屋面保温层

C. 高温炉的保温层　　　　　　　　D. 三层或三层以下的结构墙

答案：C

解析：建筑物的基础、处于浸水、高温和化学侵蚀环境、表面温度高于 80℃ 的部位，均不得采用加气混凝土砌块。

6. 经冷加工处理，钢材的（　　）提高。

A. 屈服点　　　B. 塑性　　　C. 韧性

D. 抗拉强度　　E. 焊接性能

答案：AD

解析：经冷加工的钢筋，屈服点提高，塑性、韧性及焊接性能下降。而抗拉强度是否提高，取决于是否冷拉时效，如冷拉不时效，抗拉强度不提高；如冷拉时效，抗拉强度提高。

7. 某构件截面最小尺寸为 240mm，钢筋净间距为 45mm，宜选用粒径为（　　　）mm 的石子。

A. 5～10　　　　　　B. 5～31.5　　　　　　C. 5～40　　　　　　D. 5～60

答案：B

解析：混凝土结构施工质量验收规范（GB 50204—2002（修订））规定：混凝土用的粗骨料，其最大粒径不得超过构件截面最小尺寸的 1/4，且不得超过钢筋最小净间距的 3/4。根据此规范计算，可得出答案 B。

8. 以下哪些技术性质不符合国家标准规定为不合格品水泥（　　　）。

A. 细度　　　　　　　B. 体积安定性　　　　　C. 初凝时间

D. 终凝时间　　　　　E. 强度

答案：BCDE

解析：根据《通用硅酸盐水泥》GB 175—2007 规定：凡不溶物、烧失量、三氧化硫含量、氧化镁含量、氯离子含量、凝结时间、安定性、强度符合标准者为合格品；以上指标中任一项技术要求不符合标准者为不合格品。

1.4.3　模拟试题

模拟试卷（一）（建筑工程）

一、单项选择题

1. 含水率为 10% 的湿砂 220g，其中水的质量为（　　　）。

A. 19.8g　　　　　　B. 22g　　　　　　　C. 20g　　　　　　　D. 20.2g

2. 材料的孔隙率增大时，其性质保持不变的是（　　　）。

A. 表观密度　　　　　B. 堆积密度　　　　　C. 密度　　　　　　　D. 强度

3. 为了消除过火石灰的危害，必须将石灰浆在贮存坑中放置两周以上的时间，称为（　　　）。

A. 碳化　　　　　　　B. 水化　　　　　　　C. 陈伏　　　　　　　D. 硬化

4. 高层建筑的基础工程混凝土宜优先选用（　　　）。

A. 硅酸盐水泥　　　　　　　　　　　　B. 普通硅酸盐水泥

C. 矿渣硅酸盐水泥　　　　　　　　　　D. 火山灰质硅酸盐水泥

5. 在低碳钢的应力应变图中，有线性关系的是（　　　）阶段。

A. 弹性阶段　　　　　B. 屈服阶段　　　　　C. 强化阶段　　　　　D. 颈缩阶段

6. 用于外墙的抹面砂浆，在选择胶凝材料时，应以（　　　）为主。

A. 水泥　　　　　　　B. 石灰　　　　　　　C. 石膏　　　　　　　D. 粉煤灰

答案：1. C；2. C；3. C；4. D；5. A；6. A

二、多项选择题

1. 下列性质属于力学性质的有（　　　）。

A. 强度　　　　　　　B. 硬度　　　　　　　C. 弹性

D. 脆性　　　　　　　E. 徐变

2. 混凝土和易性主要包含（　　）等方面的内容。

A. 流动性　　　　B. 稠度　　　　　　C. 黏聚性

D. 保水性　　　　E. 延展性

3. 碳素结构钢随牌号增大（　　）。

A. 屈服强度提高　　B. 抗拉强度降低　　C. 塑性性能降低

D. 冷弯性能变差　　E. 焊接性能降低

答案：1. ABCD；2. ACD；3. ACDE

三、判断题（正确选 A，错误选 B）

1. 在空气中吸收水分的性质称为材料的吸水性。　　　　　　　　　　（　　）

2. 底层抹灰的作用是使砂浆与基底能牢固地粘结，因此要求底层砂浆具有良好的和易性、保水性和较好的粘结强度。　　　　　　　　　　　　　　　　　（　　）

3. 混凝土、玻璃、砖、石属于脆性材料。　　　　　　　　　　　　　（　　）

答案：1. B；2. A；3. A

模拟试卷（二）（建筑工程）

一、单项选择题

1. 材料的吸水率与含水率之间的关系可能为（　　）。

A. 吸水率小于含水率　　　　　　　B. 吸水率等于或大于含水率

C. 吸水率既可大于也可小于含水率　　D. 吸水率可等于也可小于含水率

2. 生产硅酸盐水泥时加适量石膏主要起（　　）作用。

A. 促凝　　　　　　B. 缓凝　　　　　　C. 助磨　　　　　　D. 膨胀

3. 原材料确定时．影响混凝土强度的决定性因素是（　　）。

A. 水泥用量　　　　B. 水灰比　　　　　C. 骨料的质量　　　D. 骨料的用量

4. 某构件截面最小尺寸为 240mm，钢筋间净距为 45mm，宜选用粒径为（　　）mm的石子。

A. 5～10　　　　　B. 5～31.5　　　　　C. 5～40　　　　　D. 5～60

5. 在混凝土中掺入（　　），对混凝土抗冻性有明显改善。

A. 引气剂　　　　　B. 减水剂　　　　　C. 缓凝剂　　　　　D. 早强剂

6. 在钢结构中常用（　　）轧制成钢板、钢管、型钢来建造桥梁、高层建筑及大跨度钢结构建筑。

A. 碳素钢　　　　　B. 低合金钢　　　　C. 热处理钢筋　　　D. 冷拔低碳钢丝

答案：1. B；2. B；3. B；4. B；5. A；6. B

二、多项选择题

1. 材料的吸水性与（　　）有关。

A. 亲水性　　　　　　　　　　　　B. 憎水性

C. 孔隙特征　　　　　　　　　　　D. 材料自重

E. 材料孔隙率的大小

2. 混凝土配合比设计的基本要求是（　　）。

A. 和易性良好　　　　　　　　　　B. 强度达到所设计的强度等级要求

C. 耐久性良好　　　　　　　　　　D. 级配满足要求

E. 经济合理

3. 砌筑砂浆为改善其和易性和节约水泥用量，常掺入（　　　）。

A. 石灰膏　　　　　　　　　　　　B. 麻刀

C. 石膏　　　　　　　　　　　　　D. 黏土膏

E. 电石膏

答案： 1. ABCE；2. ABCE；3. ADE

三、判断题（正确选 A，错误选 B）

1. 空隙率是指散粒材料在某堆积体积中，颗粒之间的空隙体积占总体积的比例。

（　　　）

2. 过火石灰易产生较大的体积膨胀，致使硬化后的石灰表面局部产生鼓包、崩裂的现象，叫陈伏。　　　　　　　　　　　　　　　　　　　　　　　（　　　）

3. 硅酸盐水泥中含有游离的 CaO、MgO 和过多的石膏都会造成水泥的体积安定性不良。（　　　）

答案： 1. A；2. B；3. A

模拟试卷（三）（建筑工程）

一、单项选择题

1. 材料的耐水性常用（　　　）表示。

A. 渗透系数　　　B. 抗渗等级　　　C. 耐水系数　　　D. 软化系数

2. 普通混凝土用砂的细度模数范围一般在（　　　），以其中的中砂为宜。

A. 3.7～3.1　　　B. 3.0～2.3　　　C. 2.2～1.6　　　D. 3.7～1.6

3. 选择混凝土骨料时，应使其（　　　）。

A. 总表面积大，空隙率大　　　　　B. 总表面积小，空隙率大

C. 总表面积小，空隙率小　　　　　D. 总表面积大，空隙率小

4. 混凝土配合比设计中，对塑性混凝土，计算砂率的原则是使（　　　）。

A. 砂子密实体积填满石子空隙体积

B. 砂浆体积正好填满石子空隙体积

C. 砂子密实体积填满石子空隙体积，并略有富余

D. 砂子松散体积填满石子空隙体积，并略有富余

5. 普通碳素结构钢随钢号的增加，钢材的（　　　）。

A. 强度增加、塑性增加　　　　　　B. 强度降低、塑性增加

C. 强度降低、塑性降低　　　　　　D. 强度增加、塑性降低

6. （　　　）是木材物理、力学性质发生变化的转折点。

A. 纤维饱和点　　　　　　　　　　B. 平衡含水率

C. 饱和含水率　　　　　　　　　　D. A＋B

答案： 1. D；2. D；3. C；4. D；5. D；6. A

二、多项选择题

1. 对石灰的技术要求主要有（　　　）。

A. 细度　　　　　　　　　　　　　B. 强度

C. 有效 CaO、MgO 含量　　　　　　　D. 产浆量

E. 湿度

2. 以下哪些技术性质不符合国家标准规定为不合格品水泥（　　）。

A. 细度　　　　　　　　　　　　　　B. 体积安定性

C. 初凝时间　　　　　　　　　　　　D. 终凝时间

E. 强度

3. 在混凝土拌合物中，如果水灰比过大，会造成（　　）。

A. 拌合物的黏聚性不良　　　　　　　B. 产生流浆

C. 有离析现象　　　　　　　　　　　D. 严重影响混凝土的强度

E. 拌合物的保水性不良

答案：1. CD；2. BCDE；3. ABCDE

三、判断题（正确选 A，错误选 B）

1. 材料的渗透系数愈大，其抗渗性能愈好。　　　　　　　　　　　　　　（　　）

2. 混凝土中掺入引气剂后，会引起强度降低。　　　　　　　　　　　　　（　　）

3. 屈强比愈小，钢材受力超过屈服点工作时的可靠性愈大，结构的安全性愈高。

（　　）

答案：1. B；2. A；3. A

模拟试卷（四）（市政工程）

一、单项选择题

1. 用沸煮法检验水泥体积安定性，只能检查出（　　）的影响。

A. 游离 CaO　　　　　　　　　　　　B. 游离 MgO

C. 石膏　　　　　　　　　　　　　　D. $Ca(OH)_2$

2. 在施工中，采用（　　）方法以改善混凝土拌合物的和易性是合理和可行的一种方法。

A. 合理砂率　　　　　　　　　　　　B. 增加用水量

C. 掺早强剂　　　　　　　　　　　　D. 改用较大粒径的粗骨料

3. 条件允许时，尽量选用最大粒径的粗骨料，是为了（　　）。

A. 节省骨料　　　　　　　　　　　　B. 节省水泥

C. 减少混凝土干缩　　　　　　　　　D. 节省水泥和减少混凝土干缩

4. 防止混凝土中钢筋腐蚀的最有效措施是（　　）。

A. 提高混凝土的密实度　　　　　　　B. 钢筋表面刷漆

C. 钢筋表面用碱处理　　　　　　　　D. 混凝土中加阻锈剂

5. 道路石油沥青及建筑石油沥青的牌号是按其（　　）划分的。

A. 针入度　　　　　　　　　　　　　B. 软化点平均值

C. 延度平均值　　　　　　　　　　　D. 沥青中油分含量

6. 木材在使用前应使其含水率达到（　　）。

A. 纤维饱和点　　　　　　　　　　　B. 平衡含水率

C. 饱和含水率　　　　　　　　　　　D. 绝干状态含水率

答案：1. A；2. A；3. D；4. A；5. A；6. B

48

二、多项选择题

1. 抗弯强度计算与受力情况有关,一般有(   )。

A. 纯弯弯矩

B. 集中加荷

C. 三分点加荷

D. 二分点加荷

E. 均布加载

2. 影响混凝土强度的主要因素有(   )。

A. 水泥强度

B. 水灰比

C. 砂率

D. 养护条件

E. 含水量

3. 沥青胶的组成包括(   )。

A. 沥青

B. 基料

C. 填料

D. 分散介质

E. 油分

答案:1. BC;2. ABD;3. AC

三、判断题(正确选 A,错误选 B)

1. 当材料在不变的持续荷载作用下,金属材料的变形随时间不断增长,叫徐变或应力松弛。   (   )

2. 混凝土的冻融破坏主要是由于混凝土孔隙内的水结冰造成的。   (   )

3. 材料的渗透系数越大,表明材料渗透的水量越多,抗渗性则越差。   (   )

答案:1. B;2. A;3. A

模拟试卷(五)(市政工程)

一、单项选择题

1.(   )浆体在凝结硬化过程中,其体积发生微小膨胀。

A. 石灰   B. 石膏   C. 菱苦土   D. 水泥

2. 水泥的体积安定性即指水泥浆在硬化时(   )的性质。

A. 体积不变化   B. 体积均匀变化   C. 不变形   D. 均匀膨胀

3. 宜采用蒸汽养护的水泥品种为(   )。

A. 矿渣水泥   B. 硅酸盐水泥   C. 快硬水泥   D. 高铝水泥

4. 混凝土用骨料的要求是(   )。

A. 空隙率小的条件下尽可能粗   B. 空隙率小

C. 总表面积小   D. 总表面积小,尽可能粗

5. 可用(   )的方法来改善混凝土拌和物的和易性。

a. 在水灰比不变条件下增加水泥浆的用量   b. 采用合理砂率

c. 改善砂石级配   d. 加入减水剂   e. 增加用水量

A. a、b、c、e   B. a、b、c、d   C. a、c、d、e   D. b、c、d、e

6. 赋予石油沥青以流动性的组分是(   )。

A. 油分   B. 树脂   C. 沥青脂腔   D. 地沥青质

答案:1. B;2. B;3. A;4. A;5. B;6. A

二、多项选择题

1. 经冷加工处理，钢材的（　　）提高。

A. 屈服点
B. 塑性

C. 韧性
D. 抗拉强度

E. 焊接性能

2. 大体积混凝土施工可选用（　　）。

A. 矿渣水泥
B. 硅酸盐水泥

C. 粉煤灰水泥
D. 普通水泥

E. 火山灰水泥

3. 与传统的沥青防水材料相比较，改性沥青防水材料的突出优点有（　　）。

A. 拉伸强度和抗撕裂强度高
B. 低温柔性

C. 较高的耐热性
D. 耐腐蚀

E. 抗老化性

答案：1. A；2. ACE；3. BCE

三、判断题（正确选 A，错误选 B）

1. 施工现场发现混凝土流动性不足，可以用增加用水量解决。　　　　　　（　　）

2. 钢材防锈的根本方法是防止潮湿和隔绝空气。　　　　　　　　　　　（　　）

3. 沥青的黏性用延度表示。　　　　　　　　　　　　　　　　　　　　（　　）

答案：1. B；2. A；3. B

模拟试卷（六）（市政工程）

一、单项选择题

1. 坍落度是表示混凝土（　　）的指标。

A. 强度
B. 流动性

C. 黏聚性
D. 保水性

2. 配制混凝土时，限定最大水灰比和最小水泥用量值是为了满足（　　）的要求。

A. 流动性
B. 强度

C. 耐久性
D. 流动性、强度和耐久性

3. 喷射混凝土必须加入的外加剂是（　　）。

A. 早强剂
B. 减水剂

C. 引气剂
D. 速凝剂

4. 沥青胶增加（　　）掺量能使耐热性提高。

A. 水泥
B. 矿粉

C. 减水剂
D. 石油

5. 配制混凝土用砂的要求是尽量采用（　　）的砂。

A. 空隙率小
B. 总面积小

C. 总面积大
D. 空隙率和总面积均较小

6. 影响混凝土强度的因素有（　　）。

A. 水泥强度等级和水灰比
B. 温度和湿度

C. 养护条件和龄期
D. 以上三者都是

答案：1. B；2. D；3. D；4. B；5. D；6. D

二、多项选择题

1. 在混凝土中加入引气剂，可以提高混凝土的（　　　）。

A. 抗冻性
B. 耐水性
C. 抗渗性
D. 抗化学侵蚀性
E. 凝结速度

2. 影响水泥体积安定性的因素主要有（　　　）。

A. 水泥熟料中游离氧化镁含量
B. 水泥熟料中游离氧化钙含量
C. 水泥的细度
D. 水泥中三氧化硫含量
E. 水泥的烧失量

3. 现行规范对硅酸盐水泥的技术要求有（　　　）。

A. 细度
B. 凝结时间
C. 体积安定性
D. 强度
E. 石膏掺量

答案：1. ACD；2. ABD；3. BCD

三、判断题（正确选 A，错误选 B）

1. 石灰"陈伏"是为了降低熟化时的放热量。　　　　　　　　　　（　　）

2. 增加石油沥青中的油分含量，或者提高石油沥青的温度，都可以降低其黏性，这两种方法在施工中都有应用。　　　　　　　　　　　　　　　　　　（　　）

3. 表观密度是指材料在绝对密实状态下，单位体积的质量。　　　（　　）

答案：1. B；2. A；3. B

1.5　建筑工程定额与预算

1.5.1　考试要点

1.5.1.1　建筑工程定额概述

1. 定额的概念、性质、作用和分类

1.5.1.2　建筑工程施工定额、预算定额、概算定额

1. 施工定额、预算定额、概算定额、概算指标的作用、编制原则、组成及应用
2. 施工定额、预算定额、概算定额、概算指标的联系和区别

1.5.1.3　建筑工程概（预）算概论

1. 建筑安装工程费用的构成
2. 建筑安装工程概预算的分类
3. 建筑工程费用的组成

1.5.1.4　土建工程施工图预算的编制

1. 土建工程施工图预算的编制依据、方法和步骤
2. 工程量的计算
3. 施工图预算的审查
4. 建筑面积的计算方法

5. 竣工结算的编制

1.5.1.5 工程量清单计价规范简介

1. 工程量清单计价规范的概念和构成

2. 工程量清单计价的特点

1.5.2 典型题析

1. 当时间定额减少 15％时，产量定额增加幅度为( )％。

A. 13.04   B. 11.11   C. 17.65   D. 9.10

答案：C

解析：时间定额＝1/产量定额 ＝1/0.85＝1.1765   1.1765－1＝0.1765＝17.65％

2. 层高 2.2m 的仓库( )计算建筑面积。

A. 按建筑物外墙勒脚以上的结构外围面积的 1/4 计算

B. 按建筑物外墙勒脚以上的结构外围面积的 1/2 计算

C. 按建筑物外墙勒脚以上的结构外围面积计算

D. 不用计算

答案：C

解析：单层建筑物高度在 2.2m 及以上者应计算全面积；层高不足 2.2m 者应计算 1/2 面积。

3. 某抹灰班 13 名工人，抹某住宅楼白灰砂浆墙面，施工 25 天完成抹灰任务，个人产量定额为 10.2m²/工日，则该抹灰班应完成的抹灰面积为( )。

A. 255m²   B. 19.6m²   C. 3315m²   D. 133m²

答案：C

解析：$13×25×10.2＝3315m^2$

4. 某办公楼，需浇筑 1000 m² 的地坪，每天有 20 个工人参加施工，时间定额为 0.2 工日/m²，则完成该任务需( )天。

A. 8   B. 9   C. 10   D. 12

答案：C

解析：1000×0.2÷20＝10 天

5. 某建筑物为 23 层，电梯间围护结构外围长 2m，宽 2m，电梯间出屋面高 2m，则该电梯间的建筑面积为( )。

A. 4m²   B. 92m²   C. 94m²   D. 88m²

答案：C

解析：$23×2×2＋2×2/2＝94m^2$ （出屋面电梯间层高不足 2.2m 者，应计算 1/2 的面积）

6. 关于多层建筑物的建筑面积，下列说法正确的是( )。

A. 多层建筑物的建筑面积＝其首层建筑面积×层数

B. 建筑物阳台，不论是凹阳台、挑阳台、封闭阳台、敞开式阳台，均按其水平投影面积计算

C. 建筑物外墙外侧有保温隔热层的建筑物，应按保温隔热层内边线计算建筑面积

D. 单层建筑物的建筑面积，应按其外墙勒脚以上结构外围水平面积计算

答案： D

解析：（1）多层建筑物的建筑面积应按不同的层高划分界限分别计算。

（2）建筑物阳台，不论是凹阳台、挑阳台、封闭阳台、敞开式阳台，均按其水平投影面积的1/2计算。阳台是供使用者进行活动和晾晒衣物的建筑空间。

（3）建筑物外墙外侧有保温隔热层的建筑物，应按保温隔热层外边线计算建筑面积。

7. 雨篷其结构的外边线至外墙结构外边线的宽度超过2.1m者，应按其雨篷结构板的水平投影面积的（　　）计算。

　　A. 全面积　　　　　B. 1/2　　　　　　C. 1/4　　　　　　D. 不计算

答案： B

解析： 雨篷，不论是无柱雨篷、有柱雨篷、独立柱雨篷，其结构的外边线至外墙结构外边线的宽度超过2.1m者，应按其雨篷结构板的水平投影面积的1/2计算。宽度在2.1m及以内的不计算面积。雨篷是指设置在建筑物进出口上部的遮雨、遮阳篷。

8. 下列各项费用中，属于建筑安装工程间接费中的企业管理费的有（　　）。

　　A. 业务招待费　　　　　　　　　　B. 施工企业流动资金贷款利息支出

　　C. 咨询费　　　　　　　　　　　　D. 定额编制管理费

　　E. 上级管理费

答案： AC

解析： 企业管理费是指建筑安装企业组织施工生产和经营管理所需费用，包括管理人员工资、办公费、差旅交通费、固定资产使用费、工具用具使用费、劳动保险费、工会经费、职工教育经费、财产保险费、财务费、税金和其他。其他费用包括技术转让费、技术开发费、业务招待费、绿化费、广告费、公证费、法律顾问费、审计费、咨询费等。

9. 工程量清单计价的特点有（　　）。

　　A. 并存性　　　　　　　　　　　　B. 强制性

　　C. 竞争性　　　　　　　　　　　　D. 通用性

　　E. 时效性

答案： ABCD

解析： 工程量清单计价的特点有科学性、强制性、实用性、竞争性、通用性、并存性。

10. 预算定额应用方法有直接套用和换算套用两种方法。（判断题）（　　）

答案： 错误

解析： 预算定额应用方法有直接套用、换算套用、定额的补充三种方法。

11. 有永久性顶盖的室外楼梯（建筑物无室内楼梯），其建筑面积按建筑物自然层的水平投影面积的计算。（判断题）（　　）

答案： 错误

解析： 有永久性顶盖的室外楼梯，应按建筑物自然层的水平投影面积的1/2计算。

12. 人工幅度差是指在劳动定额中未包括，而在一般正常施工情况下又不可避免发生的一些零星用工因素。（判断题）（　　）

答案： 错误

解析：人工幅度差：主要是指预算定额与劳动定额由于定额水平不同而引起的水平差。另外还包括劳动定额未包括，但在实际施工作业中又不可避免而且无法计算的用工和各种工时损失。

13. 建筑安装工程费由直接工程费、间接费、利润和税金组成。（判断题）（　　　）

答案：错误

解析：建筑安装工程费由直接费、间接费、利润和税金组成。

14. 工程结算是指在竣工验收阶段，建设单位编制的从筹建到验收阶段、交付使用全过程实际支付的建设费用的经济文件。（判断题）（　　　）

答案：错误

解析：工程结算是指在竣工验收阶段，施工企业编制的从筹建到验收阶段、交付使用全过程实际支付的建设费用的经济文件。

15. 有永久性顶盖无围护结构的场馆看台，应按其顶盖水平投影面积计算。（判断题）（　　　）

答案：错误

解析：有永久性顶盖无围护结构的场馆看台，应按其顶盖水平投影面积的1/2计算。

16. 橱窗是指在建筑物出入口设置的建筑过渡空间，起分隔、挡风、御寒等作用。（判断题）（　　　）

答案：错误

解析：门斗是指在建筑物出入口设置的建筑过渡空间，起分隔、挡风、御寒等作用；落地橱窗是指突出外墙面根基落地的橱窗。

17. 建筑物之间有围护结构的架空走廊，层高不足2.2m者不计算面积。（判断题）（　　　）

答案：错误

解析：建筑物之间有围护结构的架空走廊，应按其围护结构外围水平面积计算。层高在2.2m及以上者应计算全面积；层高不足2.2m者应计算1/2面积。有永久性顶盖但无围护结构的应按其结构底板水平面积的1/2计算。无永久性顶盖的架空走廊不计算面积。架空走廊是指建筑物与建筑物之间，在二层或二层以上专门为水平交通设置的走廊。

18. 某二层民用住宅如图所示（图中所标尺寸均为外包尺寸），雨篷水平投影面积为3300mm×1500mm，计算其建筑面积。

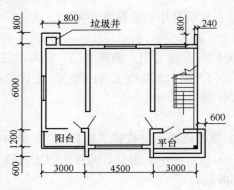

①该建筑物的阳台面积为（　　　）m²。

A. 3. 6   B. 1. 8   C. 7. 2   D. 0

答案：A

解析：该建筑物的阳台面积为：$2×3×1.2/2＝3.6m^2$

②该建筑物的垃圾井面积为（ ）m^2。

A. 0. 64   B. 1. 28   C. 0. 8   D. 0

答案：B

解析：该建筑物的垃圾井面积为：$2×0.8×0.8＝1.28m^2$

③该建筑物室内房间面积为（ ）m^2。

A. 63   B. 126   C. 68. 4   D. 136. 8

答案：D

解析：该建筑物室内房间面积为：$2×[(3+4.5+3)×6+4.5×1.2]＝136.8m^2$

④该建筑物的总建筑面积为（ ）m^2。

A. 67. 24   B. 129. 08   C. 141. 68   D. 76. 4

答案：C

解析：该建筑物的总建筑面积为：$3.6+1.28+136.8＝141.68m^2$

19. 某工程在砌筑一砖标准内墙时，进度计划安排每天砌筑墙体长度为 60m，总的施工任务为 $600m^3$，建筑层高为 2.8m，室内净高 2.65m，工人施工的时间定额为 0.96 工日/m^3。查计价表可知，完成该砌筑工程的综合单价为 197.7，人工费 35.88，材料费 145.22，机械费 2.42，管理费 9.58。（单选题）

①该工程在施工时每天需安排（ ）工人参加施工才能满足进度计划的要求。

A. 20 个   B. 21 个   C. 37 个   D. 42 个

答案：C

解析：$0.24×60×2.65×0.96＝36.6$（个）取 37 个

②完成该工程的砌筑任务的工期为（ ）天。

A. 10   B. 15   C. 16   D. 625

答案：C

解析：$600×0.96/37＝15.5$（天）取 16 天

③该砌筑工程费用为（ ）元。

A. 108660   B. 110112   C. 115860   D. 118620

答案：D

解析：$197.7×600＝118620$（元）

④该砌筑工程的利润为（ ）元。

A. 2760   B. 5748   C. 13903. 20   D. 14234. 40

答案：A

解析：$(197.7－35.88－145.22－2.42－9.58)×600＝2760$（元）

1. 5. 3　模拟试题

模拟试卷（一）（建筑工程）

一、单项选择题

1. 定额具有（　　）的特点
A. 科学性、经济性、法令性　　　　　　　B. 经济性、指导性、群众性
C. 科学性、指导性、群众性　　　　　　　D. 科学性、经济性、群众性

2. 当时间定额减少15%时，产量定额增加幅度为（　　）%。
A. 13.04　　　　B. 11.11　　　　C. 17.65　　　　D. 9.10

3. （　　）是指具有独立设计文件，可以独立施工，建成后能够独立发挥生产能力，产生经济效益的工程。
A. 分部工程　　　　B. 分项工程　　　　C. 单位工程　　　　D. 单项工程

4. 层高2.2m的仓库应（　　）计算建筑面积。
A. 按建筑物外墙勒脚以上的结构外围面积的1/4计算
B. 按建筑物外墙勒脚以上的结构外围面积的1/2计算
C. 按建筑物外墙勒脚以上的结构外围面积计算
D. 不用计算

5. 建筑物外有围护结构的挑廊、走廊、檐廊，应按其围护结构外围水平面积计算。层高不足2.2m者应计算（　　）面积。
A. 全面积　　　　B. 1/2　　　　C. 1/4　　　　D. 不计算

6. 以下关于工程量清单说法不正确的是（　　）。
A. 工程量清单是招标文件的组成部分
B. 工程量清单应采用工料单价计价
C. 工程量清单可由招标人编制
D. 工程量清单是由招标人提供的文件

答案： 1. C；2. C；3. D；4. C；5. B；6. B

二、多项选择题

1. 定额按编制单位和执行范围划分，可有（　　）。
A. 全国统一定额　　　　　　　　　　　B. 企业定额
C. 土建定额　　　　　　　　　　　　　D. 安装定额
E. 地方统一定额

2. 预算定额编制的依据有（　　）。
A. 国家有关部门的有关制度与规定
B. 现行设计、施工及验收规范；质量评定标准和安全技术规程
C. 施工定额
D. 施工图纸
E. 有关新技术、新结构、新材料等的资料

3. 下列各项费用中，属于建筑安装工程间接费中的企业管理费的有（　　）。
A. 业务招待费　　　　　　　　　　　　B. 施工企业流动资金贷款利息支出
C. 咨询费　　　　　　　　　　　　　　D. 定额编制管理费
E. 上级管理费

答案： 1. ABE；2. ABCE；3. AC

三、判断题（正确选A，错误选B）

1. 材料消耗量可用材料消耗量＝材料净用量/（1－材料损耗率）或材料消耗量＝材料净用量×（1＋材料损耗率）表示。 （ ）

2. 编制预算定额时，所有项目均应划分得细一点，不是越细越好。 （ ）

3. 直接工程费由人工费、材料费、施工机械使用费三部分组成。 （ ）

答案：1. A；2. A；3. A

模拟试卷（二）（建筑工程）

一、单项选择题

1. （ ）的定义为：在合理的劳动组织和合理使用材料和机械的条件下，完成单位合格产品所消耗的资源数量标准。

A. 定额 B. 定额水平 C. 劳动定额 D. 材料定额

2. （ ）是指具有独立设计文件，可以独立施工，但建成后不能产生经济效益的工程。

A. 分部工程 B. 分项工程 C. 单位工程 D. 单项工程

3. 预算文件的编制工作是从（ ）开始的。

A. 分部工程 B. 分项工程 C. 单位工程 D. 单项工程

4. 我国建筑安装费用构成中，不属于直接费中人工费的是（ ）。

A. 生产工人探亲期间的工资 B. 生产工人调动工作期间的工资

C. 生产工人学习培训期间的工资 D. 生产工人休病假 7 个月期间的工资

5. 雨篷其结构的外边线至外墙结构外边线的宽度超过 2.1m 者，应按其雨篷结构板的水平投影面积的（ ）计算。

A. 全面积 B. 1/2 C. 1/4 D. 不计算

6. 根据我国现行的工程量清单计价办法，单价采用的是（ ）。

A. 预算单价 B. 市场价格 C. 综合单价 D. 工料单价

答案：1. C；2. C；3. B；4. D；5. B；6. C

二、多项选择题

1. 按定额反映的生产要素消耗内容分类，工程建设定额可分为（ ）。

A. 施工定额 B. 劳动定额

C. 机械消耗定额 D. 材料消耗定额

E. 建筑工程定额

2. 概算定额的编制依据有（ ）。

A. 预算定额 B. 概算指标

C. 施工定额 D. 现行的设计标准规范

E. 人、材、机的价格

3. 建安工程费用中，直接工程费包括（ ）。

A. 材料费 B. 企业管理费

C. 冬雨期施工增加费 D. 人工费

E. 机械使用费

答案：1. BCD；2. ACDE；3. ADE

三、判断题（正确选 A，错误选 B）

1. 施工机械费中含机上人工费。 （　　）

2. 预算定额应用方法有直接套用和换算套用两种方法。 （　　）

3. 措施项目清单为可调整清单，投标人对招标文件中所列项目，可根据企业自身特点作适当的变更增减。 （　　）

答案： 1. A；2. B；3. A

模拟试卷（三）（建筑工程）

一、单项选择题

1. 材料消耗定额中用以表示周转材料的消耗量是指该周转材料的（　　）。

A. 一次使用量　　　B. 回收量　　　　　C. 周转使用量　　　D. 摊销量

2. 某抹灰班 13 名工人，抹某住宅楼白灰砂浆墙面，施工 25 天完成抹灰任务，个人产量定额为 $10.2m^2/$工日，则该抹灰班应完成的抹灰面积为（　　）。

A. $255m^2$　　　　B. $19.6m^2$　　　　C. $3315m^2$　　　　D. $133m^2$

3. 单层建筑物的建筑面积，应按其外墙勒脚以上（　　）计算。

A. 结构外围面积　　　　　　　　　B. 建筑外围面积

C. 结构净面积　　　　　　　　　　D. 建筑净面积

4. 某建筑物为 23 层，电梯间围护结构外围长 2m，宽 2m，电梯间出屋面高 2m，则该电梯间的建筑面积为（　　）。

A. $4m^2$　　　　B. $92m^2$　　　　C. $94m^2$　　　　D. $88m^2$

5. 单层建筑物高度大于（　　）m 及以上应计算全面积。

A. 2.0　　　　　B. 2.1　　　　　C. 2.2　　　　　D. 2.5

6. 综合单价＝（　　）。

A. 人工费＋材料费＋机械费

B. 人工费＋材料费＋机械费＋管理费

C. 人工费＋材料费＋机械费＋管理费＋利润

D. 人工费＋材料费＋机械费＋管理费＋利润＋风险因素

答案： 1. D；2. C；3. A；4. C；5. C；6. D

二、多项选择题

1. 定额的科学性主要表现在（　　）。

A. 在研究客观规律的基础上编制定额

B. 采用统一的程序编制定额

C. 采用科学的技术方法编制定额

D. 通过长期观察、测定、总结生产实践的基础上制定定额

E. 工程建设定额的多种类、多层次

2. 材料费是指施工过程中耗费的构成工程实体的（　　）费用。

A. 原材料　　　　　　　　　　　　B. 辅助材料

C. 周转性材料的摊销费　　　　　　D. 工器具

E. 构配件

3. 下列费用中，属于措施费的有（　　）。

A. 材料二次搬运费　　　　　　　　B. 临时设施费

C. 脚手架费   D. 现场管理费

E. 夜间施工费

答案： 1. ACD；2. ABCE；3. ABCE

三、判断题（正确选 A，错误选 B）

1. 人工幅度差是指在劳动定额中未包括，而在一般正常施工情况下又不可避免发生的一些零星用工因素。   （   ）

2. 建筑安装工程费由直接工程费、间接费、利润和税金组成。   （   ）

3. 有永久性顶盖的室外楼梯（建筑物无室内楼梯），其建筑面积按建筑物自然层的水平投影面积的计算。   （   ）

答案： 1. B；2. B；3. B

模拟试卷（四）（市政工程）

一、单项选择题

1. 企业内部使用的定额是（   ）。

A. 施工定额   B. 预算定额   C. 概算定额   D. 概算指标

2. 建筑物顶部有围护结构的楼梯间、水箱间、电梯机房等，层高不足 2.2m 者应计算（   ）。

A. 全部面积   B. 1/2 面积   C. 不计算面积   D. 3/4 面积

3. 在编制分部分项工程量清单中，（   ）不需根据全国统一的工程量清单项目设置规则和计量规则填写。

A. 项目编号   B. 项目名称   C. 工程数量   D. 项目工作内容

4. 某办公楼，需浇筑 $1000m^2$ 的地坪，每天有 20 个工人参加施工，时间定额为 0.2 工日 $/m^2$，则完成该任务需（   ）天。

A. 8   B. 9   C. 10   D. 12

5. 挑出建筑物外墙的水平交通空间称为（   ）。

A. 走廊   B. 挑廊   C. 檐廊   D. 通道

6. 在建筑安装工程施工中，模板制作、安装、拆除等费用应计入（   ）。

A. 工具用具使用费   B. 措施费

C. 现场管理费   D. 材料费

答案： 1. A；2. B；3. D；4. C；5. B；6. B

二、多项选择题

1. 建筑工程定额，按费用性质可以分为（   ）。

A. 直接费定额   B. 劳动定额

C. 企业定额   D. 间接费定额

E. 专用定额

2. 建筑安装工程盈利中的税金包括（   ）。

A. 营业税   B. 增值税

C. 所得税   D. 城乡维护建设税

E. 教育费附加

3. 工程竣工结算的审查通常审查以下方面（   ）。

A. 落实设计变更签证　　　　　　B. 核对合同条款

C. 工程预付款的预付及扣回　　　D. 核对工程量

E. 防止各种计算误差

答案：1. AD；2. ADE；3. ABDE

三、判断题（正确选 A，错误选 B）

1. 脚手架费属于措施费。 （　　）

2. 有永久性顶盖无围护结构的场馆看台，应按其顶盖水平投影面积计算。 （　　）

3. 按工程量清单结算方式进行结算，有建设单位承担"涨价"的风险，而施工方则承担"降价"的风险。 （　　）

答案：1. A；2. B；3. B

模拟试卷（五）（市政工程）

一、单项选择题

1. 预算定额是编制（　　），确定工程造价的依据。

A. 施工预算　　　B. 施工图预算　　　C. 设计概算　　　D. 竣工结算

2. 预算定额中人工工日消耗量应包括（　　）。

A. 基本工、其他工和人工幅度差　　　B. 基本工和辅助工

C. 基本工和其他工　　　　　　　　　D. 基本工和人工幅度差

3. 下列（　　）项目不计算建筑面积。

A. 室内楼梯　　　B. 电梯井　　　C. 有柱雨篷　　　D. 台阶

4. 结算工程价款＝（　　）×（1＋包干系数）。

A. 施工预算　　　B. 施工图预算　　　C. 设计概算　　　D. 竣工结算

5. 人工费是指直接从事建筑工程施工的（　　）开支的各项费用。

A. 生产工人　　　　　　　　　　　　B. 施工现场人员

C. 现场管理人员　　　　　　　　　　D. 生产工人和现场管理人员

6. 工程量清单主要由（　　）等组成。

A. 分部分项工程量清单、措施项目清单

B. 分部分项工程量清单、措施项目清单和其他项目清单

C. 分部分项工程量清单、措施项目清单、其他项目清单、施工组织设计

D. 分部分项工程量清单、措施项目清单和其他项目清单、规费项目清单和税金项目清单

答案：1. B；2. C；3. D；4. B；5. A；6. D

二、多项选择题

1. 在下列项目中，建筑安装工程人工工资单价组成内容包括（　　）。

A. 基本工资　　　　　　　　　　　　B. 流动施工津贴

C. 防暑降温费　　　　　　　　　　　D. 工人病假 6 个月以上工资

E. 取暖费

2. 工程竣工结算的审查，一般应从哪几方面入手（　　）。

A. 核对合同条款　　　　　　　　　　B. 检查工程质量

C. 严格核实单价　　　　　　　　　　D. 落实设计变更签证

E. 检查隐蔽验收记录

3. 工程量清单计价的特点有（   ）。

A. 并存性

B. 强制性

C. 竞争性

D. 通用性

E. 时效性

答案：1. ABCE；2. ACDE；3. ABCD

三、判断题（正确选 A，错误选 B）

1. 工程量清单计价包括招标文件规定的完成工程量清单所列项目的全部费用。

（   ）

2. 橱窗是指在建筑物出入口设置的建筑过渡空间，起分隔、挡风、御寒等作用。

（   ）

3. 工程类别划分是确定工程施工难易程度、计取有关费用的依据。（   ）

答案：1. A；2. B；3. A

模拟试卷（六）（市政工程）

一、单项选择题

1. 施工定额是建筑工程定额中分得（   ），定额子目最多的一种定额。

A. 最粗   B. 最细   C. 最少   D. 最多

2. 江苏省建筑与装饰工程计价表的项目划分是按（   ）排列的。

A. 章、节、项   B. 项、节、章   C. 章、项、节   D. 节、章、项

3. 预算定额是按照（   ）编制的。

A. 社会平均水平   B. 社会先进水平

C. 行业平均水平   D. 社会平均先进水平

4. 建筑安装工程造价中土建工程的利润计算基础为（   ）。

A. 材料费＋机械费   B. 人工费＋材料费

C. 人工费＋机械费   D. 人工费＋材料费＋机械费

5. 分部分项工程量清单的项目编码应按计量规划 9 位全国统一编码之后，增加具体编码，具体编码由招标人自（   ）起顺序编制。

A. 0001   B. 001   C. 01   D. 1

6. 关于多层建筑物的建筑面积，下列说法正确的是（   ）。

A. 多层建筑物的建筑面积＝其首层建筑面积×层数

B. 建筑物阳台，不论是凹阳台、挑阳台、封闭阳台、敞开式阳台，均按其水平投影面积计算

C. 建筑物外墙外侧有保温隔热层的建筑物，应按保温隔热层内边线计算建筑面积

D. 单层建筑物的建筑面积，应按其外墙勒脚以上结构外围水平面积计算

答案：1. B；2. A；3. A；4. C；5. B；6. D

二、多项选择题

1. 组成材料基价的费用有（   ）。

A. 材料原价   B. 运杂费

C. 采购保管费   D. 运输损耗

E. 场内运输费

2. 以下费用中，属间接费的是（　　）。

A. 生产工人工资　　　　　　　　　B. 企业管理费

C. 社会保障费　　　　　　　　　　D. 工程承包费

E. 工程排污费

3. 下列费用中属于规费的是（　　）。

A. 养老保险费　　　　　　　　　　B. 失业保险费

C. 医疗保险费　　　　　　　　　　D. 危险作业意外伤害保险费

E. 劳动保险费

答案：1. ABCD；2. BCE；3. ABCD

三、判断题（正确选 A，错误选 B）

1. 建筑物之间有围护结构的架空走廊，层高不足 2.2m 者不应计算面积。　（　　）

2. 利润率的确定应根据工程性质和工程类别，与企业资质没关系。　（　　）

3. 工程结算是指在竣工验收阶段，建设单位编制的从筹建到验收阶段、交付使用全过程实际支付的建设费用的经济文件。　（　　）

答案：1. B；2. A；3. B

案例题

（一）某二层民用住宅如图所示（图中所标尺寸均为外包尺寸），雨篷水平投影面积为 3300mm×1500mm，计算其建筑面积。

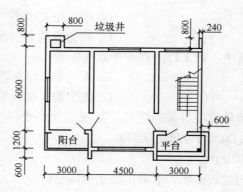

1. 该建筑物的阳台面积为（　　）m²。

A. 3.6　　　　　　B. 1.8　　　　　　C. 7.2　　　　　　D. 0

2. 该建筑物的垃圾井面积为（　　）m²。

A. 0.64　　　　　B. 1.28　　　　　C. 0.8　　　　　　D. 0

3. 该建筑物室内房间面积为（　　）m²。

A. 63　　　　　　B. 126　　　　　　C. 68.4　　　　　D. 136.8

4. 该建筑物的总建筑面积为（　　）m²。

A. 67.24　　　　B. 129.08　　　　C. 141.68　　　　D. 76.4

答案：1. A；2. B；3. D；4. C

（二）某工程在砌筑一砖标准内墙时，进度计划安排每天砌筑墙体长度为 60m，总的施工任务为 600m³，建筑层高为 2.8m，室内净高 2.65m，工人施工的时间定额为 0.96 工日/m³。查计价表可知，完成该砌筑工程的综合单价为197.7，人工费35.88，材料费145.22，机械费2.42，管理费9.58。（单选题）

    1. 该工程在施工时每天需安排（   ）工人参加施工才能满足进度计划的要求。

    A. 20个   B. 21个   C. 37个   D. 42个

    2. 完成该工程的砌筑任务的工期为（   ）天。

    A. 10   B. 15   C. 16   D. 625

    3. 该砌筑工程费用为（   ）元。

    A. 108660   B. 110112   C. 115860   D. 118620

    4. 该砌筑工程的利润为（   ）元。

    A. 2760   B. 5748   C. 13903.20   D. 14234.40

    答案：1. C；2. C；3. D；4. A

1.6　建设工程法律基础

1.6.1　考试要点

建筑施工安全、质量及合同管理相关法律法规：

    1. 《中华人民共和国建筑法》第五条、第十五条、第二十九条中有关建筑施工安全、质量及合同管理相关法律法规

    2. 《建筑工程质量管理条例》第四章、第八章中有关建筑施工安全、质量及合同管理相关法律法规

    3. 《建设工程安全生产管理条例》第三条、第四条、第四章、第七章中有关建筑施工安全、质量及合同管理相关法律法规

    4. 《安全生产许可证条例》第六条中有关建筑施工安全、质量及合同管理相关法律法规

    5. 《最高人民法院关于审理建设工程施工合同纠纷案件适用法律问题的解释》第一条、第二条、第三条、第四条、第五条、第六条中有关建筑施工安全、质量及合同管理相关法律法规

    6. 《中华人民共和国刑法修正案（六）》第134条、第135条、第137条、第139条中有关建筑施工安全、质量及合同管理相关法律法规

1.6.2　典型题析

注意对比：

1.1　1. 在生产、作业中违反有关安全管理的规定，强令他人违章冒险作业，因而发生重大伤亡事故或者造成其他严重后果的，处（   ）。

    A. 3年以下有期徒刑或者拘役   B. 3年以上7年以下有期徒刑

    C. 5年以下有期徒刑或者拘役   D. 5年以上有期徒刑

    答案：C

1.2　2. 在生产、作业中违反有关安全管理的规定，因而发生重大伤亡事故或者造成其

严重后果的，处（　　）。

    A. 3年以下有期徒刑或者拘役   B. 3年以上7年以下有期徒刑

    C. 5年以下有期徒刑或者拘役   D. 5年以上有期徒刑

    答案：A

1.3 3. 在生产、作业中违反有关安全管理的规定，因而发生重大伤亡事故或者造成其他严重后果，情节特别恶劣的，处（　　）。

    A. 3年以下有期徒刑或者拘役   B. 3年以上7年以下有期徒刑

    C. 5年以下有期徒刑或者拘役   D. 5年以上有期徒刑

    答案：B

2.1 4. 在正常使用条件下，屋面防水工程、有防水要求的卫生间、房间和外墙面的防渗漏，最低保修期限为（　　）年。

    A. 1   B. 3   C. 5   D. 10

    答案：C

2.2 5. 在正常使用条件下，供热与供冷系统，为（　　）个采暖期、供冷期。

    A. 1   B. 2   C. 3   D. 4

    答案：B

2.3 6. 在正常使用条件下，电气管线、给排水管道、设备安装和装修工程，最低保修期限为（　　）年。

    A. 1   B. 2   C. 3   D. 5

    答案：B

3.1 7. 涉及建筑主体或者承重结构变动的装修工程，没有设计方案擅自施工的，责令改正，处（　　）的罚款。

    A. 5万元以上10万元以下   B. 10万元以上20万元以下

    C. 20万元以上50万元以下   D. 50万元以上100万元以下

    答案：D

3.2 8. 房屋建筑使用者在装修过程中擅自变动房屋建筑主体和承重结构的，责令改正，处（　　）的罚款。

    A. 5万元以上10万元以下   B. 10万元以上20万元以下

    C. 20万元以上50万元以下   D. 50万元以上100万元以下

    答案：A

4.1 9. 在安全事故发生后，负有报告职责的人员不报或者谎报事故情况，贻误事故抢救，情节严重的，处（　　）。

    A. 3年以下有期徒刑或者拘役   B. 3年以上7年以下有期徒刑

    C. 5年以下有期徒刑或者拘役   D. 5年以上有期徒刑

    答案：A

4.2 10. 在安全事故发生后，负有报告职责的人员不报或者谎报事故情况，贻误事故抢救，情节特别严重的，处（　　）。

    A. 3年以下有期徒刑或者拘役   B. 3年以上7年以下有期徒刑

    C. 5年以下有期徒刑或者拘役   D. 5年以上有期徒刑

答案：B

5.1 11. 注册建筑师、注册结构工程师、监理工程师等注册执业人员因过错造成质量事故的，责令停止执业（   ）年。

    A. 1   B. 2   C. 3   D. 5

    答案：A

5.2 12. 注册建筑师、注册结构工程师、监理工程师等注册执业人员因过错造成重大质量事故的，吊销执业资格证书，（   ）年以内不予注册。

    A. 1   B. 2   C. 3   D. 5

    答案：D

6.1 13. 建设单位、设计单位、施工单位、工程监理单位违反国家规定，降低工程质量标准，造成重大安全事故的，对直接责任人员处（   ）并处罚金。

    A. 3 年以下有期徒刑或者拘役   B. 3 年以上 7 年咀下有期徒刑
    C. 5 年以下有期徒刑或者拘役   D. 5 年以上有期徒刑

    答案：C

6.2 14. 建设单位、设计单位、施工单位、工程监理单位违反国家规定，降低工程质量标准，造成重大安全事故的，后果特别严重的，对直接责任人员处（   ），并处罚金。

    A. 3 年以下有期徒刑或者拘役   B. 3 年以上 7 年以下有期徒刑
    C. 5 年以下有期徒刑或者拘役   D. 5 年以上 10 年以下有期徒刑

    答案：D

附表：

国务院《生产安全事故报告和调查处理条例》第三条如下所示。

事故级别	死亡人数	重伤人数	经济损失
特别重大事故	30 人以上	100 人以上（包括急性工业中毒，下同）	1 亿元以上直接经济损失
重大事故	10 人以上 30 人以下	50 人以上 100 人以下	5000 万元以上 1 亿元以下直接经济损失
较大事故	3 人以上 10 人以下	10 人以上 50 人以下	1000 万元以上 5000 万元以下直接经济损失
一般事故	3 人以下	10 人以下	1000 万元以下直接经济损失

1.6.3 模拟试题

模拟试卷（一）（建筑工程）

一、单项选择题

1. 专职安全生产管理人员的配备办法由（   ）制定。

    A. 建设单位

    B. 施工单位

    C. 省建设厅

    D. 国务院建设行政主管部门会同国务院其他有关部门

2. 施工单位应当根据（　　），在施工现场采取相应的安全施工措施。

A. 不同施工阶段　　　　　　　　　　　B. 周围环境的变化

C. 季节和气候的变化　　　　　　　　　D. ABC

3. 施工现场暂时停止施工的，施工单位应当做好现场防护，所需费用由（　　）承担，或者按照合同约定执行。

A. 建设单位　　　　　　　　　　　　　B. 施工单位

C. 总承包单位　　　　　　　　　　　　D. 责任方

4. 建设单位将建设工程发包给不具有相应资质等级的勘察、设计、施工单位或者委托给不具有相应资质等级的工程监理单位的，责令改正，处（　　）的罚款。

A. 10 万元以上 30 万元以下　　　　　　B. 30 万元以上 50 万元以下

C. 50 万元以上 100 万元以下　　　　　D. 100 万元以上

5. 建设工程施工合同应以（　　）为合同履行地。

A. 原告住所地　　　　　　　　　　　　B. 合同签订地

C. 施工行为地　　　　　　　　　　　　D. 被告住所地

6. 工程监理单位在施工监理过程中，发现存在安全事故隐患，且情况严重的，应当要求施工单位（　　）。

A. 暂时停止施工，并及时报告建设单位

B. 立即整改，并及时报告建设单位

C. 暂时停止施工，并及时报告有关主管部门

D. 立即整改，并及时报告有关主管部门

7. 某办公大楼在保修期间出现外墙裂缝，经查是由于设计缺陷造成。若原施工单位进行了维修之后，其应向（　　）索赔维修费用。

A. 设计单位　　　　　　　　　　　　　B. 物业管理单位

C. 监理单位　　　　　　　　　　　　　D. 建设单位

8. 施工合同履行过程中，监理工程师向承包人发出了提高混凝土等级的通知，施工图样中标明该部位的混凝土强度标准为 30MPa。对该单位工程应以（　　）为标准进行质量验收。

A. 技术规范　　　　　　　　　　　　　B. 施工图样

C. 施工合同　　　　　　　　　　　　　D. 监理通知

答案：1. D；2. D；3. D；4. C；5. C；6. A；7. D；8. D

二、多项选择题

1.（　　）就分包工程对建设单位承担连带责任。

A. 建设单位　　　　　　　　　　　　　B. 施工单位

C. 分包单位　　　　　　　　　　　　　D. 总承包单位

E. 监理单位

2.（　　）单位违反国家规定，降低工程质量标准，造成重大安全事故，构成犯罪的对直接责任人员依法追究刑事责任。

A. 建设单位　　　　　　　　　　　　　B. 设计单位

C. 施工单位　　　　　　　　　　　　　D. 工程监理单位

E. 勘察单位

3. 施工起重机械和整体提升脚手架、模板等自升式架设设施安装、拆卸单位有下列行为（　　），经有关部门或者单位职工提出后，对事故隐患仍不采取措施，因而发生重大伤亡事故或者造成其他严重后果，构成犯罪的，对直接责任人员，依照刑法有关规定追究刑事责任。

A. 未编制拆装方案、制定安全施工措施的

B. 未由专业技术人员现场监督的

C. 未出具自检合格证明

D. 未向施工单位进行安全使用说明，办理移变手续的

E. 出具虚假证明的

答案：1. CD；2. ABCD；3. ABCDE

三、判断题（正确选 A，错误选 B）

1. 建设工程施工前，施工单位负责项目管理的技术人员应当对有关安全施工的技术要求向监理人员作出详细说明，并由双方签字确认。　　　　　　　　　　（　　）

答案：B

四、案例题

【背景】 某高校决定对每幢建筑物进行外表清洁。在对教学楼外墙面砖进行擦洗作业时，在东立面消防楼梯门口两侧部位，工人甲在 9 层消防楼梯平台北侧靠近护身栏杆处，擦洗距平台地面约 2.5m 高的墙面砖，因高度不够，工人甲将右脚站在 12m 高的圆 18 螺纹钢焊成的护身栏杆横栏处，左脚站在 90cm 高的马凳上，在探身擦外侧面砖时，由于未系安全带身体失稳，坠于首层门口行车坡道顶部，坠落高度 24m，送往附近医院抢救无效死亡。

问题：（单选题）

1. 事故发生的原因不是：（　　）。

A. 工人甲违反安全操作规程中有关"高度及危险部位作业，应注意周围环境和必须挂好安全带"的规定

B. 安全教育不够，工人自我保护意识差

C. 安全交底上作欠佳，安全措施不到位

D. 安全检查到位

E. 项目经理部对该项作业的施工方案没有进行认真研究、也没有针对作业现场的情况制定切实可行的安全措施

2. 建筑工程施工现场常见的职工伤亡事故类型没有（　　）。

A. 高处坠落　　　　B. 物体打击　　　　C. 火灾

D. 机械伤害　　　　E. 坍塌事故等

3. 三级安全教育是指（　　）。

A. 公司、项目经理部、专职安全员三个层次的安全教育

B. 项目经理部、施工班、专职安全员组三个层次的安全教育

C. 公司、项目经理部、施工班组三个层次的安全教育

D. 公司、施工班组、专职安全员三个层次的安全教育

E. 安全管理部门的安全培训教育

4. 施工单位应当根据（　　），在施工现场采取相应的安全施工措施。

A. 不同施工阶段　　　　　　　　　　　B. 周围环境的变化

C. 季节和气候的变化　　　　　　　　　D. ABC

答案：1. D；2. C；3. C；4. D

模拟试卷（二）（建筑工程）

一、单项选择题

1. 涉及建筑主体或者承重结构变动的装修工程，没有设计方案擅自施工的，责令改正，处（　　）的罚款。

A. 5 万元以上 10 万元以下　　　　　　B. 10 万元以上 20 万元以下

C. 20 万元以上 50 万元以下　　　　　　D. 50 万元以上 100 万元以下

2. 某施工单位从租赁公司租赁了一批工程模板。施工完毕，施工单位以自己的名义将该模板卖给其他公司。后租赁公司同意将该批模板卖给施工单位。此时施工单位出卖模板的合同为（　　）合同。

A. 有效　　　　　　　　　　　　　　　B. 效力待定

C. 可变更、可撤销　　　　　　　　　　D. 无效

3. 当事人对垫资利息没有约定，承包人请求支付利息的，（　　）。

A. 应予支持　　　　　　　　　　　　　B. 不予支持

C. 协商解决　　　　　　　　　　　　　D. 其他

4. 施工单位应当为施工现场从事危险作业的人员办理意外伤害保险，意外伤害保险费由（　　）支付。

A. 建设单位　　　　　　　　　　　　　B. 施工单位

C. 分包单位　　　　　　　　　　　　　D. 监理单位

5. 施工单位应当在施工现场建立消防安全责任制度，确定（　　），制定用火、用电、使用易燃易爆材料等各项消防安全管理制度和操作规程，设置消防通道、消防水源，配备消防设施和灭火器材，并在施工现场入口处设置明显标志。

A. 专职安全生产管理人员　　　　　　　B. 专门作业员

C. 消防安全责任人　　　　　　　　　　D. 专门监理人员

6. 施工起重机械和整体提升脚手架、模板等自升式架设设施安装、未由专业技术人员现场监督的，责令限期改正，处（　　）的罚款。

A. 1 万元以上 2 万元以下　　　　　　　B. 2 万元以上 5 万元以下

C. 5 万元以上 10 万元以下　　　　　　D. 10 万元以上 20 万元以下

7. 建设单位、设计单位、施工单位、工程监理单位违反国家规定，降低工程质量标准，造成重大安全事故的，对直接责任人员处（　　）并处罚金。

A. 3 年以下有期徒刑或者拘役　　　　　B. 3 年以上 7 年以下有期徒刑

C. 5 年以下有期徒刑或者拘役　　　　　D. 5 年以上有期徒刑

8. 某建筑施工单位有 50 名从业人员，根据《安全生产法》，该单位应当（　　）。

A. 配备兼职安全生产管理人员

B. 设置安全生产管理机构或配备专职安全生产管理人员

C. 因为规模较小，不需要配备安全生产管理人员

D. 配备专职安全生产管理人员

答案：1. D；2. A；3. B；4. B；5. C；6. C；7. C；8. B

二、多项选择题

1. 下列需要设置明显的安全警示标志的是（　　　　）。

A. 施工现场入口处　　　　　　　　B. 楼梯口

C. 基坑边沿　　　　　　　　　　　D. 有害危险气体存放处

E. 下水道口

2. 施工单位必须按照（　　　），对建筑材料、建筑构配件、设备和商品混凝土进行检验，检验应当有书面记录和专人签字；未经检验或者检验不合格的，不得使用。

A. 工程设计要求　　　　　　　　　B. 监理要求

C. 施工技术标准　　　　　　　　　D. 合同约定

E. 施工作业人员水平

3. 施工单位应当在施工组织设计中编制安全技术措施和施工现场临时用电方案，对达到一定规模的危险性较大的分部分项工程编制专项施工方案，并附具安全验算结果，经（　　）签字后实施。

A. 专职安全生产管理员　　　　　　B. 施工单位技术负责人

C. 总监理工程师　　　　　　　　　D. 作业人员

E. 企业负责人

答案：1. ABCD；2. ACD；3. BC

三、判断题（正确选 A，错误选 B）

1. 施工单位法人依法对本单位的安全生产工作全面负责。　　　　　　　（　　　）

答案：B

模拟试卷（三）（建筑工程）

一、单项选择题

1. 施工单位（　　　）依法对本单位的安全生产工作全面负责。

A. 法人　　　　　　　　　　　　　B. 主要负责人

C. 总工程师　　　　　　　　　　　D. 经理

2. 在生产、作业中违反有关安全管理的规定，强令他人违章冒险作业，因而发生重大伤亡事故或者造成其他严重后果，情节特别恶劣的，处（　　　）。

A. 3 年以下有期徒刑或者拘役　　　B. 3 年以上 7 年以下有期徒刑

C. 5 年以下有期徒刑或者拘役　　　D. 5 年以上有期徒刑

3. 施工单位的（　　　）应当经建设行政主管部门或者其他有关部门考核合格后方可任职。

A. 主要负责人　　　　　　　　　　B. 项目负责人

C. 专职安全生产管理人员　　　　　D. ABC

4. 施工单位对因建设工程施工可能造成损害的毗邻（　　　），应当采取专项防护措施。

A. 建筑物　　　　　　　　　　　　B. 构筑物

C. 地下管线　　　　　　　　　　　D. ABC

5. 在正常使用条件下，电气管线、给排水管道、设备安装和装修工程，最低保修期限为（ ）年。

A. 1   B. 2   C. 3   D. 5

6. 下列说法不正确的是（ ）。

A. 当事人对垫资和垫资利息的约定，承包人请求按照约定返还垫资及其利息的应予支持

B. 当事人对垫资和垫资利息有约定，约定的利息计算标准高于中国人民银行发布的同期同类贷款利率的部分不予支持

C. 当事人对垫资利息没有约定，承包人请求支付利息的应予支持

D. 当事人对垫资没有约定的，按照工程欠款处理

7. 在生产、作业中违反有关安全管理的规定，因而发生重大伤亡事故或者造成其他严重后果的，处（ ）。

A. 3 年以下有期徒刑或者拘役   B. 3 年以上 7 年以下有期徒刑

C. 5 年以下有期徒刑或者拘役   D. 5 年以上有期徒刑

8. 施工单位采购、租赁的安全防护用具、机械设备、施工机具及配件，下列说法不正确的有（ ）。

A. 应当具有生产（制造）许可证   B. 应当产品合格证

C. 进入施工现场后进行查验   D. ABC

答案： 1. B；2. D；3. D；4. D；5. B；6. C；7. A；8. C

二、多项选择题

1. 根据《建设工程质量管理条例》规定，下列分包情形中，属于违法分包的有（ ）。

A. 施工总承包单位将建设工程的土方工程分包给其他单位

B. 总承包单位将建设工程分包给不具备相应资质条件的单位

C. 未经建设单位许可，承包单位将其承包的部分建设工程交由其他单位完成

D. 施工总承包单位将建设工程主体结构的施工分包给其他单位

E. 分包单位将其承包的建设工程再分包给具备相应资质条件的其他单位

2. 根据《环境保护法》规定，建设项目中防治污染的设施与主体工程应当（ ）。

A. 同时招标   B. 同时设计

C. 同时竣工   D. 同时施工

E. 同时投产使用

3. 施工单位在采用（ ）时，应当对作业人员进行相应的安全生产教育培训。

A. 新技术   B. 新设备

C. 新工艺   D. 新材料

E. 新标准

答案： 1. BCDE；2. BDE；3. ABCD

三、判断题（正确选 A，错误选 B）

1. 在正常使用条件下，电气管线、给排水管道、设备安装和装修工程，最低保修期限为五年。 （ ）

答案：B

四、案例题

某工厂综合楼建筑面积 2900m²，总长 41.3 m，总宽 13.4m，高 23.65m，五层现浇框架结构，柱距为 9m，共两跨，首层标高为 8.5m，其余为 4m，采用梁式满堂钢筋混凝土基础，在浇筑 9m 跨度二层肋梁楼板时，因模板支撑系统失稳，使二层楼板全部倒塌，造成 3 人死亡，2 人重伤，直接经济损失 800 万元。

1. 该事故属于（   ）。

A. 一般事故 B. 较大事故 C. 重大事故 D. 较别重大事故

2. 事故处理程序是（   ）。

①分析调查结果，找出事故的主要原因；

②进行事故调查，了解事故情况，并确定是否需要采取防护措施；

③确定是否需要处理，若需处理，施工单位确定处理方案；

④事故处理

A. ①②③④ B. ③②①④ C. ②①③④ D. ④③①②

3. 在施工中发生危及（   ）的紧急情况时，作业人员有权立即停止作业或者在采取必要的应急措施后撤离危险区域。

A. 人身安全 B. 财产安全 C. 设备安全 D. 牲畜安全

4. 关于施工单位采购租赁的安全防护用具、机械设备、施工机具及配件，下列说法不正确的是（   ）。

A. 应当具有生产（制造）许可证 B. 应当产品合格证

C. 进入施工现场后进行查验 D. 进入施工现场后组织验收

答案：1. B；2. C；3. A；4. C

模拟试卷（四）（市政工程）

一、单项选择题

1. 施工单位应当自施工起重机械和整体提升脚手架、模板等自升式架设设施验收合格之日起（   ）日内，向建设行政主管部门或者其他有关部门登记。

A. 10 B. 15 C. 20 D. 30

2. 施工单位在安全防护用具、机械设备、施工机具及配件在进入施工现场前未经检查验或者查验不合格即投入使用的，责令限期改正的，逾期未改正的，责令停业整顿，并处（   ）的罚款。

A. 10 万元以上 30 万元以下 B. 30 万元以上 50 万元以下

C. 50 万元以上 80 万元以下 D. 80 万元以上 100 万元以下

3. 专职安全生产管理人员负责对安全生产进行现场监督检查。发现安全事故隐患，应当及时向项目负责人和安全生产管理机构报告；对违章指挥、违章操作的，应当（   ）。

A. 及时上报 B. 立即制止

C. 协商处理 D. 马上处罚

4. 建设工程施工前，施工单位负责项目管理的技术人员应当对有关安全施工的技术要求向（   ）作出详细说明，并由双方签字确认。

A. 专职安全生产管理员   B. 施工单位技术负责人

C. 总监理工程师   D. 作业人员

5. 承包人超越资质等级许可的业务范围签订建设工程施工合同，在建设工程竣工前取得相应资质等级，当事人请求按照无效合同处理的，（   ）。

A. 应予支持   B. 不予支持

C. 协商解决   D. 其他

6. 下列属于企业取得安全生产许可证，应当具备的安全生产条件的有（   ）。

A. 建立、健全安全生产责任制，制定完备的安全生产规章制度和操作规程

B. 安全投入符合安全生产要求

C. 设置安全生产管理机构，配备专职安全生产管理人员

D. ABC

7. 施工单位施工前未对有关安全施工的技术要求作出详细说明的，责令限期改正；逾期未改正的，责令停业整顿，并处（   ）的罚款。

A. 1 万元以上 2 万元以下   B. 2 万元以上 5 万元下

C. 5 万元以上 10 万元以下   D. 10 万元以上 20 万元以下

8. 在施工中发生危及（   ）的紧急情况时，作业人员有权立即停止作业或者在采取必要的应急措施后撤离危险区域。

A. 人身安全   B. 财产安全

C. 设备安全   D. ABC

答案：1. D；2. A；3. B；4. D；5. B；6. D；7. C；8. A

二、多项选择题

1. 施工单位应当建立质量责任制，确定工程项目的（   ）。

A. 项目经理   B. 技术负责人

C. 施工管理负责人   D. 施工组织负责人

E. 总监理工程师

2. 施工单位必须按照（   ）施工，不得擅自修改工程设计，不得偷工减料。

A. 施工队施工经验   B. 工程设计图纸

C. 施工队施工方便   D. 施工技术标准

E. 作业人员的数量

3. 下列行为应当整改的有（   ）。

A. 未设立安全生产管理机构、配备专职安全生产管理人员或者分部分项工程施工时无专职安全生产管理人员现场监督的

B. 施工单位的主要负责人、项目负责人、专职安全生产管理人员、作业人员或者特种作业人员，未经安全教育培训或者经考核不合格即从事相关工作的

C. 未在施工现场的危险部位设置明显的安全警示标志

D. 未向作业人员提供安全防护用具和安全防护服装的

E. 未按照国家有关规定在施工现场设置消防通道、消防水源、配备消防设施和灭火器材的

答案：1. ABC；2. BD；3. ABCDE

三、判断题（正确选 A，错误选 B）

1. 分包单位应当服从总承包单位的安全生产管理，分包单位不服从管理导致生产安全事故的，由分包单位承担全部责任。　　　　　　　　　　　　　　（　　）

答案：B

模拟试卷（五）（市政工程）

一、单项选择题

1. 施工单位在使用施工起重机械和整体提升脚手架、模板等自升式架设设施前，应当组织有关单位进行验收，也可以委托具有相应资质的检验检测机构进行验收；使用承租的机械设备和施工机具及配件的，由（　　）共同进行验收。

A. 施工总承包单位、分包单位和安装单位

B. 施工总承包单位和安装单位

C. 出租单位和安装单位

D. 施工总承包单位、分包单位、出租单位和安装单位

2. 分包单位按照分包合同的约定对（　　）负责。

A. 建设单位　　　　　　　　　　B. 施工单位

C. 发包单位　　　　　　　　　　D. 总承包单位

3. 承包人非法转包、违法分包建设工程或者没有资质的实际施工人借用有资质的建筑施工企业名义与他人签订建设工程施工合同的行为无效。人民法院可以根据民法通则第一百三十四条规定，收缴当事人已经取得的（　　）。

A. 合法所得　　　　　　　　　　B. 非法所得

C. 所有所得　　　　　　　　　　D. 其他

4. 下列应予支持的是（　　）。

A. 当事人对垫资和垫资利息有约定，承包人请求按照约定返还垫资及其利息的

B. 当事人对垫资和垫资利息有约定，约定的利息计算标准高于中国人民银行发布的同期同类贷款利率的部分

C. 当事人对垫资利息没有约定，承包人请求支付利息的

D. ABC

5. 房屋建筑使用者在装修过程中擅自变动房屋建筑主体和承重结构的，责令改正，处（　　）的罚款。

A. 5 万元以上 10 万元以下　　　　B. 10 万元以上 20 万元以下

C. 20 万元以上 50 万元以下　　　　D. 50 万元以上 100 万元以下

6. 某施工单位为避免破坏施工现场区域内原有地下管线，欲查明相关情况，应由（　　）负责向其提供施工现场区域内地下管线资料。

A. 相关管线产权部门　　　　　　B. 市政管理部门

C. 城建档案管理部门　　　　　　D. 建设单位

7. 施工单位在施工中偷工减料的，使用不合格的建筑材料、建筑构配件和设备的，或者有不按照工程设计图纸或者施工技术标准施工的其他行为的，责令改正，处工程合同价款（　　）的罚款。

A. 1％以上 3％以下　　　　　　　B. 2％以上 4％以下

C. 3%以上 5%以下   D. 4%以上 6%以下

8. 建设工程施工合同无效，且建设工程经竣工验收不合格的，修复后的建设工程经竣工验收合格，发包人请求承包人承担修复费用的，（   ）。

A. 应予支持   B. 不予支持

C. 协商解决   D. 其他

答案：1. D；2. D；3. B；4. A；5. A；6. D；7. B；8. A

二、多项选择题

1. 下列说法正确是有（   ）。

A. 施工单位应当将施工现场的办公、生活区与作业区分开设置，并保持安全距离

B. 办公、生活区的选址应当符合安全性要求

C. 职工的膳食、饮水、休息场所等应当符合卫生标准

D. 施工单位可以在尚未竣工的建筑物内设置员工集体宿舍

E. 施工现场材料的堆放应当符合安全性要求

2. 施工人员对涉及结构安全的试块、试件以及有关材料，可以在（   ）监督下现场取样，并送具有相应资质等级的质量检测单位进行检测。

A. 建设单位   B. 总承包单位

C. 施工单位   D. 工程监理单位

E. 咨询单位

3. 下列质量问题中，不属于施工单位在保修期内应承担保修责任有（   ）。

A. 因使用不当造成的质量问题   B. 质量监督机构没有发现的质量问题

C. 第三方造成的质量问题   D. 监理单位没有发现的质量问题

E. 建设单位没有发现的质量问题

答案：1. ABC；2. AD；3. AC

三、判断题（正确选 A，错误选 B）

1. 施工单位采购、租赁的安全防护用具、机械设备、施工机具及配件，应当具有生产（制造）许可证、产品合格证，并在进入施工现场后进行查验。   （   ）

答案：B

四、案例题

【背景】某市阳光花园高层住宅 1 号楼，由两个地上 24 层地下 2 层塔楼和一个连体建筑组成，总建筑面积 31100m²，全现浇钢筋混凝土剪力墙结构。施工组织采用总分包管理模式。1998 年 9 月中旬挖槽，11 月中旬完成基础底板混凝土浇筑，12 月中旬完成地下 2 层墙体、顶板支模、钢筋绑扎及混凝土浇筑工作，1 月中旬基础工程全部完工。

问题：

1. 钢筋分项工程应由（   ）组织施工单位项目专业质量（技术）负责人等进行验收。

A. 专业监理工程师   B. 总监理工程师

C. 项目经理   D. 施工单位技术负责人

2. 基础工程应由（   ）组织施工单位项目负责人和技术、质量负责人、勘察、设计单位工程项目负责人和施工单位技术、质量部门负责人进行工程验收。

A. 专业监理工程师　　　　　　　　　B. 总监理工程师

C. 项目经理　　　　　　　　　　　　D. 施工单位技术负责人

3. 该住宅楼完工后，施工单忙应自行组织有关人员进行检查评定，在具备竣工验收条件后，向（　　）提交工程验收报告。

A. 监理单位　　　　　　　　　　　　B. 建设单位

C. 勘察、设计单位　　　　　　　　　D. 政府建设工程质量监督部门

4. 单位工程质量验收合格后，建设单位应在（　　）日内将工程竣工验收报告和有关文件，报建设行政管理部门备案。

A. 14　　　　　　B. 28　　　　　　C. 15　　　　　　D. 30

答案：1. A；2. B；3. B；4. C

模拟试卷（六）（市政工程）

一、单项选择题

1. 施工单位未对建筑材料、建筑构配件、设备和商品混凝土进行检验，或者未对涉及结构安全的试块、试件以及有关材料取样检测的，责令改正，处（　　）的罚款。

A. 10 万元以上 20 万元以下　　　　　B. 20 万元以上 50 万元以下

C. 50 万元以上 100 万元以下　　　　 D. 100 万元以上

2. 建筑工程施工合同无效，且建设工程经竣工验收不合格的，修复后的建设工程经竣工验收不合格，承包人请求支付工程价款的，（　　）。

A. 应予支持　　　　　　　　　　　　B. 不予支持

C. 协商解决　　　　　　　　　　　　D. 其他

3. （　　）应当建立健全安全生产责任制度和安全生产教育培训制度，制定安全生产规章制度和操作规程，保证本单位安全生产条件所需资金的投入，对所承担的建设工程进行定期和专项安全检查，并做好安全检查记录。

A. 建设单位　　　　　　　　　　　　B. 施工单位

C. 监理单位　　　　　　　　　　　　D. 总承包单位

4. 施工单位不履行保修义务或者拖延履行保修义务的，责令改正，处（　　）的罚款，并对在保修期内因质量缺陷造成的损失承担赔偿责任。

A. 10 万元以上 20 万元以下　　　　　B. 20 万元以上 50 万元以下

C. 50 万元以上 100 万元以下　　　　 D. 100 万元以上

5. 在正常使用条件下，屋面防水工程、有防水要求的卫生间、房间和外墙面的防渗漏，最低保修期限为（　　）年。

A. 1　　　　　　B. 3　　　　　　C. 5　　　　　　D. 10

6. 在（　　）地区内的建设工程，施工单位应当对施工现场实行封闭围挡。

A. 野外　　　　B. 城市市区　　　　C. 郊区　　　　D. 所有

7. 建设工程施工合同无效，但建设工程经竣工验收合格，承包人请求参照合同约定支付工程价款的，（　　）。

A. 应予支持　　　B. 不予支持　　　C. 协商解决　　　D. 其他

8. 施工单位应当对（　　）每年至少进行一次安全生产教育培训，其教育培训情况记入个人工作档案。

A. 管理人员   B. 作业人员

C. 管理人员和作业人员   D. 所有人员

答案：1. A；2. B；3. B；4. A；5. C；6. B；7. A；8. C

二、多项选择题

1. 施工单位应当在施工现场建立消防安全责任制度，措施有（   ）。

A. 确定消防安全责任人

B. 在施工现场入口处设置明显标志

C. 设置消防通道、消防水源，配备消防设施和灭火器材

D. 制定用火、用电、使用易燃易爆材料等各项消防安全管理制度和操作规程

E. 施工现场的动火作业，必须执行审批制度。

2. 关于施工单位采购、租赁的安全防护用具、机械设备、施工机具及配件，下列说法正确的有（   ）。

A. 应当具有生产（制造）许可证   B. 应当具有产品合格证

C. 进入施工现场后进行查验   D. 应当满足项目的使用要求

E. ABCD

3. 施工单位有（   ）行为，造成损失的，依法承担赔偿责任。

A. 施工前未对有关安全施工的技术要求作出详细说明的

B. 在尚未竣工的建筑物内设置员工集体宿舍的

C. 施工现场临时搭建的建筑物不符合安全使用要求的

D. 未对因建设工程施工可能造成损害的毗邻建筑物、构筑物和地下管线等采取专项防护措施的

E. 虚报单位资质的

答案：1. ABCDE；2. AB；3. CD

三、判断题（正确选 A，错误选 B）

1. 建设工程施工合同无效，但建设工程经竣工验收合格，承包人请求参照合同约定支付工程价款的，应予支持。   （   ）

答案：A

1.7 职业道德

1.7.1 考试要点

职业道德的基本概念、主要内容；职业道德修养的方法

1.7.2 典型题析

1. 职业道德是所有从业人员在职业活动中应该遵循的（   ）。

A. 行为准则   B. 思想准则

C. 行为表现   D. 思想表现

答案：A

2. 要大力倡导以（　　）为主要内容的职业道德，鼓励人们在工作中做一个好建设者。

A. 爱岗敬业 　　　　　　　　　　　B. 诚实守信

C. 办事公道 　　　　　　　　　　　D. 服务群众

E. 奉献社会

答案：ABCDE

3. 职业道德修养的方法包括（　　）。

A. 学习职业道德规范、掌握职业道德知识

B. 树立正确的人生观、价值观和世界观

C. 学习现代科学文化知识和专业技能，提高文化修养

D. 经常自我反省，增强自律性

E. 提高精神境界，努力做到"慎独"

答案：ACDE

2 专业管理实务

2.1 建筑工程施工技术

2.1.1 考试要点

2.1.1.1 土方工程

1. 基坑（基槽）土方量的计算方法

2. 土方施工中的排水和降水方法、轻型井点法降水的计算

3. 土壁支撑的常用方法、土方开挖和压实的方法、土方工程质量标准和土方安全技术

2.1.1.2 地基处理与基础工程

1. 砖基础和混凝土基础的施工方法

2. 钢筋混凝土预制桩和灌注桩的施工工艺

3. 基础工程施工的质量要求和安全措施

2.1.1.3 主体结构工程

《建筑工程质量管理条例》第 40 条规定房屋建筑的地基基础工程和主体结构工程，其最低保修期限为设计文件规定的该工程的合理年限。可见主体结构的重要性。作为合格的施工员应熟悉《江苏省建筑安装工程施工技术操作规程》DGJ 32/J29—2006（砌体工程）、DGJ 32/J30—2006（混凝土结构工程）、DGJ 32/J31—2006（钢结构工程）和《砌体结构工程施工质量验收规范》GB 50203—2011、《混凝土结构工程施工质量验收规范》GB 50204—2002（2011 年版）、《钢结构工程施工质量验收规范》GB 50205—2001 并在工作中加以执行。

1. 《建筑施工扣件式钢管脚手架安全技术规程》JGJ 130—2011

2. 《建筑施工模板安全技术规程》JGJ 162—2008

3. 砌体施工前的准备工作和施工工艺、质量要求和安全措施

4. 钢筋配料和连接技术

5. 模板搭设和拆除要求

6. 混凝土浇制、振捣、养护方法及要求（尤其是大体积混凝土结构、施工缝、后浇带）

7. 《混凝土强度检验评定标准》GB/T 50107—2010

8. 钢结构安装方法和焊接的质量检验

2.1.1.4 防水工程

1. 屋面的柔性和刚性防水施工工艺

2. 外墙面防水的施工方法

3. 地下防水的施工方法

4. 卫生间的防水施工方法

2.1.1.5　建筑装饰工程

1. 一般抹灰的施工工艺

2. 饰面工程的施工工艺

3. 楼地面工程的施工工艺

2.1.1.6　建筑安装工程

1. 室内给排水系统给排水管道、排水管道及配件安装施工控制要点和应注意的质量问题

2. 卫生器具及给水配件安装施工控制要点和应注意的质量问题

3. 室内消火栓系统安装施工控制要点和应注意的质量问题

4. 给水设备安装施工控制要点和应注意的质量问题

5. 供电干线施工的注意事项，母线施工、电缆桥架施工及桥架内电缆敷设及配管配线施工的注意事项

6. 照明器具和一般电器安装及防雷与接地安装、防雷装置和接地装置的组成以及安装施工的质量控制要点

7. 普通灯具、专业灯具、开关、插座、风扇安装施工质量控制要点以及建筑物照明通电时的运行要求

8. 电缆质量检查和电缆敷设施工的质量控制要点

9. 空调风系统的安装，防腐保温工程的施工要点，支吊架的安装，风管及部件安装以及风口安装应注意的问题

10. 设备安装（风机盘管、诱导器、消声器、通风机、空调器、冷水机组）单机试运转和联合试运转的要求

11. 综合布线系统的组成及施工质量控制要点

12. 通信网络系统的组成及施工质量控制要点

13. 消防报警系统以及安全防范系统

14. 火灾自动报警及消防报警系统的组成、功能以及施工质量控制要点

2.1.1.7　市政公用工程

1. 沥青路面的结构构造

2. 水泥混凝土道路的结构构造

3. 桥的施工工艺

4. 桥梁墩台的施工方法

5. 沟槽、基坑的开挖及回填施工要点

6. 排水工程的管道和构筑物

2.1.2　典型题析

2.1.2.1　土方工程

一、某钢筋混凝土框架结构，有 42 个 C20 独立混凝土基础，基础剖面如下图所示。基础底面积为 2.4m（宽）×3.6m（长），每个 C20 独立基础和 C10 素混凝土垫层的体积

共为 12.37m³，基础下为 C10 素混凝土垫层厚 100mm。基坑开挖采用四边放坡，坡度为 1：0.5。土的最初可松性系数 $K_s=1.10$，最终可松性系数 $K'_s=1.03$。

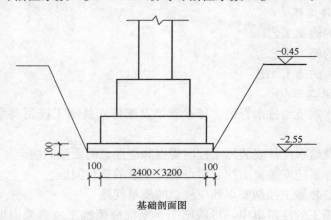

基础剖面图

1. 基础施工程序正确的是（　　）。

A. ⑤定位放线 ⑦验槽 ②开挖土方 ④浇垫层 ①立模、扎钢筋 ⑥浇混凝土、养护 ③回填

B. ⑤定位放线 ④浇垫层 ②开挖土方 ⑦验槽 ⑥浇混凝土、养护 ①立模、扎钢筋 ③回填

C. ⑤定位放线 ②开挖土方 ⑦验槽 ①立模、扎钢筋 ④浇垫层 ⑥浇混凝土、养护 ③回填

D. ⑤定位放线 ②开挖土方 ⑦验槽 ④浇垫层 ①立模、扎钢筋 ⑥浇混凝土、养护 ③回填

答案：D

2. 定位放线时，基坑上口白灰线长、宽尺寸（　　）。

A. 2.4m×3.2m　　B. 3.6m×4.4m　　C. 4.6m×5.4m　　D. 4.7m×5.5m

答案：D

解析：（1）基坑深度为 $2.55-0.45=2.1$m

（2）基坑四边放坡，坡度为 1：0.5，基坑上口宽＝（2.4+0.1×2）+2×2.1×0.5 ＝2.6+2.1＝4.7m；基坑上口长＝（3.2+0.1×2）+2×2.1×0.5＝3.4+2.1＝5.5m

3. 基坑土方开挖量是（　　）。

A. 1432.59m³　　　B. 1465.00m³　　　C. 1529.83m³　　　D. 2171.40m³

答案：B

解析：基坑土方开挖体积 $V=\dfrac{H(A_1+4A_0+A_2)}{6}$

式中：V——土方开挖体积（m³）；

　　　H——基坑的深度（m）；

　A_1、A_2——分别为基坑的上、下底面积（m²）

　　A_0——为 A_1 与 A_2 之间的中截面面积（m²）

本例 $H=2.10$m；$A_1=4.7\times5.5=25.85$m²；$A_2=2.6\times3.4=8.84$m²；

A_0 中 $=\dfrac{(2.6+4.7)}{2} \times \dfrac{(3.4+5.5)}{2}=16.24\text{m}^2$；

$V=\dfrac{2.1\ (8.84+4\times16.24+25.85)\ \times42}{6}=1465.00\text{m}^3$ 故选 B 项。

4. 基础回填（松散状态）量是（   ）。

A. 975.10m³   B. 1009.71m³   C. 1485.27m³   D. 1633.79m³

答案：B

解析：（1）最初可松性系数 $K_s=V_2/V_1$，式中 V_1——基坑挖土量（原状土体积），

V_2——土方开挖后的松散体积。

（2）最终可松性系数 $K'_s=V_3/V_1$，式中 V_3——土经回填压实后的体积。

（3）$V_3=1465-42\times12.37=945.46\text{m}^3$

$V_2=K_s\times V_3/K'_s=1.1\times945.46/1.03=1009.71\text{m}^3$

5. 回填土采用（   ）。

A. 含水量趋于饱和的黏性土   B. 炸破石渣作为表层土

C. 有机质含量为 2% 的土   D. 淤泥和淤泥质土

答案：C

解析：碎石类、砂土和爆破石渣可用作表层以下的填料，但最大粒径不得超过每层铺填厚度的 2/3。淤泥和淤泥质土不能用做填料。含大量有机质的土和含水溶性硫酸盐大于 5% 的土以及冻土、膨胀土均不应用为填土。含水量符合压实要求的黏土，可作各层填料。故选项为 C。

　　二、某基槽槽底宽度为 2.5m，自然地面标高为 −0.50m，槽底标高为 −3.50m，地下水位为 −1.00m，基槽放坡开挖，坡度系数为 0.5。采用轻型井点降水，降水至槽底下 0.5m。

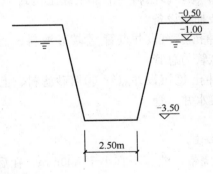

1. 轻型井点的平面布置宜采用（   ）。

A. 单排布置   B. 双排布置   C. 环形布置   D. 三种都可

答案：A

解析：（1）基槽深度，3.5−0.5=3m。

（2）坡度系数为 0.5，基槽上口宽度 $B=2.5+2\times0.5\times3=5.5$（m）$<$6m。

降水深度为 3+0.5−1.0=2.5（m）$<$5m。

（3）沟槽宽度不大于 6m，且降水深度不超过 5m 时，可用单排线状井点，井点管应布置在地下水流的上游一侧，两端延伸宽度宜不小于槽宽。

当开挖宽度大于 6m，则可用双排线型井点。当基坑面积较大时，宜采用环状井点，有时亦可布置成"U"形，以利挖土机和运土车辆出入基坑。

2. 井点管距离坑壁宜为（　　）。

A. 0.5m   B. 0.8m   C. 1.6m   D. 2.0m

答案：B

3. 水力坡度 i 宜取（　　）。

A. 1/5   B. 1/8   C. 1/10   D. 1/12

答案：A

解析：水力坡度 i：单排线状井点为 $1/4 \sim 1/5$，环形井点为 $1/10$，双排井点为 $1/7$。

4. 井点管的埋深宜大于或等于（　　）。

A. 4.0m   B. 4.21m   C. 4.5m   D. 4.46m

答案：D

解析：井点管埋深 $H \geqslant H_1 + h + iL$

式中　H_1——井点管埋设面至基坑底的距离（m）。本例为取 3m

　　　h——基坑中心处基坑底面（单排井点时，为远离井点一侧坑底边缘）至降低后地下水位的距离。本例为 0.5m

　　　i——水力坡度。本例为 1/5

　　　L——井点管至基坑中心的水平距离（m）。在单排井点中，为井点管至基坑另一侧的水平距离。本例为 $(3+0.5) + (2.5+1.5+0.8) \times 1/5 = 4.46$m

5. 井点管的铺设工艺为（　　）。

A. ①铺设集水井总管 ③冲孔 ②沉设井点管 ④填砂滤料、上部填黏土密封 ⑥用弯联管连接井点管与总管 ⑤安装抽水设备

B. ③冲孔 ②沉设井点管 ④填砂滤料、上部填黏土密封 ①铺设集水井总管 ⑥用弯联管连接井点管与总管 ⑤安装抽水设备

C. ⑤安装抽水设备 ③冲孔 ②沉设井点管 ④填砂滤料、上部填黏土密封 ①铺设集水井总管 ⑥用弯联管连接井点管与总管

D. ⑤安装抽水设备 ③冲孔 ②沉设井点管 ④填砂滤料、上部填黏土密封 ⑥用弯联管连接井点管与总管 ①铺设集水井总管

答案：A

2.1.2.2　地基处理与基础工程

箱形基础当设置贯通后浇带，缝宽不宜小于 800mm，在后浇带处钢筋应贯通，顶板浇筑后，相隔（　　）d，用比设计强度提高一级的微膨胀的细石混凝土浇筑后浇带，并加强养护。

A. 7～14   B. 14～28   C. 3～7   D. 42～60

答案：D

解析：根据《地下防水工程质量验收规范》GB 50208—2011 规定：后浇带应设在受力和变形较小的部位，其间距和位置应按结构设计要求确定，宽度宜为 700mm～1000mm；后浇带可做成平直缝或者阶梯缝。后浇带应采用补偿混凝土浇筑，其抗压强度和抗渗等级均不应低于两侧混凝土。后浇带应在两侧混凝土干缩变形基本稳定后施工，混

凝土收缩变形一般在龄期为 6 周后才能基本稳定（江苏省规定为 60d）。后浇带混凝土浇筑时两侧的接缝表面应先清洗干净，再涂刷混凝土界面处理剂或水泥基渗透结晶型防水涂料。后浇带混凝土应一次浇筑，不得留施工缝；混凝土浇筑后应及时养护，养护时间不得少于 28d。注意：GB 50208—2011 规定后浇带混凝土其抗压强度和抗渗等级均不应低于两侧混凝土。

2.1.2.3 主体结构工程

2.1.2.3.1 砌体工程

1.《建筑施工扣件式钢筋脚手架安全技术规范》JGJ 130—2011，2011 年 12 月实施。JGJ 130—2001 已废止。新规范对钢管尺寸等作了变动，增加了常用密目式安全立网，单、双排脚手架结构的设计尺寸（表 6.1.1-1 和表 6.1.1-2），增加了高层建筑中常用的型钢悬挑脚手架设计及构造要求等内容。

2. 建筑砂浆制作、养护条件，每组试块强度代表值确定。

按《建筑砂浆基本性能试验方法标准》JGJ/T 70—2009 规定：

（1）建筑砂浆试模应为 70.7mm×70.7mm×70.7mm 的带底试模。

（2）每组试件应为 3 个，应从砂浆搅拌出料口取样。

（3）养护条件：温度 20±2℃，相对湿度为 90％以上标准养护室中养护。

（4）从搅拌加水开始计时，标准养护龄期为 28d。

（5）立方体抗压强度的试验结果应按下列要求确定：

a. 应以三个试件测值的平均值作为该组试件的砂浆立方体抗压强度平均值（f_2），精确至 0.1MPa；

b. 当三个测值的最大值或最小值中有一个与中间值的差值超过中间值的 15％时，应把最大值及最小值一并舍去，取中间值作为该组试件的抗压强度值；

c. 当两个测值与中间值的差值均超过中间值的 15％时，该组试验结果应为无效。

3. 砌筑砂浆的检验批及强度验收标准。

按《砌体结构工程施工质量验收规范》GB 50203—2011 实施规定砌筑砂浆试块强度验收时其强度合格标准应符合下列规定：

（1）同一验收批砂浆试块强度平均值应大于或等于设计强度等级值的 1.10 倍；

（2）同一验收批砂浆试块的最小一组平均值应大于或等于设计强度等级值的 85％。

注：砌筑砂浆的检验批，同一类型、强度等级的砂浆试块不应小于 3 组；同一验收批砂浆只有 1 组或 2 组时，每组试块抗压强度的平均值应大于或等于设计强度等级值的 1.10 倍；对于建筑结构的安全等级为一级或设计使用年限为 50 年及以上的房屋，同一验收批砂浆试块的数量不得少于 3 组。

抽检数量：每一检验批且不超过 250m³ 砌体的各类、各强度等级的普通砌筑砂浆每台搅拌机应至少抽检一次。验收批的预拌砂浆、蒸压加气混凝土砌块专用砂浆，抽检可为 3 组。

4. 构造柱与墙体的连接应符合下列规定：

（1）墙体应砌成马牙槎，马牙槎凹凸尺寸不宜小于 60mm，高度不应超过 300mm，马牙槎应先退后进，对称砌筑。

（2）预留拉结钢筋的规格、尺寸、数量及位置应正确，拉结钢筋应沿墙高每隔

500mm 设 2Φ6，伸入墙内不宜小于 600mm。

5. 设有钢筋混凝土构造柱的抗震多层砖房，施工顺序不正确的是（　　）。①绑扎钢筋②立模板③砌砖墙④浇筑混凝土

A. ①②④③　　　　　　　　　　　B. ①②③④

C. ①③②④　　　　　　　　　　　D. ②①④③

E. ②③④①

答案：ABDE

6. 抗震设防烈度为 6 度、7 度地区，留直槎时需加设拉结筋。拉结筋的数量为（　　）。

A. 120mm 墙厚设置 1Φ6 的钢筋

B. 240mm 厚墙设置 2Φ6 的钢筋

C. 间距沿墙高不得超过 500mm

D. 每边均不应小于 500mm，末端应有 90% 弯钩

E. 每边均不应小于 1000mm，末端应有 90% 弯钩

答案：ABCE

2.1.2.3.2　钢筋混凝土工程

（一）某工程混凝土楼板设计强度等级为 C25，一个验收批中混凝土标准养护试块为 10 组，试块取样、试压等符合国家验收规范的有关规定，各组试块的强度代表值（MPa）分别为：24.9、23.8.25.4、23.7、24.7、37.0、29.7、33.9、29.1、46.2。计算并评定（$\lambda_1=1.15$；$\lambda_2=0.90$）

1. 平均值 m_{fcu} 为（　　）MPa。

A. 26.7　　　　　B. 27.24　　　　　C. 29.84　　　　　D. 30.49

答案：C

2. 最小值 $f_{cu,min}$ 为（　　）MPa。

A. 23.7　　　　　B. 23.8　　　　　C. 24.9　　　　　D. 26.7

答案：A

3. 标准差 S_{fcu} 为（　　）MPa。

A. 3.431　　　　　B. 4.809　　　　　C. 6.323　　　　　D. 7.308

答案：D

4. 适用公式：平均值为（　　）。

A. $m_{fcu} \geqslant f_{cu,k}+\lambda_1 S_{fcu}$　　　　　B. $1.1 m f_{cu} \geqslant f_{cu,k}+\lambda_1 \cdot S_{fcu}$

C. $m f_{cu} \geqslant 1.15 f_{cu,k}$　　　　　D. $1.05 m f_{cu} \geqslant f_{cu,k}+\lambda_1 \cdot S_{fcu,k}$

答案：A

5. 适用公式：是小值为（　　）。

A. $f_{cu,min} \geqslant \lambda_2 f_{cu,k}$　　　　　B. $1.1 f_{cu,min} \geqslant \lambda_2 f_{cu,k}$

C. $f_{cu,min} \geqslant 0.95 f_{cu,k}$　　　　　D. $1.05 f_{cu,min} \geqslant \lambda_2 f_{cu,k}$

答案：A

6. 平均值 m_{fcu} 为（　　）。

A. 符合要求　　　　　　　　　　　B. 不符合要求

答案：B

7. 最小值 $f_{cu,min}$ 为（　　）。

A. 符合要求　　　　　　　　　　　　B. 不符合要求

答案：A

8. 综合评定混凝土强度为（　　）。

A. 合格　　　　　　　　　　　　　　B. 不合格

答案：B

解析：根据《混凝土强度检验评定标准》GB/T 50107—2010，实施的规定，统计方法评定：5.1.3条当样本容量不小于10组，其强度应同时满足下列要求：

$$m_{fcu} \geqslant f_{cu,k} + \lambda_1 S_{fcu}$$

$$f_{cu,min} \geqslant \lambda_2 f_{cu,k}$$

同一检验批混凝土立方体抗压强度标准差应按下式计算 $S_{fcu} = \sqrt{\dfrac{\sum\limits_{i=1}^{n} f_{cu,i}^2 - n \times m_{fcu}^2}{n-1}}$，

式中 S_{fcu}——同一检验批混凝土立方体抗压强度的标准差（N/mm²），精确到 0.01（N/mm²）；当检验批混凝土强度标准差小于 2.5N/mm² 时，应取 2.5N/mm²；

λ_1、λ_2——合格评定系数

试件组数	10～14	15～19	≥20
λ_1	1.15	1.05	0.95
λ_2	0.90	0.85	

n——本检验期内的样本容量

答案：（1）平均值

$$m_{fcu} = \frac{24.9 + 23.8 + 25.4 + 23.7 + 24.7 + 37.0 + 29.7 + 33.9 + 29.1 + 46.2}{10}$$

$$= 29.84\text{MPa}$$

（2）最小值 $f_{cu,min} = 23.7$MPa

（3）标准差

$$S_{fcu} = \sqrt{\frac{24.9^2 + 23.8^2 + 25.4^2 + 23.7^2 + 24.7^2 + 37.0^2 + 29.7^2 + 33.9^2 + 29.1^2 + 46.2^2 - 10 \times 29.84^2}{10-1}}$$

$$= 7.308\text{MPa}$$

$S_{fcu} = 7.308$MPa > 2.5MPa，取 $S_{fcu} = 7.308$MPa

（4）适用公式，平均值为（A）

当为标准养护试块，用 $m_{fcu} \geqslant f_{cu,k} + \lambda_i S_{fcu}$

当为同条件养护试块，用 $1.1 m_{fcu} \geqslant f_{cu,k} + \lambda_i S_{fcu}$ $1.1 m_{fcu} \geqslant f_{cu,k} + \lambda_i S_{fcu}$

（5）适用公式，最小值为（A）

当为标准养护试块，用 $f_{cu,min} \geqslant \lambda_2 \cdot f_{cu,k}$

当为同条件养护试块，用 $1.1 f_{cu,min} \geqslant \lambda_2 \cdot f_{cu,k}$

（6）平均值，m_{fcu} 为（B）

$$m_{fcu} = 29.84\text{MPa} < f_{cu,k} + \lambda_1 S_{fcu} = 25 + 1.15 \times 7.308 = 33.40(\text{MPa})$$

（7）最小值 $f_{cu,min}$ 为（A）

$$f_{cu,min} = 23.7\text{MPa} > \lambda_2 f_{cu,k} = 0.9 \times 25 = 22.5(\text{MPa})$$

（8）综合评定混凝土强度等级为（B）

（二）结合题（一）进行分析

1. 检测单位发现第十组试块试压结果 46.2MPa，大于设计混凝土强度标准值四个等级为异常，（　　）。

A. 向工程质量监督站报告混凝土强度不合格

B. 通知施工单位，因有一组混凝土强度高于设计强度四个等级，要求施工单位委托其对混凝土结构进行现场检验

C. 不能确认混凝土强度异常，不需报工程质量监督站，也不应要求施工单位委托其对混凝土结构进行现场回弹

答案：C

2. 监理单位发现第十组试块试压结果 46.2MPa，大于设计混凝土强度标准值四个等级为异常。（　　）

A. 要求施工单位委托检测单位对混凝土结构进行现场检测，以确认混凝土强度

B. 要求施工单位委托设计单位对混凝土结构进行核算

C. 第十组试块试压结果为 46.2MPa，虽大于设计混凝土强度标准四个等级，不需处理

答案：C

3. 施工单位发现第十组试块试压结果 46.2MPa，大于设计混凝土强度标准值四个等级。（　　）

A. 按《建设工程质量检验规程》的要求，委托检测单位对混凝土结构进行现场检测，以确认混凝土的强度

B. 请设计人员对混凝土强度进行核算，由设计院确认是否对混凝土结构进行加固处理

C. 不委托检测，对混凝土进行正常评定

答案：C

解析：根据《建筑工程施工质量验收统一标准》GB 50300—2001 规定。

当建筑工程质量不符合要求时，应按下列规定处理：

（1）经返工重做或更换器具、设备的检验批，应重新进行验收。

（2）经有资质的检测单位检测鉴定能够达到设计要求的检验批，应予以验收。

（3）经有资质的检测单位检测鉴定达不到设计要求、但经原设计单位核算认可能够满足结构安全和使用功能的检验批，可予以验收。

（4）经返修或加固处理的分项、分部工程，虽然改变外形尺寸仍能满足安全使用要求，可按技术处理方案和协商文件进行验收。

通过返修或加固处理仍不能满足安全使用要求的分部工程、单位（子单位）工程，严禁验收。

（三）某框架—剪力墙结构，框架柱间距9m，楼盖为梁板结构。第三层楼板施工当天气温为35℃。施工单位制定了完整的施工方案，采用商品混凝土C30。钢筋现场加工，采用木模板，由木工制作好后直接拼装。

1. 对跨度为9m的现浇钢筋混凝土梁，当设计无具体要求时，其跨中起拱高度可为（　　）。

A. 2mm　　　　　B. 5mm　　　　　C. 15mm　　　　　D. 30mm

答案：C

解析：根据《混凝土结构工程施工质量验收规范》GB 50204—2002（2011年版）对跨度不小于4m的现浇钢筋混凝土梁、板、其模板应按设计要求起拱；当设计无具体要求时，起拱高度宜为跨度的 $\frac{1}{1000} \sim \frac{3}{1000}$。在条文说明中，对钢模板可取偏小值，对木模板可取偏大值。

起拱 $9000 \times \left(\frac{1}{1000} \sim \frac{3}{1000} \right) = 9 \sim 27 (\text{mm})$，故选取 C。

2. 施工现场没有设计图纸上的HPB235钢筋（Φ6@200），用HRB级钢筋代替，应按钢筋代换前后（　　）相等的原则进行代换。

A. 强度　　　　　B. 刚度　　　　　C. 面积　　　　　D. 根数

答案：A

解析：钢筋代换原则：按等级强度或等面积代换。当构件配筋受强度控制时，按钢筋代换前后强度相等的原则代换，即 $f_{y2}A_{s2} \geqslant f_{y1}A_{s1}$，式中 A_{s2}、A_{s1} 代换后及代换前的钢筋面积；f_{y2}、f_{y1} 代换后及代换前钢筋强度设计值。

当构件按最小配筋率配筋时，或同钢号钢筋之间的代换，按钢筋代换前后面积相等的原则进行代换，即 $A_{s2} \geqslant A_{s1}$。

当构件受裂缝宽度或挠度控制时，代换前后应进行裂缝宽度和挠度验算。

《建筑抗震设计规范》GB 50011—2010 已将钢筋代换列入强制性条文。

1) 当钢筋的品种、级别或规格作变更时，应办理设计变更文件。

2) 钢筋代换后的钢筋混凝土构件，除应满足纵向钢筋总承载力设计值相等外，并应满足最小配筋率、最大配筋率和钢筋间距等是否满足构造要求，还应注意钢筋强度和直径改变后正常使用阶段的挠度和裂缝宽度是否在允许范围内。

3) 同一钢筋混凝土构件中，纵向受力钢筋应采用同一强度等级的钢筋。

3. 当梁的高度超过（　　）时，梁和板可以分开浇筑。

A. 0.2m　　　　　B. 0.4m　　　　　C. 0.8m　　　　　D. 1.0m

答案：D

解析：梁和板一般同时浇筑，从一端开始向前推进。只有当梁高大于1m时才允许将梁单独浇筑，此时施工缝留在楼板板面下20～30mm处。

4. 对跨度为9m的现浇钢筋混凝土梁、底模及支架拆除的混凝土强度应达到设计的混凝土立方体强度标准值的百分比（%）为（　　）。

A. 25　　　　　B. 50　　　　　C. 75　　　　　D. 100

答案：D

解析：《混凝土结构工程施工质量验收规范》GB 50204—2002（2011年版）规定：

4.3.1　底模及其支架拆除时的混凝土强度应符合设计要求，当设计无具体要求时，混凝土强度应符合下表规定。

检验方法：检查同条件养护试件强度试验报告。

底模拆除时的混凝土强度要求

构件类型	构件跨度	达到设计的混凝土立方体抗压强度标准值的百分率（%）
板	≤2m	≥50
	>2m，≤8m	≥75
	>8m	≥100
梁、拱、壳	≤8m	≥75
	>8m	≥100
悬臂构件		≥100

4.3.4　侧模拆模时的混凝土强度应能保证其表面及棱角不受损害。

5. 按施工组织设计，混凝土施工缝应留在（　　　）。

A. 柱中 1/2 处　　　　　　　　　　B. 主梁跨中 1/3

C. 单向板平行于短边处　　　　　　D. 纵横剪力墙交界处

答案：C

解析：施工缝

（1）施工缝的位置应在混凝土浇筑之前确定，并宜留置在结构受剪力较小便于施工的部位。

施工缝的留置位置应符合下列规定。

①柱：宜留在基础顶面、梁或吊车梁牛腿的下面、吊车梁的上面和无梁楼盖柱帽的下面；

②与板连成整体的大截面梁（高超过 1m），留置在板底面以下 20mm～30mm 处。当板下有托梁时，留置在托梁的下部；

③有主次梁的楼板，施工缝应留置在次梁跨中 1/3 范围内；

④单向板：留置在平行于板的短边的位置；

⑤墙、留置在门洞过梁跨中 1/3 长度范围内；

⑥楼梯：留置在楼梯长度中间 1/3 长度范围内；

⑦双向板、大体积混凝土结构、多层框架及其他结构复杂的工程，施工缝的位置应按设计要求留置。

（2）在施工缝处继续浇筑混凝土时，应符合下列规定：

①已浇筑的混凝土，其抗压强度不应小于 $1.2N/mm^2$；

②在已硬化的混凝土表面上，应清除水泥薄膜和松动石子以及软弱混凝土层，并加以充分湿润和冲洗干净，且不得积水；

③在浇筑混凝土前，宜先在施工缝处铺一层水泥浆（可掺适量界面剂）或与混凝土内成分相同的水泥砂浆；

④混凝土应捣实，使新旧混凝土紧密结合。

（四）某钢筋混凝土梁配筋图如图所示。保护层厚为 25mm，钢筋弯起角均为 45°。

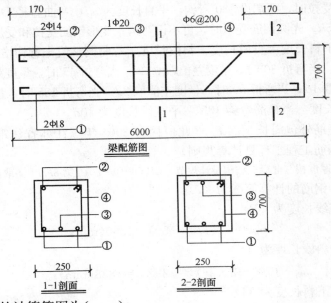

梁配筋图

1. ②号钢筋的计算简图为（   ）。

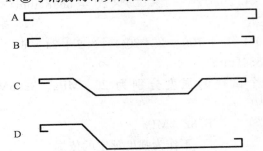

答案： A

2. ③号钢筋的直线长度为（   ）。

A. 4505mm   B. 4360mm   C. 4750mm   D. 6000mm

答案： B

3. ③号钢筋的斜段长度为（   ）。

A. 1804mm   B. 1838mm   C. 1910mm   D. 1980mm

答案： B

4. ③号钢筋的下料长度为（   ）。

A. 6000mm   B. 6488mm   C. 6738mm   D. 6698mm

答案： D

5. ④号钢筋弯钩的平直部分的长度为（   ）。

A. $3d$ B. $5d$ C. $10d$ D. 100mm

答案：C

解析： 钢筋弯曲后的外包尺寸和中心线之间存在一个差值，称为"量度差值"。

钢筋下料长度计算：

1. 直钢筋下料长度＝构件长度－混凝土保护层厚度＋弯钩增加长度。

（当光圆钢筋受拉时，两端设180°弯钩，平直长度为3d，弯曲直径 $D＝2.5d$。每个弯钩长度增加值为6.25d。光圆钢筋受压时，可不设弯钩；变形钢筋受拉和受压时均不设弯钩。）

2. 弯起钢筋下料长度＝直段长度＋斜段长度－弯曲调整值＋弯钩增加长度。

（弯钩调整值：当弯折30°时，量度差值取0.3d；当弯折45°时，量度差值取0.5d；当弯折60°时，量度值取1d；当弯折90°时，量度差值取2d；当弯折135°时，量度差值取3d。）

3. 箍筋下料长度：当箍筋弯钩135°，平直段长度为10d。

下料长度＝箍筋外包周长＋24d。（此值摘自2004年《江苏省建筑与装饰工程计价表》上册第四章钢筋工程工程量计算规则）

注：钢筋保护层厚度按《混凝土结构设计规范》GB 50010—2010 第8.2.1条取值。

答案： 1.②号钢筋的计算简图为（A）。

2.③号钢筋直线长度为（B）。

$$6000－2(170＋650)＝4360(mm)$$

3.③号钢筋的斜段长度为（B）。

$$(700－2×25)×\sqrt{2}×2＝1838(mm)$$

4.③号钢筋的下料长度为（D）。

$$4360＋1838＋2×170－2×25＋2×6.25×20－4×0.5×20＝6698(mm)$$

5.④号钢筋弯钩平直部分的长度为（C）。

$$箍筋的下料长度＝[（250－2×20）＋（700－2×20）]×2＋24×6$$
$$＝1740＋144＝1884(mm)$$

（五）混凝土试块试压后，某组三个试块的强度分别为 26.5MPa、32.5MPa、37.9MPa，该组试块的混凝土强度代表值为(　　)。

A. 26.5MPa

B. 32.3MPa

C. 32.5MPa

D. 不作为强度评定的依据

答案： D

解析：《混凝土强度检验评定标准》GB/T 50107—2010 规定：每块混凝土试件强度代表值的确定，应符合下列规定：①取3个试件的算术平均值作为每组试件的强度代表值；②当一组试件中强度的最大值或最小值与中间值之差超过中间值15％时，取中间值作为该组试件的强度代表值；③当一组试件中强度的最大值和最小值与中间值之差均超过中间值的15％时，该组试件的强度不应作为评定的依据。

本题： 最小值26.5MPa与中间值32.5MPa的差值为6MPa；

最大值37.9MPa与中间值32.5MPa的差值为5.4MPa；

中间值32.5MPa的15％为4.875MPa；因最小值和最大值与中间值之差均超过中间值的15％，该组试件不应作为评定的依据。

（六）钢筋连接的接头设置要求是(　　)。

A. 宜设置在弯矩较大处

B. 宜设置在剪力较大处

C. 同一纵向受力钢筋在同一根杆件里不宜设置两个接头

D. 同一纵向受力钢筋在同一根杆件里不宜设置两个以上接头

E. 钢筋接头末端至钢筋弯起点的距离不应小于钢筋直径的 10 倍

答案：CDE

解析：《混凝土结构设计规范》GB 50010—2010 规定：

8.4.1 钢筋的连接可以采用绑扎搭接、机械连接或焊接。钢筋混凝土中受力钢筋的连接接头宜设置在受力较小处，在同一根受力钢筋上宜少设接头。在结构的重要构件和关键部位，纵向受力钢筋不宜设置连接接头。

8.4.2 轴心受拉和小偏心受拉杆件的纵向受力钢筋不得采用搭接接头；其他构件中的钢筋采用绑扎搭接时，受拉钢筋直径不宜大于 25mm，受压钢筋直径不宜大于 28mm。

8.4.3 同一构件中相邻纵向受力钢筋的绑扎搭接接头宜互相错开。钢筋绑扎搭接接头连接区段的长度为 1.3 倍搭接长度，凡搭接接头中点位于该区段长度内的搭接接头均属于同一连接区段。

位于同一连接区段内的受拉钢筋搭接接头面积百分率，对梁类、板类及墙类钢筋，不宜大于 25%；对柱类构件，不宜大于 50%。当工程中确有必要增大受拉钢筋搭接接头面积的百分率时，对梁类构件，不宜大于 50%；对板、墙、柱及预制构件的拼接处，可根据实际情况放宽。

8.4.7 纵向受力钢筋的机械连接接头宜互相错开，钢筋机械连接区段的长度为 $35d$，d 为连接钢筋的较小直径。凡接头中点位于该连接区段长度内的机械连接接头均属于同一连接区段。

位于同一连接区段内的纵向受拉钢筋接头面积百分率不宜大于 50%；但对墙、板、柱预制构件拼接处，可根据实际情况放宽。纵向受压钢筋的接头的百分率可不受限制。

8.4.8 细晶粒热轧带肋钢筋以及直径大于 28mm 的带肋钢筋，其焊接应经试验确定；余热处理钢筋不宜焊接。

纵向受力钢筋的焊接接头应相互错开。钢筋焊接接头连接区段长度为 $35d$ 且不小于 500mm，d 为连接钢筋的较小直径，凡接头中点位于该连接区段长度内的焊接接头均属于同一连接区段。

纵向受拉钢筋的接头面积百分率不宜大于 50%，但对预制构件的拼接处，可根据实际情况放宽。纵向受压钢筋的接头百分率可不受限制。

《混凝土结构工程施工质量验收规范》GB 50204—2002（2011 年版）5.4.3 钢筋的接头宜设置在受力较小处，同一纵向受力钢筋不宜设置两个或两个以上接头，与 8.4.1 有些区别。

（七）大体积混凝土结构浇筑。

1. 根据结构的特点不同，可以分为全面分层、分段分层和斜面分层三个浇筑方案。

全面分层：当结构平面面积不大时，可将整个结构分为若干层进行浇筑。

分段分层：当结构平面面积较大时，可采用分段分层浇筑方案。

斜面分层：当结构的长度超过厚度 3 倍时，可采用斜面分层浇筑方案。

2. 温度裂缝的预防。

（1）控制混凝土温升，可以采取以下措施。

A. 选用中低热的水泥、矿渣硅酸盐水泥。

B. 利用混凝土的后期强度。

C. 掺加减水剂木质素磺酸钙。

D. 掺加粉煤灰外掺料，改善混凝土可泵性，降低混凝土水化热。

E. 粗细骨料选择：宜采用以自然级配的粗骨料混凝土，尽量选用粒径较大，级配良好的石子。细骨料以中、粗砂为宜。砂、石的含泥量必须严格控制。

F. 控制混凝土的出机温度和浇筑温度：结构的内外温差，不得超过 25℃，否则必须采取特殊的技术措施。

（2）减少混凝土收缩，提高混凝土的极限拉伸值。

（3）改善边界约束和构造设计。

A. 设置滑动层

B. 避免应力集中

C. 设置缓冲层

D. 合理配筋

E. 设应力缓和沟

F. 合理的分段施工，采用"后浇带"分段进行浇筑

2.1.3 模拟试题

模拟试卷（一）（建筑工程）

一、单项选择题

1. 管涌现象产生的原因是由于（　　）。

A. 地面水流动的作用

B. 地面水动压力大于或等于土的浸水密度

C. 土方开挖的作用

D. 承压水顶托力大于坑底不透水层覆盖厚度的重量

2. 在土方回填工程中，采用不同土进行填筑时，应将透水性较大的土层置于透水性较小的土层（　　）。

A. 上部　　　　　B. 下部　　　　　C. 混合填筑　　　　　D. 中间

3. 砂石桩的施工顺序，对淤泥质黏土地基宜（　　）。

A. 从外围或两侧向中间进行

B. 从中间向外围或隔排施工

C. 背离建筑物方向进行

D. 背离岸坡和向坡顶方向进行

4. 混凝土预制长桩一般分节制作，在现场接桩，分节沉入，只适用于软土层的接桩方法为（　　）。

A. 焊接接桩

B. 法兰接桩

C. 套筒接桩

D. 硫磺胶泥锚接接桩

5. 钢筋混凝土独立基础施工程序为（　　）。

①开挖；②支模；③养护；④浇筑；⑤验槽

A. ①②③④⑤　　　　B. ①②⑤③④　　　　C. ⑤①②④③　　　　D. ①⑤②④③

92

6. 多立杆脚手架的立杆与纵横向的扫地杆连接用（　　）固定。

A. 直角扣件　　　　　B. 旋转扣件　　　　　C. 对接扣件　　　　　D. 承插件

7. 某钢筋混凝土梁的受拉钢筋图纸上原设计用 Φ12 钢筋（HRB335），现准备用 Φ20 钢筋（HRB335）代替，应接（　　）原则进行代换。

A. 钢筋强度相等　　　　　　　　　　　B. 钢筋面积相等

C. 钢筋面积不小于代换前的面积　　　　D. 钢筋受拉承载力设计值相等

8. 下列措施中，（　　）不能起到控制大体积混凝土结构因水泥水化热而产生的温度升高。

A. 采用矿硅酸盐水泥

B. 采用 f_{45}、f_{60} 替代 f_{28} 作为混凝土设计强度

C. 掺加木质素碳酸钙

D. 采用高强度等级水泥

9. 某混凝土试块的抗压强度分别为 31.0MPa、32.0MPa 及 36.0MPa，则该组混凝土试块的强度代表值为（　　）。

A. 31MPa　　　　　　　　　　　　　　B. 32MPa

C. 33MPa　　　　　　　　　　　　　　D. 不作为评定的依据

10. 当屋面坡度小于 3％时，沥青防水卷材的铺设方向宜（　　）铺贴。

A. 平行于屋脊　　　　　　　　　　　　B. 垂直于屋脊

C. 平行或垂直屋脊　　　　　　　　　　D. 从一边到另一边

11. 墙体采用防水混凝土时，一般只允许留水平施工缝，其位置应留在高出底板上表面（　　）mm 的墙身上。

A. 100　　　　　　　　　　　　　　　B. 200

C. 300　　　　　　　　　　　　　　　D. 400

12. 抹灰层由一底层、一中层、一面层构成。施工要求阳角找方，设置标筋，分层抹平、修整，表面的是（　　）。

A. 一般抹灰　　　　　　　　　　　　　B. 普通抹灰

C. 中级抹灰　　　　　　　　　　　　　D. 高级抹灰

13. 用大理石、花岗石镶贴墙面，直接粘贴的顺序是（　　）。

A. 由中间向两边粘贴　　　　　　　　　B. 由下向上逐排粘贴

C. 由两边向中间粘贴　　　　　　　　　D. 由上向下逐排粘贴

14. 楼地面水泥砂浆面层厚度不应小于（　　），配合比（体积比）水泥：砂宜为 1：2，其稠度不应大于 35mm，强度等级不应小于 M15。

A. 15mm　　　　　　B. 20mm　　　　　　C. 25mm　　　　　　D. 30mm

15. 饰面板的安装工艺有传统湿作业法（灌浆法）、干挂法和（　　）。

A. 直接粘贴法　　　　　　　　　　　　B. 螺栓固结法

C. 铜丝绑扎法　　　　　　　　　　　　D. 混凝土固结法

16. 排水主立管及水平干管管道应做通球试验，通球球径不小于排水管道管径的（　　）。

A. 3/4　　　　　　　　B. 3/5　　　　　　　　C. 2/3　　　　　　　　D. 4/5

17. 当灯具距地面高度小于（　　）时，灯具的可接近裸露导体必须有接地或接零装置，并应有专用接地螺栓，且有标识。

A. 1m　　　　　　　　B. 2m　　　　　　　　C. 2.1m　　　　　　　　D. 2.4m

18. 按材质分类（　　）不属于金属风管。

A. 镀锌钢板风管　　　　　　　　　　　　B. 不锈钢风管

C. 铝板风管　　　　　　　　　　　　　　D. 玻璃钢风管

19. （　　）是将建筑物或建筑群内的电力、照明、空调、给排水、电梯和自动扶梯等系统，以集中监视、控制和管理为目的构成的综合系统。

A. 信息网络系统　　　　　　　　　　　　B. 建筑设备自动化系统

C. 办公自动化系统　　　　　　　　　　　D. 火灾报警系统

20. 压路机不得在未压完或刚压完的路面上急刹车、急转弯、调头和转向（　　）在未压完的沥青层上停机。

A. 严禁　　　　　　　　B. 可以　　　　　　　　C. 不宜　　　　　　　　D. 不得

答案：1. D；2. B；3. B；4. D；5. D；6. A；7. B；8. D；9. C；10. A；11. C；12. C；13. B；14. B；15. A；16. C；17. D；18. D；19. B；20. D

二、多项选择题

1. 从建筑施工的角度，根据土的开挖难易程度（坚硬程度），将土分为（　　）等。

A. 松软土　　　　　　　　　　　　　　　B. 黏土

C. 普通土　　　　　　　　　　　　　　　D. 杂填土

E. 坚土

2. 钢筋混凝土独立基础上有插筋时，其插筋的（　　）应与柱内纵向受力钢筋相同。

A. 数量　　　　　　　　　　　　　　　　B. 直径

C. 钢筋种类　　　　　　　　　　　　　　D. 长度

E. 锚固长度

3. 钢筋混凝土预制桩当桩规格、埋深、长度不同时，宜采用（　　）方式施打。

A. 先远后近　　　　　　　　　　　　　　B. 先小后大

C. 先长后短　　　　　　　　　　　　　　D. 先深后浅

E. 先高后低

4. 混凝土结构施工缝（　　）。

A. 柱子宜留在基础顶面

B. 可留在主梁跨中 1/3 跨度范围内

C. 可留在无梁楼盖柱帽下面

D. 墙可留在门窗 1/2 范围内

E. 可留在单向板平行短边 1m 处

5. 高强度螺栓摩擦面处理后的抗滑移系数值应符合设计的要求，摩擦面的处理可采用（　　）等方法。

A. 喷砂　　　　　　　　　　　　　　　　B. 喷丸

C. 电镀　　　　　　　　　　　　　　　　D. 酸洗

E. 砂轮打磨

6. 细石混凝土防水层构造要求正确的是（   ）。

A. 厚度不应小于 40mm

B. 应配置直径 $\Phi4\sim\Phi6$，间距为 100mm～200mm 的双向钢筋网片

C. 钢筋网片在分格缝处不断开

D. 其保护层厚度不应小于 2.5mm

E. 坡度宜为 2％～3％

7. 属于一般抹灰的是（   ）。

A. 水泥砂浆粉刷　　　　　　　　　B. 混合砂浆粉刷

C. 拉毛灰　　　　　　　　　　　　D. 水刷石

E. 斩假石

8. 适合石材干挂的基层是（   ）。

A. 钢筋混凝土墙　　　　　　　　　B. 钢骨架墙

C. 砖墙　　　　　　　　　　　　　D. 加气混凝土墙

E. 灰板条墙

9. 在管道安装过程中，冷热水管道同时安装时以下说法有误的是（   ）。

A. 上下平行安装时热水管应在冷水管上方

B. 上下平行安装时热水管应在冷水管下方

C. 垂直平行安装时热水管应在冷水管左侧

D. 垂直平行安装时热水管应在冷水管右侧

E. 冷热水管道可以使用同一根管道

10. 关于电缆敷设施工质量控制，以下描述正确的是（   ）。

A. 直埋电缆敷设时，电缆沟深度一般大于 0.7m，穿越农田时不应小于 1m。

B. 直埋电缆应留有余量作波浪形敷设，备用长度为全长的 1.5％～2％。

C. 电缆沟内敷设时，电力电缆和控制电缆应分开排列。

D. 电力电缆和控制电缆敷设在同一侧支架上时，应将控制电缆放在电力电缆上面。

E. 电缆沟内敷设时，1kV 及以下电力电缆应在 1kV 以上的电力电缆的上面。

答案：　1. ACE；　2. ABC；　3. CD；　4. ACE；　5. ABDE；　6. ABE；　7. AB；　8. AB；
9. BDE；10. ABC

三、判断题（正确选 A，错误选 B）

1. 出现流砂的重要条件是细颗粒、均匀颗粒、松散饱和的土。　　　　　　　　（　　）

2. 箱形基础的底板，内外墙和顶板宜连续浇筑完毕，当基础长度超过 40m 时，为防止出现温度收缩裂缝，一般应设置贯通后浇带，缝宽不宜小于 800mm，在后浇带处钢筋应断开。　　　　　　　　　　　　　　　　　　　　　　　　　　　　　　　　　（　　）

3. 有钢筋混凝土构造柱的抗震多层砖房，砖墙应砌成马牙搓，每一马牙搓沿高度方向的尺寸不超过 300mm，马牙搓从每层柱脚开始，应先进后退。　　　　　　　（　　）

4. 刚性防水层适用于设有松散材料保温层的屋面以及受较大振动或冲击的建筑屋面。　　　　　　　　　　　　　　　　　　　　　　　　　　　　　　　　　　　（　　）

5. 扶面层灰，需待中层灰有六至七成干时进行。操作一般从大面开始，自上向下进行。　　　　　　　　　　　　　　　　　　　　　　　　　　　　　　　　　　　（　　）

6. 室内消火栓系统安装完成后应取房屋顶层（或水箱间内）和首层各取两处消火栓作试射试验，达到设计要求为合格。　　　　　　　　　　　　　　　　　（　　）

答案： 1. B；2. B；3. B；4. B；5. B；6. A

四、案例题

（一）某钢筋混凝土厂房，有 42 个 C20 独立混凝土基础，基础剖面如图示。基础底面为 2.4m×3.2m，每个 C20 独立基础和 C10 素混凝土热层的体积为 12.37m³；基础下为 C10 素混凝土垫层厚 100mm。基坑开挖采用四边放坡，坡度系数为 1∶0.5。土的最初可松性系数 $K_s=1.10$，最终可松性系数 $K'_s=1.03$。

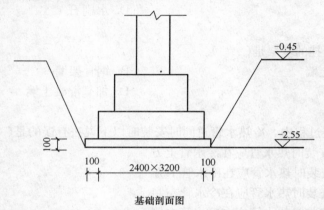

基础剖面图

1. 基础施工程序正确的是（　　）。

A. ⑤定位放线 ⑦验槽 ②开挖土方④浇垫层①立模扎钢筋⑥浇混凝土养护③回填

B. ⑤定位放线 ④浇垫层 ②开挖土方⑦验槽⑥浇混凝土养护①立模扎钢筋③回填

C. ⑤定位放线 ②开挖土方 ⑦验槽①立模扎钢筋④浇垫层⑥浇混凝土养护③回填

D. ⑤定位放线 ②开挖土方 ⑦验槽④浇垫层①立模扎钢筋⑥浇混凝土养护③回填

2. 定位放线时，基坑上口白灰线长宽尺寸（　　）。

A. 2.4m×3.2m　　　　　　　　　　　　B. 3.6m×4.4m

C. 4.6m×5.4m　　　　　　　　　　　　D. 4.7m×5.5m

3. 基坑土方开挖量是（　　）。

A. 1432.59m³　　　　　　　　　　　　B. 1465.00m³

C. 1529.83m³　　　　　　　　　　　　D. 2171.40m³

4. 基坑回填需土（松散状态）量是（　　）。

A. 975.10m³　　　　　　　　　　　　B. 1008.71m³

C. 1485.27m³　　　　　　　　　　　　D. 1633.79m³

5. 回填土采用（　　）。

A. 含水量趋于饱和的黏土　　　　　　　B. 砂砾石渣作表土

C. 有机含量为 2% 的土　　　　　　　　D. 淤泥和淤泥质土

答案： 1. D；2. D；3. B；4. B；5. C

（二）某钢筋混凝土梁配筋图如下图所示，保护层厚度为 25mm，钢筋面弯起角度均为 45°。

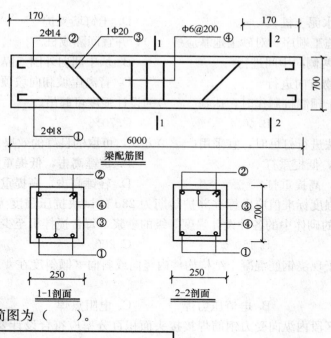

梁配筋图

1-1剖面   2-2剖面

1. ②钢筋的简图为（   ）。

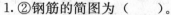

A

B

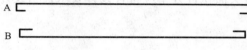

C

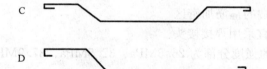

D

2. ③号钢筋的直段长度为（   ）。

A. 4505mm   B. 4360mm   C. 4750mm   D. 6000mm

3. ③号钢筋的斜段长度为（   ）。

A. 1804mm   B. 1838mm   C. 1910mm   D. 1980mm

4. ③号钢筋的下料长度为（   ）。

A. 6000mm   B. 6488mm   C. 6738mm   D. 6698mm

5. ④号筋弯钩平直部分的长度为（   ）。

A. $3d$ B. $5d$ C. $10d$ D. 100mm

答案：1. A；2. B；3. B；4. D；5. C

模拟试卷（二）（建筑工程）

一、单项选择题

1. 某基坑坑底面积为 2.4m×3.6m，室外自然地面标高为 −0.45m，基底标高为 −2.45m，四边放坡开挖，坡度系数为 0.45，基坑开挖土方量为（   ）。

A. 17.28m³   B. 29.7m³   C. 30.24m³   D. 45.36m³

2. 基坑支护中属于不透水挡土结构的是（   ）。

A. 灌注桩   B. 预制桩

C. 深层搅拌水泥土桩   D. 土钉墙支护

3. 砂石桩的施工顺序，对砂土地基应（　　），并宜间隔成桩。

A. 从外围或两侧向中间进行   B. 从中间向外围或隔排施工

C. 背离建筑物方向进行   D. 背离岸坡和向坡顶方向

4. 钢筋混凝土预制桩制作时，达到（　　）的设计强度可起吊。

A. 30%   B. 40%   C. 70%   D. 100%

5. 锤击打桩法进行打桩时，宜采用（　　）方式，可取的良好的效果。

A. 重锤低击，低提重打   B. 重锤高击，低提重打

C. 轻锤低击，高提重打   D. 轻锤高击，高提重打

6. 砌筑砂浆强度标准值应以标准养护龄期为 28d 的试块抗压强度为准。施工时每一楼层或（　　）m³ 的砌体中的各种设计强度等级的砂浆，每台搅拌机至少检查一次。

A. 100   B. 150   C. 200   D. 250

7. （　　）用于现浇钢筋混凝土结构构件内竖向或斜向（倾斜度在 4:1 的范围内）钢筋的焊接。

A. 闪光对焊   B. 电渣压力焊   C. 电阻点焊   D. 三个都可以

8. 同一连接区段内纵向受力钢筋焊接接头面积百分率应符合设计要求；当设计无具体要求时，应符合（　　）的规定。

A. 在受拉区不宜大于 50%

B. 接头宜设置在有抗震设防要求的框架梁端的箍筋加密区

C. 接头宜设置在有抗震要求的框架柱端的箍筋加密区

D. 直接承受动力荷载的结构构件中，宜采用焊接接头

9. 混凝土试块试压后，某组三个试块的强度分部为 26.5MPa、32.5MPa、37.9MPa，该组试块的混凝土强度代表值为（　　）。

A. 26.5MPa   B. 32.5MPa

C. 32.5MPa   D. 不作为强度评定的依据

10. 合成高分子防水卷材其施工方向不包括（　　）。

A. 热熔法   B. 冷粘法

C. 自粘法   D. 热风焊接法

11. 外墙面防水找平层和防水层抹面时，门窗边角、挑出板、檐、线条交角处（　　）拼接缝。

A. 应   B. 宜   C. 可   D. 不得

12. 抹灰层中要起抹面层与基体粘结和初步找平作用的是（　　）抹灰。

A. 基层   B. 底层   C. 中层   D. 面层

13. 内墙镶贴前应在水泥砂浆基层上弹线分格，弹出水平、垂直控制线。在同一墙面上的横、竖排列中，不宜有一行以上的非整砖，非整砖应安排在次要部位或（　　）。

A. 阳角处   B. 转弯处   C. 阴角处   D. 阳台下口

14. 水泥砂浆地面，面层压光应在（　　）完成。

A. 初凝前   B. 初凝后   C. 终凝前   D. 终凝后

15. 若有防潮、防水要求，板条基层抹灰应采用（　　）抹灰层。

A. 纸筋灰　　　　　　　B. 麻刀灰　　　　　　　C. 混合砂浆　　　　　　D. 水泥砂浆

16. 在室内热水给水管道施工中，当热水管穿过基础、墙壁和楼板等处时必须放置套管，过楼板的套管顶部高出地面不小于（　　　）。

A. 5mm　　　　　　　　B. 10mm　　　　　　　C. 15mm　　　　　　　D. 20mm

17. 大型花灯的固定及悬吊装置，应按灯具重量的（　　　）倍做过载试验。

A. 3　　　　　　　　　　B. 4　　　　　　　　　　C. 2　　　　　　　　　　D. 5

18. 固定通风机的地脚螺栓，除应带有垫圈外，并应有（　　　）。

A. 螺母　　　　　　　　B. 防松装置　　　　　　C. 橡胶垫　　　　　　　D. 防腐措施

19. 综合布线系统施工时，弯管布管每隔（　　　）处，应设暗拉线盒或接线箱。

A. 5m　　　　　　　　　B. 10m　　　　　　　　C. 12m　　　　　　　　D. 15m

20. 留在构件两端不再取下来的锚具，一般称为（　　　）。

A. 张拉锚　　　　　　　B. 工作锚　　　　　　　C. 接受锚　　　　　　　D. 锚固锚

答案：1. C；2. C；3. A；4. D；5. A；6. D；7. B；8. A；9. D；10. A；11. D；12. B；13. C；14. C；15. D；16. D；17. C；18. B；19. D；20. B

二、多项选择题

1. 流砂防治的具体措施有：（　　　）及井点降水法。

A. 水下挖土　　　　　　　　　　　　　　B. 枯水期施工法

C. 抢挖法　　　　　　　　　　　　　　　D. 加设横向支撑

E. 打板桩

2. 箱形基础长度超过 40m 时一般应设置贯通后浇带，要求（　　　）。

A. 缝宽不宜小于 800mm

B. 在后浇带内钢筋应断开

C. 顶板浇筑后，相隔 7～14d 浇筑后浇带

D. 用同设计强度等级的细石混凝土浇筑后浇带

E. 用比设计强度等级提高一级的微膨胀的细石混凝土浇筑后浇带

3. 静力压桩法与锤击沉桩法相比，它具有施工（　　　）和提高施工质量等特点。

A. 无噪声　　　　　　　　　　　　　　　B. 有振动

C. 浪费材料　　　　　　　　　　　　　　D. 降低成本

E. 沉桩速度慢

4. 跨度 6m 的梁，若底模板起拱高度设计无具体规定时，可起拱（　　　）mm。

A. 5　　　　　　　　　　　　　　　　　　B. 10

C. 12　　　　　　　　　　　　　　　　　　D. 16

E. 20

5. 设有钢筋混凝土构造柱的抗震多层砖房施工顺序不正确的是（　　　）。

①绑扎钢筋；　　②立模板；　　③砌砖墙；　　④浇筑混凝土

A. ①②④③　　　　　　　　　　　　　　　B. ①②③④

C. ①③②④　　　　　　　　　　　　　　　D. ②①④③

E. ②③④①

6. 屋面卷材铺贴时，应按（　　　）的次序。

A. 先高跨后低跨   B. 先低跨后高跨

C. 先近后远   D. 先远后近

E. 先做好泛水，后铺设屋面

7. 涂料工程对混凝土及抹灰（水泥砂浆，混合砂浆或石灰砂浆、石灰纸筋灰浆）基层的要求有（　　）。

A. 基层的 pH 值应在 7 以下

B. 含水率对使用溶剂型涂料的基层应不大于 8％

C. 对使用水溶性涂料的基层应不大于 6％

D. 表面的油污、灰尘、溅沫及砂浆流痕等杂物应彻底清除干净

E. 旧浆皮可扫清水以溶解旧浆料，然后用铲刀刮去旧浆皮

8. 适合石材干挂的基层是（　　）。

A. 钢筋混凝土墙   B. 钢骨架墙

C. 砖墙   D. 加气混凝土墙

E. 灰板墙

9. 为使管道不易受损，室内排水管道不得穿过（　　）。

A. 过道   B. 烟道

C. 风道   D. 建筑物的沉降缝

E. 楼板

10. 风管安装，支吊架不得装置在（　　）处。

A. 风口   B. 风阀

C. 检查门   D. 自控机构

E. 风管

答案：1. ABDE；2. AE；3. AD；4. BCD；5. ABDE；6. ADE；7. BDE；8. AB；9. BCD；10. ABCD

三、判断题（正确选 A，错误选 B）

1. 从建筑施工的角度，根据土的开挖难易程度（坚硬程度），将土分为松软土、普通土、坚土、砂砾坚土、软石、次坚石、坚石、特坚石共 8 类土。 （　　）

2. 预制桩身混凝土粗骨料应采用 5mm～40mm 的碎石，也可以细颗粒骨料代替，以保证充分发挥粗骨料的骨架作用，增加混凝土的抗拉强度。 （　　）

3. 高强度螺栓在终拧以后，螺栓丝扣外露应为 2～3 扣，其中允许有 10％的螺栓丝扣外露 1 扣或 4 扣。 （　　）

4. 细石混凝土防水层与基层之间不宜设置隔离层。 （　　）

5. 涂料工程对于木质基层的要求是含水率不大于 8％；表面应平整，无尘土、油污等赃物。 （　　）

6. 同一建筑物的导线，其绝缘层颜色选择应一致，则 N 线用红色。 （　　）

答案：1. A；2. B；3. A；4. B；5. B；6. B

四、案例题

（一）某钢筋混凝土条形基础，长 100m，混凝土强度等级为 C20，基槽开挖中，上槽口自然地面标高为 −0.45m，槽底标高为 −2.45m，槽底宽为 2.6m，侧壁采用两边放坡，

坡度为 1：0.5，两端部直壁开挖。土的最初可松性系数 $K_s=1.10$，最终可松性系数 $K'_s=1.03$

1. 基础施工程序正确的是（　　）。（单选题）

A. 定位放线→验槽→开挖土方→浇垫层→立模、扎钢筋→浇混凝土、养护→回土

B. 定位放线→浇垫层→开挖土方→验槽→浇混凝土、养护→立模、扎钢筋→回土

C. 定位放线→开挖土方→验槽→立模、扎钢筋→浇垫层→浇混凝土、养护→回土

D. 定位放线→开挖土方→验槽→浇垫层→立模、扎钢筋→浇混凝土、养护→回土

2. 定位放线时，垫槽上口白灰线宽度为（　　）。（单选题）

A. 2.6m　　　　　　B. 3.05m　　　　　　C. 4.6m　　　　　　D. 5.05m

3. 基坑土方开挖量（　　）。（单选题）

A. 520.0m³　　　　B. 505.0m³　　　　C. 720.0m³　　　　D. 401.5m³

4. 若基础体积为 400m³，基坑回填需土（松散状态）量为（　　）（单选题）

A. 132.0 m³　　　B. 181.50m³　　　C. 341.74m³　　　D. 401.5m³

5. 回填土来自于（　　）。（单选题）

A. 含水量趋于饱和的黏性土　　　　　　B. 爆破石渣作表土

C. 有机质含量为 2%的土　　　　　　　D. 淤泥和淤泥质土

答案：1. C；2. C；3. C；4. B；5. C

（二）某框架—剪力墙结构，框架柱间距 9m，楼盖为梁板结构。第三层楼板施工当天气温为 35℃。施工单位制定了完整的施工方案，采用商品混凝土 C30。钢筋现场加工，采用木模板，由木工制作好后直接拼接。（单选题）

1. 对跨度为 9m 的现浇钢筋混凝土梁，当设计无具体要求时，其跨中起拱高度可为（　　）。

A. 2mm　　　　　B. 5mm　　　　　C. 15mm　　　　　D. 30mm

2. 施工现场没有设计图纸上的 HPB235 级钢筋（Φ6@200），用 HRB 级钢筋代替，应按钢筋代换前后（　　）相等的原则进行代换。

A. 强度　　　　　B. 刚度　　　　　C. 面积　　　　　D. 根数

3. 当梁的高度超过（　　）时，梁和板可以分开浇筑。

A. 0.2m　　　　　B. 0.4m　　　　　C. 0.8m　　　　　D. 1.0m

4. 对跨度为 9m 的现浇钢筋混凝土梁，底模及支架拆除的混凝土强度应达到设计的混凝土立方强度标准值的百分比（%）为（　　）。

A. 25　　　　　　B. 50　　　　　　C. 75　　　　　　D. 100

5. 按施工组织设计，混凝土施工缝应留在（　　）。

A. 柱中 1/2 处　　　　　　　　　　　B. 主深跨中 1/3

C. 单向板平行于短边处　　　　　　　D. 纵横剪力墙交界处

答案：1. C；2. A；3. D；4. D；5. C

模拟试卷（三）（建筑工程）

一、单项选择题

1. 一般排水沟的横截面和纵向坡度不宜小于（　　）。

A. 0.4×0.4m，0.1%　　　　　　　　B. 0.5×0.5m，0.1%

C. 0.4×0.4m，0.2% D. 0.5×0.5m，0.2%

2. 回灌井点应布置在降水井的外围，两者之间的水平距离不得小于(　　)。

A. 4m B. 5m C. 6m D. 7m

3. 混凝土基础施工过程中的质量检查，即在制备和浇筑过程中对 (　　)、配合比和坍落度的检查。

A. 原材料的质量 B. 混凝土的强度

C. 外观质量 D. 构件轴线

4. 灌注桩的成桩质量检查，在成孔及清孔时，主要检查(　　)。

A. 钢筋规格 B. 焊条规格及品种

C. 焊缝外观质量 D. 孔底沉渣厚度

5. 人工挖孔灌注桩的施工桩孔开挖深度超过(　　)m 时，就需有专门向井送风的设备。

A. 3 B. 5 C. 10 D. 15

6. 下列墙体或局部中可 设脚手眼的是(　　)。

A. 半砖墙和砖柱 B. 宽度大于 1m 的窗间墙

C. 砖砌体门窗洞口两侧 200mm 的范围内 D. 转角处 450mm 的范围内

7. 跨度 1.5m 的现浇钢筋混凝土平台板的底模板，拆除时所需的混凝土强度为设计要求混凝土立方体抗压强度标准值的(　　)。

A. 25% B. 50% C. 75% D. 100%

8. 混凝土必须养护至其强度达到 (　　) 时，才能够在其上行人或安装模板支架。

A. 1.2MPa B. 1.8MPa C. 2.4MPa D. 3.0MPa

9. 混凝土试块试压后，某组三块试块的强度分别为 28.5MPa、31.5MPa、37.9MPa，组试块的混凝土强度代表值为(　　)。

A. 28.5MPa B. 31.6MPa

C. 31.5MPa D. 不作为强度评定的依据

10. 细石混凝土防水层与基层之间宜设隔离层，隔离层可采用(　　)等。

A. 干铺卷材 B. 水泥砂浆 C. 沥青砂浆 D. 细石混凝土

11. 卫生间楼地面氯丁胶乳沥青防水涂料施工后，进行蓄水实验，蓄水高度一般为(　　)mm，当无渗漏现象时，方可进行刚性保护层施工。

A. 5～10 B. 10～20 C. 20～40 D. 50～100

12. 为保护门洞口墙面转角不易遭碰撞损坏，在室内抹面的门窗洞口阳角处应做水泥砂浆护角，其护角高度一般不低于(　　)。

A. 0.5m B. 1m C. 1.5m D. 2.0m

13. 抹面前必须对基层作处理，在砖墙和剪力墙相交处，应先铺设金属网并绷紧牢固，金属网与基体间的搭接宽度每侧不应小于(　　)。

A. 50mm B. 100mm C. 150mm D. 200mm

14. 石材饰面板采用传统湿作业法施工时，灌浆应分层灌入，至少应分(　　)浇灌。

A. 2 次 B. 3 次 C. 4 次 D. 5 次

15. 楼地面水泥砂浆面层厚度不应小于(　　)，配合比（体积比）水泥：砂宜为 1：

2，其稠度不应大于 3.5cm，强度等级不应小于 M15。

    A. 15mm   B. 20mm   C. 25mm   D. 30mm

16. 关于卫生器具给水配件安装施工描述正确的是（   ）。

    A. 卫生器具的冷热水给水阀门和水龙头，必须面向使用人的右热左冷习惯安装

    B. 卫生设备的塑料和铜质部件安装时可以使用钳夹紧，有六角和八角形棱角面的，应用扳手夹持旋动，无棱角面的应制作专用工具夹持旋动

    C. 地漏安装后，用 1∶2 水泥砂浆将其固定

    D. 小便槽冲洗管，应采用镀锌钢管或硬质塑料管，冲洗孔应斜向下方安装，冲洗水流同墙面成 30°角

17. 插座接线应符合（   ）的规定。

    A. 单相两孔插座，面对插座的右孔与零线联接

    B. 单相三孔插座，面对插座的右孔与相线联接

    C. 接地（PE）或接零（PEN）线在插座间可以串联联接

    D. 插座的接地端子可与零线端子联接

18. 空调系统带冷（热）源的正常联合试运转不应少于（   ）h。

    A. 2   B. 5   C. 8   D. 24

19. 电视图像质量的主观评价不低于（   ）分。

    A. 1   B. 2   C. 3   D. 4

20. 对于双（多）柱式桥墩单排桩基础，当柱外露在地面上较高时，桩与桩之间应用横梁相连是（   ）。

    A. 代替承台而设置   B. 加强各桩的横向联系

    C. 阻挡漂浮物   D. 美观的需要

    答案：1. D；2. C；3. A；4. D；5. C；6. B；7. B；8. A；9. C；10. A；11. D；12. D；13. B；14. B；15. B；16. C；17. B；18. C；19. D；20. B

二、多项选择题

1. 以下属于透水挡土墙结构的是（   ）。

    A. H 型钢桩加横挡板   B. 挡土灌注桩

    C. 土钉墙支护结构   D. 深层搅拌水泥土桩墙

    E. 地下连接墙

2. 钢筋混凝土预制桩，桩中心距小于等于 4 倍桩径时，宜采用（   ）顺序施工。

    A. 逐排打设   B. 自边沿向中央打设

    C. 自中央向边沿打设   D. 自近往远

    E. 分段打设

3. 预制柱现场制作时，在绑扎钢筋、安设吊环前需完成（   ）的工作。

    A. 场地地坪浇筑混凝土   B. 支模

    C. 浇筑混凝土   D. 场地地基处理、整平

    E. 支间隔端头板

4. 电渣压力焊的工艺参数为（   ），根据钢筋直径选择，钢筋直径不同时，根据较小的直径钢筋选择参数。

A. 焊接电流　　　　　　　　　B. 渣池电压

C. 造渣时间　　　　　　　　　D. 通电时间

E. 变压器的级数

5. 砖砌体的质量通病有（　　　）。

A. 砂浆强度不稳定　　　　　　B. 砌体组砌方法错误

C. 灰缝砂浆不饱满　　　　　　D. 墙面游丁走缝

E. 层高超高

6. 根据高聚物改性沥青防水卷材的特性，其施工方法有（　　　）。

A. 热熔法　　　　　　　　　　B. 冷粘法

C. 热风焊接法　　　　　　　　D. 自粘法

E. 沥青胶粘结法

7. 抹灰前必须对基层进行处理，对于光滑的混凝土基体表面，处理方法有（　　　）。

A. 刮腻子　　　　　　　　　　B. 凿毛

C. 用砂纸打磨　　　　　　　　D. 刷一道素水泥浆

E. 铺钢丝网

8. 预防地面起砂、裂壳的方法有（　　　）。

A. 水泥安定性要合格　　　　　B. 基层要清理干净，并充分湿润

C. 板缝要灌密实　　　　　　　D. 一定要掌握压光时间及完工后的养护

E. 泛水按规定做好

9. 卫生器具在竣工验收前做（　　　）试验。

A. 通水　　　　　　　　　　　B. 灌水

C. 通球　　　　　　　　　　　D. 渗水

E. 满水

10. 智能建筑工程全过程一般分为（　　　）阶段。

A. 施工准备　　　　　　　　　B. 施工

C. 调试开通　　　　　　　　　D. 竣工验收

E. 项目建议书

答案：1. ABC；2. CE；3. ABD；4. ABD；5. ABCD；6. ABD；7. BD；8. ABCD；
9. AE；10. ABCD

三、判断题（正确选 A，错误选 B）

1. 基坑开挖深度超过 2m 时，必须在坑顶边沿设两道护身栏杆，夜间应加设红灯标
志。　　　　　　　　　　　　　　　　　　　　　　　　　　　　　　　　　　（　　）

2. 混凝土基础养护后的质量检查有混凝土的强度，外观质量、构件的轴线、标高、
断面尺寸等的检查。　　　　　　　　　　　　　　　　　　　　　　　　　　　（　　）

3. 同一纵向受力钢筋在同一根杆件里不宜设置两个或两个以上接头，钢筋接头末端
至钢筋弯起点的距离不应小于钢筋直径的 10 倍。　　　　　　　　　　　　　　（　　）

4. 保温层关键必须坚实、平整，不影响其导热系数，这是施工必须控制好的关键。
　　　　　　　　　　　　　　　　　　　　　　　　　　　　　　　　　　　　（　　）

5. 镶贴外墙面砖的顺序是整体自上而下分层分段进行，每段仍应自上而下镶贴，先

贴墙柱、腰线等墙面突出物，然后再贴大外墙面。 （　　）

6. 斜插板风阀的安装，阀板必须为向下拉启，水平安装时，阀板还应为顺气流方向插入。 （　　）

答案： 1. A；2. A；3. A；4. B；5. A；6. B

四、案例题

（一）某工程混凝土楼板设计强度等级为 C25，一个验收批中混凝土标准养护试块为 10 组。试块取样、试压等符合国家验收规范的有关规定，各组试块的强度代表值分别为（MPa）：24.9、23.8、25.4、23.7、24.7、37.0、29.7、33.9、29.1、46.2。

计算并评定（$\lambda_1 = 1.15$，$\lambda_2 = 0.90$）

1. 平均值 $m_{f_{cu}}$ 为（　　）。

A. 26.7 B. 27.24 C. 29.84 D. 30.49

2. 最小值 $f_{\omega,\min}$ 为（　　）。

A. 23.7 B. 23.8 C. 24.9 D. 26.7

3. 标准差 $s_{f_{cu}}$ 为（　　）。

A. 3.431 B. 4.809 C. 6.323 D. 7.308

4. 适用公式：平均值为（　　）。

A. $m_{f_{cu}} \geq f_{cu,k} + \lambda_1 \cdot s_{f_{cu}}$ B. $1.1 m_{f_{cu}} \geq f_{cu,k} + \lambda_1 \cdot s_{f_{cu}}$
C. $m_{f_{cu}} \geq 1.15 f_{cu,k}$ D. $1.05 m_{f_{cu}} \geq f_{cu,k} + \lambda_1 \cdot s_{f_{cu}}$

5. 适用公式：最小值为（　　）。

A. $f_{cu,\min} \geq \lambda_2 \cdot f_{cu,k}$ B. $1.1 f_{cu,\min} \geq \lambda_2 \cdot f_{cu,k}$
C. $f_{cu,\min} \geq 0.95 f_{cu,k}$ D. $1.05 f_{cu,\min} \geq \lambda_2 \cdot f_{cu,k}$

6. 平均值 $m_{f_{cu}}$ 为（　　）。

A. 符合要求 B. 不符合要求

7. 最小值 $f_{cu,\min}$ 为（　　）。

A. 符合要求 B. 不符合要求

8. 综合评定混凝土强度为（　　）。

A. 合格 B. 不合格

答案： 1. C；2. A；3. D；4. A；5. A；6. B；7. A；8. B

（二）结合题（一）题进行分析。

1. 检测单位发现第十组试块试压结果 46.2MPa，大于设计混凝土强度标准值四个等级，为异常（　　）。

A. 向工程质量监督站上报混凝土强度不合格

B. 通知施工单位，因有一组混凝土强度高于设计强度四个等级，要求施工单位委托其对混凝土结构进行现场检验

C. 不能确定混凝土强度异常，不需报工程质量监督站，也不应要求施工单位委托其对混凝土结构进行现场回弹

2. 监理单位发现第十组试块试压结果 46.2MPa，大于设计混凝土强度标准值四个等级为异常（　　）。

A. 要求施工单位委托检测单位对混凝土结构进行现场检测，以确认混凝土强度

B. 要求施工单位委托设计单位对混凝土结构进行核算

C. 第十组试块试压结果 46.2MPa，虽大于设计混凝土强度标准四个等级，不需处理

3. 施工单位发现第十组试块试压结果 46.2MPa，大于设计混凝土强度标准值四个等级（　　）。

A. 按建设工程质量检验规程的要求，委托检测单位对混凝土结构进行现场检测，以确认混凝土的强度

B. 请设计人员对混凝土强度进行核算，由设计院确定是否对混凝土结构进行加固处理

C. 不委托检测，对混凝土进行正常评定

答案：1. C；2. C；3. C

2.2 市政公用工程施工技术

2.2.1 考试要点

2.2.1.1 道路工程施工

1. 城市道路的概念、功能及组成

2. 城市道路的分类及等级

3. 城市道路的结构层组成

2.2.1.1.1 路基施工

1. 路基概念和作用

2. 横断面基本形式

3. 土的分类和特征

4. 各类路基施工程序

5. 各类路基施工方法

6. 施工前准备工作

7. 施工要点

8. 路基施工常用机械及其用途

2.2.1.1.2 路面施工

1. 沥青混凝土路面概念和作用

2. 水泥混凝土路面概念和作用

3. 路面结构和作用

4. 路面用沥青混凝土的分类

5. 路面用水泥混凝土的分类

6. 沥青混凝土摊铺，压实等施工要求

7. 水泥混凝土路面常用各种形式接缝的构造及施工要求

8. 混凝土路面施工

9. 路面施工常用机械

2.2.1.1.3　道路附属构筑物施工

1. 路缘石、人行道等构筑物的雨水口、挡土墙（重力式）作用、设置要求及施工工艺

2. 路缘石、人行道的雨水口、挡墙（重力式）的施工质量要求

3. 道路附属构筑物包括的内容

2.2.1.2　桥梁工程施工

2.2.1.2.1　概述

1. 桥梁结构的分类

2. 桥梁结构组成

3. 上部结构常见施工方法

4. 下部结构常见施工方法

2.2.1.2.2　基础施工

1. 预制沉入桩的施工工艺、方法、停打（压）标准、注意事项，步骤和质量要求

2. 灌注桩施工工艺流程

3. 灌注桩施工工艺方法

4. 灌注桩的施工工艺步骤

5. 灌注桩的施工工艺质量检验要求

6. 沉入桩和灌注桩施工机械性能

7. 灌注桩和沉入桩施工机械选用原则

8. 桥梁基础施工常用方法

9. 钻孔准备

10. 钻孔施工、清孔、终孔条件

11. 钢筋笼安装

12. 灌注水下混凝土

13. 基础施工质量检查要求

2.2.1.2.3　模板支架

1. 碗扣式脚手架施工工艺

2. 碗扣式脚手架施工验收要求

3. 支架的构造分类

4. 支架的主要构配件及材料制作要求

5. 支架搭设及拆收

6. 模板施工基本要求、质量检查要求

7. 支架施工的基本要求，质量检查要求

2.2.1.2.4　墩台施工

1. 石砌墩台施工的工艺流程

2. 石砌墩台施工的砌筑方法

3. 石砌墩台施工质量检验要求

4. 钢筋混凝土墩台施工工艺

5. 支撑种类及使用条件

6. 回填土方的压实方法

7. 沟槽断面形式

8. 土方开挖的施工质量检查要求

9. 支撑的施工要点

10. 土方回填施工要点

11. 土方开挖的机械化施工

2.2.1.3.2　施工排水

1. 地面截水施工排水方法

2. 暗沟排水施工排水方法

3. 坑内排水施工排水的方法

4. 地下水的种类

2.2.1.3.3　排水管道开槽施工

1. 下管与排管方法

2. 对中作业，对交作业，稳管作业方法和要求

3. 无压管道的闭水试验

4. 常用管材与接口

5. 钢筋混凝土管与接口

6. 塑料类排水管与接口

7. 排水检查井、模块式排水检查井施工

2.2.1.3.4　排水管道顶管施工

1. 工作坑种类

2. 工作坑的选择与计算

3. 工作坑的设备安装

4. 工作坑的管道顶进

5. 工作坑测量与纠偏等顶进程序

6. 顶管施工的质量检查要求

7. 顶管法施工方法

2.2.1.4　主体结构工程施工

2.2.1.4.1　深基坑施工

1. 深基坑支护结构组成

2. 挡墙和支撑结构施工的工艺流程

3. 挡墙和支撑结构施工的控制要点

4. 深基坑降水、集水井降水

5. 井点降水

6. 施工的工艺流程、质量控制要点

7. 挡墙和支撑的选型

8. 深基坑支护结构的组成

2.2.1.4.2　砌体结构工程

1. 砖砌体施工的工艺流程
2. 砖砌体施工质量控制要求
3. 砖砌体施工质量检验要求
4. 砌筑材料（砖、砌块、水泥、砂、砌筑砂浆）性能
5. 砌体结构特征

2.2.1.4.3　混凝土结构工程

1. 混凝土工程（制备、浇筑、捣实、养护等）施工工艺流程
2. 混凝土工程（制备、浇筑、捣实、养护等）施工质量检验要求
3. 钢筋工程，钢筋常用连接方法（绑扎、焊接、机械连接）和质量检验要求
4. 预应力混凝土施工工艺和控制要点
5. 模板工程（木模板，组合钢模板，滑升模板，爬升模板以及模板拆除）的基本要求
6. 预应力混凝土工程定义及分类
7. 预应力混凝土工艺和质量控制要点

2.2.1.4.4　钢结构工程

1. 钢结构的焊接连接
2. 钢结构的螺栓连接方法
3. 钢结构的质量检验要求
4. 钢结构工程安装的工艺流程
5. 钢结构工程安装的质量检验要求
6. 钢结构加工制作步骤
7. 钢结构加工制作要求
8. 构件的防腐与涂饰
9. 钢材储存
10. 钢材验收，运输，堆放的基本要求

2.2.1.4.5　结构加固工程

1. 结构加固（粘贴碳纤维、粘贴钢板加固、外包钢加固、裂缝灌浆修补、加大截面法加固、种植钢筋和化学螺栓锚固）基本步骤
2. 结构加固（粘贴碳纤维、粘贴钢板加固、外包钢加固、裂缝灌浆修补、加大截面法加固、种植钢筋和化学螺栓锚固）质量检验要求
3. 结构的加固概述
4. 常用结构加固的基本方法

2.2.1.5　施工组织设计

2.2.1.5.1　施工组织设计概述

1. 施工组织总设计的概念和内容
2. 施工组织总设计的编制程序
3. 单位工程施工组织设计编制依据和内容
4. 施工组织总设计的主要作用

2.2.1.5.2　单位工程施工组织设计编制

1. 单位工程施工组织设计作用和内容

2. 计划的作用、依据和编制方法

3. 如何确定劳动量、施工天数等

4. 单位工程施工组织设计中工程概况内容和编制

5. 施工组织内容和编制要点

6. 施工方案的编制要求和方法

7. 施工计划的编制要求和方法

8. 施工平面图的编制要求和方法

9. 单位工程施工组织设计中施工进度，质量，安全，文明，环境保护及季节性施工，针对性施工的保证措施

2.2.1.5.3　专项施工方案编制

1. 专项施工方案的编制内容

2. 专项施工方案编制的主要内容

3. 专项施工方案的编制

4. 专项施工方案的审核程序

5. 专项施工方案的专家论证要求

6. 专项施工方案编制对象

7. 专项施工方案的编制作用

2.2.2　典型题析

2.2.2.1　道路工程

一、单项选择题

1. 提高（　　）的强度和稳定性，可以适当减薄路面的结构层，从而降低造价。

A. 路面　　　　　B. 路基　　　　　C. 面层　　　　　D. 基层

答案：B

2. 填筑路堤的材料，以采用强度高，（　　）好，压缩性小，便于施工压实以及远距短的土，石材为宜。

A. 高温稳定性　　B. 材料质量　　　C. 水稳定性　　D. 低温稳定性

答案：C

3. 不同性质的土应分类、分层填筑，不得混填，填土中大于（　　）的土块应打碎或剔除。

A. 5cm　　　　　B. 10cm　　　　　C. 15cm　　　　D. 20cm

答案：B

4. 桥涵、挡土墙等结构物的回填，宜采用（　　），以防止产生不均匀沉陷。

A. 素填土　　　　B. 砂性土　　　　C. 粉性土　　　　D. 原状土

答案：B

5. 用灌砂法检查压实度时，取土样的底面位置为每一压实层底部；用环刀法试验时，环刀位于压实层厚的（　　）深度。

A. 顶面　　　　　B. 1/3　　　　　C. 1/2　　　　　D. 底部

答案：C

6. 机械开挖作业时，必须避开建（构）筑物、管线，在距管道边（　　）范围内必须采用人工开挖，且宜在管理单位监护下进行。

A. 0.5m　　　　　B. 1m　　　　　C. 1.5m　　　　　D. 2m

答案：B

7. 推土机按发动机功率分类，大型发动机功率在（　　）kW 以上，称为大型推土机。

A. 88　　　　　B. 120　　　　　C. 144　　　　　D. 160

答案：D

8. 沥青混凝土路面属于柔性路面结构，路面刚度小，在荷载作用下产生的（　　）变形大，路面本身抗弯拉强度低。

A. 平整度　　　　B. 密实度　　　　C. 弯沉　　　　D. 车辙

答案：C

9. 沥青混合料面层不得在雨、雪天气及环境最高温度低于（　　）时施工。

A. −10℃　　　　B. 0℃　　　　C. 5℃　　　　D. 10℃

答案：C

10. 水泥混凝土面层需要设置缩缝、胀缝和施工缝等各种形式的接缝，这些接缝可以沿路面纵向或横向布设。其中（　　）保证面层因温度降低而收缩，从而避免产生不规则裂缝。

A. 胀缝　　　　B. 传力杆　　　　C. 施工缝　　　　D. 缩缝

答案：D

11. 胀缝缝隙宽约 20mm，对于交通繁忙的道路，为保证混凝土板有效传递载荷，防止形成错台，可在胀缝处板厚中央设置（　　）。

A. 钢丝网　　　　B. 钢筋　　　　C. 传力杆　　　　D. PVC 管

答案：C

12. 纵缝是指平行于混凝土行车方向的接缝，纵缝一般按 3m～4.5m 设置。当双车道路面按全幅宽度施工时，纵缝可做成（　　）形式。

A. 平头缝　　　　B. 假缝　　　　C. 缩缝　　　　D. 胀缝

答案：B

13. 混凝土板养生时间应根据混凝土强度增长情况而定，一般宜为（　　）d～21d。养生期满方可将覆盖物清除，板面不得留有痕迹。

A. 7　　　　　B. 12　　　　　C. 14　　　　　D. 15

答案：C

14. 路缘石包括侧缘石和平缘石。侧缘石是设在道路两侧，用于区分车道、人行道、绿化带、分隔带的界石，一般高出路面（　　）cm。

A. 3～5　　　　B. 5～7　　　　C. 7～12　　　　D. 12～15

答案：D

15. 预制人行道砌块井框与面层高差允许偏差≤（　　）mm。

A. 2　　　　　B. 4　　　　　C. 6　　　　　D. 8

答案：B

16. (   )不是挡土墙的作用。

A. 稳定路堤和路堑边坡   B. 减少土方和占地面积

C. 防止水流冲刷及避免山体滑坡   D. 提高土体承载力

答案：D

17. 石砌重力式挡土墙使用料石作为材料时的轴线偏位允许偏差≤(   )。

A. 5mm   B. 10mm   C. 15mm   D. 20mm

答案：B

二、多项选择题

1. 按道路在道路网中的地位、交通功能和服务功能，城市道路分为(   )4 个等级。

A. 快速路   B. 主干路

C. 次干路   D. 支路

E. 高速公路

答案：ABCD

解析：根据《城市道路工程设计规范》CJJ 37—2012 规定。

2. 路基放样是把路基设计横断面的主要特征点根据路线中桩把 (   ) 具体位置标定在地面上，以便出路基轮廓作为施工的依据。

A. 路基边缘   B. 路堤坡脚

C. 路堑坡顶   D. 边沟

E. 路面标高

答案：ABCD

解析：放样中特殊点是指路基上面顶宽点和下面边坡脚点位置。对路堤主要是坡脚，对路堑是坡顶；另设计横断面中有边沟，因此应选上述内容。

3. 经过水田、池塘或洼地时，应根据具体情况采取(   )或石灰水泥处理等措施，将基底加固后再行填筑。

A. 排水疏干   B. 挖除淤泥

C. 打砂桩   D. 抛填片石、砂砾土

E. 抛填砂砾石

答案：ABCD

解析：路基基底处理方法有多种，题中 A、B、C、D 均是，而不选"抛填砂砾石"原因是不经济。

4. 只有(   )都合格，路基的整体强度、稳定性和耐久性才能符合设计要求。

A. 弯沉值   B. 含水量

C. 压实度   D. 平整度

E. 标高

答案：AC

解析：因为《城镇道路工程施工与质量验收规范》CJJ 1—2008 规定：弯沉及压实度是路基强度主控项目，而平整度，标高是一般项目，因此不选，"含水量"虽是影响压实度原因之一，但不是压实度的数据。

5. 城市道路路面是层状体系，一般根据使用要求、受力情况和自然因素等作用程度

不同，把整个路面结构自上而下分成（　　　）3 个结构层。

A. 面层   B. 基层

C. 垫层   D. 底层

E. 路床

答案：ABC

解析：道路工程有关规定。

6. 沥青混凝土面层施工前应对其承层作必要的检测，若下承层（　　　），应进行处理。

A. 受到损坏   B. 出现软弹

C. 松散   D. 表面浮沉

E. 潮湿

答案：ABCD

解析：根据《城镇道路工程施工与质量验收规范》CJJ 1—2008 第 8.1.4-1 的规定选用。

7. 缩缝的构造形式有（　　　）。

A. 无传力杆式的假缝

B. 有传力杆式的假缝

C. 有力杆式的工作缝

D. 企口式工作缝

E. 坡口假缝

答案：ABCD

解析：缩缝构造形式分为有传力杆缝与无传力杆缝，另缩缝可做成平缝与企口缝形式。

8. 城市道路附属构筑物，一般包括（　　　）、涵洞、护底、排水沟及挡土墙等。

A. 路缘石   B. 人行道

C. 雨水口   D. 护坡

E. 路基

答案：ABCD

解析：城市道路附属构筑物组成。

三、判断题（正确选 A，错误选 B）

1. 路基是直接在地面上填筑建成的线性土工构筑物，是道路的重要组成部分。

（　　　）

答案：B

解析：路基不光是直接在地面上填筑建成的线性土工构筑物，也有挖去一部分建成的线性土工物。

2. 填方中使用房渣土、工业废渣等，须经建设单位、设计单位同意后方可使用。

（　　　）

答案：B

解析：使用房渣土、工业废渣应经试验确认后经业主设计同意才行。

3. 雨水口及支管的施工质量要求之一为：雨水管端面应露出井内壁，其露出长度不

得大于 5cm。 （ ）

答案：B

解析：《城镇道路工程施工与质量验收规范》CJJ 1—2008 规定：雨水管端面应露出井内壁的长度不大于 2cm。

4. 压路机相邻两次压实，后轮应重叠 1/3 轮宽，三轮压路机后轮应重叠 1/2 轮宽。

（ ）

答案：A

解析：施工操作规定如此。

5. 沉降缝和伸缩缝在挡土墙中同设于一处，称之为沉降伸缩缝。对于非岩石地基，挡土墙每隔 10～15cm 设置一道沉降伸缩缝。 （ ）

答案：A

解析：这是设计规定。

四、案例题

某公司施工一条水泥混凝土路面，设计混凝土板厚 24cm，双层钢筋网片，混凝土采用商品混凝土，采用人工小型机具摊铺。

1. 根据施工经验和验算，混凝土板长可采用（ ）m。

A. 5   B. 8   C. 10   D. 15

答案：A

解析：根据混凝土板热胀冷缩性质，一般板面积在 $25m^2$ 以下不会生产裂纹病害，而混凝土路面中每车道常在 4m 以内，因此板长只能在 6m 以内，而 5m 小于 6m，因此只得选 A。

2. 混凝土摊铺时，松铺系数宜控制在（ ）。

A. 1.0～1.25   B. 1.1～1.25

C. 1.1～1.35   D. 1.25～1.5

答案：B

解析：根据 CJJ—2008 规定中第 10.6.4-1 条规定。

2.2.2.2 桥梁工程

一、单项选择题

1. 钢筋混凝土预制桩按施工方法不同有（ ）。

A. 锤击桩、振动下沉桩、静力压桩

B. 钻孔灌注桩、沉管灌注桩、人工挖孔灌注桩

C. 摩擦桩、端承桩、摩擦桩端承桩

D. 预制桩、灌注桩、人工挖孔桩

答案：A

2. 有钻杆导向的正、反循环回转钻机护筒内经比桩径（ ）。

A. 宜大 200mm～300mm   B. 宜大 300mm～400mm

C. 不得大于 400mm   D. 至少大于 400mm

答案：A

3. 深水及河床软土、淤泥层较厚，护筒应尽可能深入到不透水层硬质土内（ ）m。

A. 1~1.5   B. 1.5~2   C. 2~2.5   D. 2.5~3

答案：A

4. 为确保钻孔灌注桩桩顶质量，在桩顶设计标高以上应加灌一定高度，以便灌注结束后，将此段混凝土清除。增加的高度，可按孔深、成孔方法、清孔方法确定，一般不宜小于 0.5m，深桩不宜小（   ）m。

A. 2.5   B. 2   C. 1.5   D. 1.0

答案：D

5. 钻孔灌注桩在灌注混凝土时，每根桩应制作不少于 2 组的混凝土试块。桩长 20m 以上者不少于（   ）组；试块应标准养护，强制测试后，应填入试验报告表。

A. 6   B. 5   C. 4   D. 3

答案：D

6. 石砌墩台施工中，浆砌片石的砌缝宽度不得大于（   ）cm。

A. 4   B. 3   C. 2   D. 1

答案：A

7. 石材是墩台的受力骨架，要求其标准尺寸饱水抗压强度不小于（   ）MPa。

A. 25   B. 22.5   C. 20   D. 15

答案：A

8. 墩台顶面标高在施工中容许偏差为正负（   ）。

A. 20   B. 15   C. 10   D. 5

答案：C

9. 桥墩按结构形式不同分为（   ）。

A. 实体桥墩、空心桥墩、柱式桥墩

B. 钢筋混凝土桥墩、预应力混凝土桥墩、浆砌块石桥墩

C. 矩形桥墩、圆端形桥墩、尖端形桥墩

D. 刚性桥墩、柔性桥墩、塑性桥墩

答案：A

10. 浇筑大体积混凝土，当混凝土用量大，浇筑振捣速度时，可以一次完成水平运输和垂直运输的机械是（   ）。

A. 自卸汽车   B. 手推车

C. 混凝土输送泵   D. 混凝土搅拌运输车

答案：C

11. 预应力混凝土材料比普通钢筋混凝土要求高，要求混凝土强度高，收缩率低，若用碳素钢丝，钢绞线作预应力筋时其混凝土强度等级不宜低于（   ）。

A. 25   B. 30   C. 35   D. 40

答案：D

12. 先张法放张时，若设计未作规定，混凝土强度不应低于设计强度的（   ）。

A. 70%   B. 75%   C. 80%   D. 85%

答案：B

二、多项选择题

1. (   )为钻孔灌注桩护壁泥浆的主要性能指标。

A. 保水率　　　B. 胶体率　　　C. 比重　　　D. 黏度

答案：BCD

解析：保水率不是泥浆性能指标。

2. 模板的设计与施工应符合要求的是(   )。

A. 具有必要的强度、刚度和稳定性，保证结构物各部形状尺寸准确

B. 板面平整，接缝严密不漏浆

C. 尽可能采用厚度小的木模板，使得干缩变形小

D. 拆装容易，施工操作方便，安全可靠

答案：ABD

解析：根据《城市桥梁工程施工与质量验收规范》CJJ 2—2008第5.1条规定。

3. 下列关于构件吊点位置确定的说法正确的有(   )。

A. 细长构件长度在 10m 以下时用单吊点

B. 细长构件长度在 17m 以上时用双吊点

C. 细长构件长度在 11m～16m 间的用三吊点

D. 厚大构件采用四吊点

答案：ABD

解析：构件吊点位置是以构件产生正弯矩和负弯矩相等原则确定。

4. 先张法混凝土构件中预应力筋放松的方法，常见的放松有(   )。

A. 横梁　　　B. 承力支架　　　C. 千斤顶　　　D. 砂箱

答案：CD

解析：这是先张法预应力筋放松规定。

5. 预应力筋在使用前必须具备的条件有(   )。

A. 有产品合格证　　　　　　　B. 有厂名、厂址和生产许可证

C. 有出场检验报告　　　　　　D. 有进场复验报告

答案：ABC

解析：根据《城市桥梁工程施工与质量验收规范》CJJ 2—2008第8.1.2条规定来选定。

6. 以下说法正确的是 (   )。

A. 拱桥是在竖向荷载作用下具有水平推力的结构物

B. 拱桥的主要承重结构是拱上建筑

C. 拱桥的承重结构以受压为主

D. 拱桥桥墩只受水平推力的作用，没有竖向的作用

答案：AC

解析：这是根据拱桥受力特征选定。

三、判断题（正确选 A，错误选 B）

1. 桩基础承台的作用是将外力传递给各桩，并将各桩连成一整体共同承受外荷载。

（　　）

答案：A

2. 支座是用来支承上部结构，将荷载按力学模式传递给墩、台的构造。　　（　　）

答案： B

解析： 支座是构件不是构造。

3. 预应力锚具永久埋设在混凝土中，承受着长期荷载。　　（　　）

答案： A

4. 后张法预应力筋应在张拉到设计长度时立即锚固。　　（　　）

答案： B

解析： 根据《城市桥梁工程施工与质量验收规范》CJJ 2—2008 第 8.4.8-3 中规定该说法是对的。

5. 伸缩装置是桥梁结构中的一个薄弱环节，最容易出现过早破坏。　　（　　）

答案： A

解析： 因支座在车辆荷载及其他外界因素作用下极易过早出现破坏。

6. 沥青桥面铺装的平整度质量检查频度取每 100m²。　　（　　）

答案： B

解析： 沥青桥面铺装的平整度检查频度不是取 100m²，而是"连续测定"

四、案例题

在浇筑水下混凝土时，采用商品混凝土，罐车运输，一车 6m³，汽车泵浇筑。一般每车浇筑混凝土液面上升高度为 3.0m。实际浇筑记录为：距地面 12m～15m 处浇筑一车液面上升 2.5m；距地面 17m～20m 处浇筑一车上升 3.5m；其他段落基本为每车 3.0 左右。根据浇筑记录，现作出如下初步判断：12m～15m 处桩径（　　）；17m～20m 处桩径（　　）。

A. 偏小、偏大　　　　　　　　　B. 正常

C. 偏大、偏小　　　　　　　　　D. 不能确定

答案： C。12m～15m 处桩径偏大，17m～20m 处桩径偏小。

解析： 按照题意：一车罐车泵 6m³ 正常浇筑混凝土液面上升高度为 3m，而题目中距地面 12m～15m 处浇筑一车液面上升 2.5m，显然是上升高度未达 3m，这只有桩径偏大才可能；题目中又距地面 17m～20m 处一车液面上升 3.5m，显然超过正常 3m，这只有桩径偏小了才可能。

2.2.2.3　排水管道工程

一、单项选择题

1. 工程施工中常采用的沟槽与基坑断面形式有直槽、梯形槽、混合槽等。有两条或多条管道共同埋设时还需采用。（　　）

A. 阶梯槽　　　B. 矩形槽　　　C. 圆形槽　　　D. 联合槽

答案： D

解析： 联合槽不仅适用多根管道埋设，而且节约土方工程。

2. 在粉土地区，当地质条件良好、土质均匀，地下水位低于沟槽底面高程，且开挖深度在 5m 以内边坡不加支撑时，边坡坡度（高：宽）在（　　）之间。

A.1：1.00～1：1.125　　　　　　B.1：0.75～1：1.00

C.1：0.67～1：1.50　　　　　　D.1：0.50～1：0.75

答案：A

解析：根据《给水排水管道工程施工及验收规范》GB 50268—2008 第 4.3.3 条规定。

3. 沟槽底宽计算公式 W＝B＋2b 中 b 表示沟槽底面工作宽度，应根据（   ）确定。

A. 管径大小   B. 机械外形尺寸

C. 操作人员身高   D. 沟槽深度

答案：A

解析：根据《给水排水管道工程施工及验收规范》GB 50268—2008 第 4.3.2 条规定。

4. 管顶以上（   ）cm 回填土方可用碾压机械压实。

A. 10～20   B. 20～50   C. 50～100   D. 100～150

答案：D

解析：压路机压力在 100cm 以上对管压力影响不大。

5. 中心线法是借助坡度板进行对中作业。在沟槽挖到一定深度之后，应沿着挖好的沟槽每隔（   ）m 左右设置一块坡度板，而后根据开挖沟槽前测定管道中心。

A. 5   B. 10   C. 15   D. 20

答案：D

二、多项选择题

1. 排水管道沟槽底宽由哪几方面决定（   ）。

A. 管座厚度   B. 工作宽度   C. 常年水位   D. 管道基础宽

答案：BD

解析：《给水排水管道工程施工及验收规范》GB 50268—2008 第 4.3.2 条中公式（4.3.2）决定

2. 排水管道回填的施工过程包括的工序有（   ）。

A. 加灰   B. 夯实   C. 检查   D. 挖土

答案：BC

解析：《给水排水管道工程施工及验收规范》GB 50268—2008 第 4.5 的规定：一要压实，二要检查质量。

3. 稳管是排水管道施工中的重要工序，其目的是确保施工中管道稳定在设计规定的空间位置上。通常采用（   ）。

A. 对低作业   B. 对中作业   C. 对高作业   D. 对平作业

答案：BC

解析：根据 GB 50268—2008 第 5.6 条规定中第 5.6.4 条要求。

4. 混凝土与钢筋混凝土管的接口分刚性与柔性接口两类。其常用刚性接口形式有（   ）。

A. 水泥砂浆抹带接口   B. 钢丝网水泥砂浆抹带接口

C. 塑料热融连接接口   D. 加丝塑料热融连接接口

答案：AB

解析：刚性接口只有 A 与 B。

5. 属于钢丝网水泥砂浆抹带接口施工程序的有（   ）。

A. 钢丝网是在管座施工时预埋在管座内的

B. 水泥砂浆分两层抹压。第一层抹完后，将管座内侧的钢丝网兜起，紧贴平放砂浆带内

C. 再抹第二层水泥砂浆将钢丝网盖住

D. 最后用沥青麻丝缠绕，并涂抹一层沥青

答案：ABC

解析：刚性接口施工程序中没有 D 内容，而 D 是柔性接口工序。

6. 顶管工作坑的设置应符合下列( )等条件的要求。

A. 便于排水、出土和运输　　　　B. 处于管道井室的位置

C. 单向顶进宜设在上游一侧　　　　D. 可利用坑壁土体作后背

答案：ABD

解析：工作坑是顶管工作的关键。它是根据地形、管线位置、管径大小、障碍物种类，顶管设备能力来决定。

三、判断题（正确选 A，错误选 B）

1. 钢筋进场后，应检查出厂试验证明书、若未附有适当的证明文件或对钢筋质量有疑问，应作拉力和冷弯试验。 　　　　　　　　　　　　　　　　　( )

答案：A

解析：《给水排水管道工程施工及验收规范》GB 50268—2008 第 1.0.3 条规定。

2. 水泥砂浆抹带接口属于刚性接口，适用于地基土质较差的管道。　　( )

答案：B

解析：刚性接口管道只适宜地质较好的。

3. 混凝土管和钢筋混凝土管的抗酸、碱侵蚀及抗渗性能都非常好，且管节较长、接头少，广泛用于排水管道工程。 　　　　　　　　　　　　　　　　( )

答案：B

解析：混凝土管和钢筋混凝土管抗渗性能不一定好。

4. 撑板的安装应与沟槽槽壁留有空隙时，以增大缓冲作用。　　　　( )

答案：B

解析：撑板与槽壁应紧贴，不应当留有空隙。

5. 水压试验前，管道两侧及管顶以上（包括接口）回填高度都不应小于 0.5m；水压试验合格后，应及时回填其余部分。 　　　　　　　　　　　　　　( )

答案：A

四、案例题（单选题）

A 公司承接某市政管道工程，该工程穿过一片空地，管外径为 1500mm 钢筋混凝土管道，柔性接口，壁厚 100mm，长为 1000m，工程地质条件良好，土质为中密的砂土，坡顶有动载，开挖深度 4m 以内。

1. 在施工中宜采用的沟槽断面形式是( )。

A. 直槽　　　　B. 梯形槽　　　　C. V 形槽　　　　D. 混合槽

答案：B

2. 在施工中宜采用的沟槽底宽是( )。

A. 1500mm　　　　B. 2000mm　　　　C. 2500mm　　　　D. 3000mm

答案： C

解析： 这是因为 B＝1500＋2×500＝2500（mm）

3. 在地质条件良好，有中密的砂土，地下水位低于沟槽底面高程，坡顶有动载时，边坡最陡坡度为（   ）。

    A. 1：1.00   B. 1：1.25   C. 1：1.50   D. 1：2.00

答案： C

解析： 根据 GB 50268—2008 中的表 4.3.3 中选。

4. 起点管内底标高 12.000m，管底基础采用 C20 混凝土厚度 200mm，起点沟槽底部标高为（   ）。

    A. 12.000m   B. 12.200m   C. 11.800m   D. 11.700m

答案： D

解析： 因为 12－0.1－0.2＝11.7（m）

5. 管道设计坡度为 0.1%，终点沟槽底部标高为（   ）。

    A. 1.700m   B. 11.200m   C. 12.000m   D. 12.700m

答案： D

解析： 因为 11.7＋0.1%×1000＝12.7（m）

6. 机械开挖时槽底预留（   ）mm 土层由人工开挖至设计高程，整平。

    A. 无规定   B. 100～200   C. 200～300   D. 300～400

答案： C

解析： 根据 GB 50268—2008 第 4.3.7 条规定。

2.2.2.4　主体结构工程

一、单项选择题

1. 支护结构一般包括（   ）和支撑（或拉锚）两部分，其中任何一部分的选型不当或产生破坏，都会导致整个支护结构的失败。

    A. 止水   B. 挡水   C. 挡墙   D. 锚杆

答案： C

2. 下列深基坑挡墙结构中，既能挡土，又能止水的是（   ）。

    A. 钻孔灌注桩挡墙   B. 钢板桩挡墙

    C. 灌注桩挡墙   D. 深层搅拌桩挡墙

答案： D

3. 轻型井点设备主要包括：井点管下端接滤管、（   ）、水泵和动力装置等。

    A. 支管   B. 总管   C. 集水总管   D. 混凝土管

答案： C

4. 砌砖之前的砖砌体施工工艺顺序为（   ）。

①放线；②立皮数杆；③摆砖；④抄平

    A. ①②③④   B. ①③④②   C. ④①②③   D. ④①③②

答案： D

5. 混凝土试块试压后，某组三个试块的强度分别为 26.5 MPa、32.5 MPa、37.9 MPa，该组试块的混凝土强度代表值为（   ）。

A. 26.5 MPa 　　　　　　　　　　B. 32.3 MPa

C. 32.5 MPa 　　　　　　　　　　D. 不作为强度评定的依据

答案： D

解析： 因为三组均值为 32.3（MPa），而（最大值－中间值）/中间值＝（37.9－
32.5)/32.5＝5.4/32.5＝16.6％＞15％(最小值－中间值)/中间值＝(32.5－26.5)/32.5＝
6/32.5＝18.46％＞15％因此其试验结果不应作为评定结果。

6. 预应力混凝土材料比普通钢筋混凝土要求高，要求混凝土拌合料强度高，收缩率
低，若用碳素钢丝，钢绞线作预应力筋时其混凝土强度等级不宜低于（　　）。

A. C25 　　　　B. C30 　　　　C. C35 　　　　D. C40

答案： D

7. 后张法施加预应力时，若设计未作规定，混凝土强度不应低于设计强度（　　）。

A. 70％ 　　　　B. 75％ 　　　　C. 80％ 　　　　D. 85％

答案： B

8. 焊工应经过考试取得合格证，停焊时间达（　　）及以上，必须重新考核方可上
岗操作。

A. 3 个月 　　　　B. 9 个月 　　　　C. 12 个月 　　　　D. 6 个月

答案： D

9. 普通螺栓的紧固次序应从（　　）开始，对称向（　　）进行；对大型接头应采
用复拧，即两次紧固方法，保证接头内各个螺栓能均匀受力。

A. 两边、中间 　　　　　　　　　B. 无要求

C. 一侧、另一侧 　　　　　　　　D. 中间、两边

答案： D

10. 粘贴钢板加固多用于钢筋混凝土框架梁板（　　）加固，也可用于剪力墙的抗震
加固。

A. 抗拉抗压 　　　　　　　　　　B. 抗裂抗扭

C. 抗弯抗剪 　　　　　　　　　　D. 抗腐蚀抗炭化

答案： C

二、多项选择题

1. 目前深基坑支护结构的内支撑常用类型包括（　　）。

A. 钢筋混凝土结构支撑 　　　　　B. 铝合金支撑

C. 钢结构支撑 　　　　　　　　　D. 木支撑

E. 人工支撑

答案： AC

解析： 因为深基坑的土压力大。深基坑中木支撑，人工支撑，铝合金支撑是无法支撑
住的，而钢筋混凝土支撑与钢结构支撑其抗土压力强度大。

2. 井点降水方法主要有（　　）。

A. 集水井点 　　　　　　　　　　B. 轻型井点

C. 喷射井点 　　　　　　　　　　D. 电渗井点

答案： BCD

解析： 集水井点不属于井点降水方法

3. 能用作预应力钢筋有（　　）。

A. 普通钢筋　　　　　　　　B. 预应力钢绞线

C. 高强钢丝　　　　　　　　D. 热处理钢筋

答案： BCD

解析： 根据 CJJ 2—2008 第 8.1.1 条规定。

4. 防止大体积混凝土产生裂缝的技术措施有（　　）。

A. 控制混凝土温升　　　　　B. 减少混凝土收缩

C. 增加水泥用量　　　　　　D. 提高混凝土的强度

E. 改善边界约束和构造设计

答案： ABE

解析： 根据 CJJ 2—2008 第 7.10.1、第 7.10.2、第 7.10.3、第 7.10.4、第 7.10.5 条规定选定

5. 预应力筋在使用前必须具备的条件有（　　）。

A. 有产品合格证

B. 有厂名、厂址和生产许可证

C. 有出场检验报告

D. 有进场复检报告

E. 有进场抽检报告

答案： ABCE

解析： 根据 CJJ 2—2008 第 8.1.2 条规定

6. 钢筋件出厂时，应提供（　　）等资料。

A. 产品合格证及技术文件、施工图和设计变更文件

B. 制作中技术问题处理的协议文件

C. 钢材、连接材料、涂装材料的质量证明或试验报告

D. 焊接工艺评定报告

E. 单位领导签字

答案： ABCD

解析： 根据 CJJ 2—2008 第 14.1 条规定

7. 建筑结构加固可以采用（　　）。

A. 碳纤维加固技术　　　　　B. 玻璃纤维加固技术

C. 外包钢加固技术　　　　　D. 植筋技术

E. 孔口清理

答案： ACDE

解析： 建筑结构加固中没有玻璃纤维加固技术，因此不选

8. 植筋施工步骤包括植筋定位、机械成孔、（　　）等。

A. 钢筋处理　　　　　　　　B. 孔壁清理

C. 灌胶锚固　　　　　　　　D. 钢筋调直

E. 孔口清理

答案：ABCDE

解析：这里根据其加固工艺步骤选用

三、判断题（正确选 A，错误选 B）

1. 支护结构为施工期间的临时支挡结构，没有必要按永久结构来施工。　　　　（　　）

答案：B

解析：支护结构涉及人身安全大事，应按永久结构来施工，不然会出安全问题。

2. 日平均气温连续 5d 稳定低于 5℃时，就应采用冬期施工的技术措施进行混凝土施工。　　　　　　　　　　　　　　　　　　　　　　　　　　　　　　　　　　　　（　　）

答案：A

解析：混凝土冬期施工规定，而 CJJ 2—2008 第 7.11.1 条规定

3. 钢筋混凝土结构中应用的钢筋都可用作预应力钢筋。　　　　　　　　（　　）

答案：B

解析：根据 CJJ 2—2008 第 8.1.1 条规定。

4. 浇筑大体积高强度混凝土结构，应优先考虑使用普通硅酸盐水泥。　　（　　）

答案：B

解析：应采用中低水化热低的水泥品种来防止大体积混凝土因水泥水化热的温升产生裂纹。

5. 钢筋的连接方法有焊接连接、机械连接、绑扎搭接连接等。　　　　（　　）

答案：A

解析：根据 CJJ 2—2008 第 6.3 条规定。

2.2.2.5 施工组织设计

一、单项选择题

1. 单位工程施工组织设计是以单位工程为对象，具体指导其施工全过程各项活动的技术、经济文件，是施工单位编制季度、月季度施工作业计划、（　　　）及劳动力、材料、构件、机具等供应计划的主要依据。

A. 技术交底方案　　　　　　　　B. 分部分项工程施工方案

C. 周施工作业计划　　　　　　　D. 施工进度

答案：B

2. 专项施工方案一般由该单位工程的（　　　）组织单位施工技术、安全、质量等部门的专业技术人员进行审核。

A. 项目经理　　　　　　　　　　B. 监理单位

C. 建设单位　　　　　　　　　　D. 技术负责人

答案：D

3. （　　　）是施工中必不可少的一项重要工作，在工程施工期间应遵循"服从指挥、合格安排、科学疏导、适当分流、专人负责、确保畅通"的原则，切实做好交通组织工作，保证施工期间的交通畅通。

A. 安全生产　　　　　　　　　　B. 交通管理保障

C. 交通组织方案　　　　　　　　D. 现场保护

答案：C

4. 工程施工顺序应在满足工程建设的要求下，组织分期分批施工，使组织施工在全局上科学合理，连续均衡。同时必须注意遵循（　　）的原则进行安排。

A. 先地下、后地上；先主体、后附属

B. 先地上、后地下；先主体、后附属

C. 先地下、后地上；先附属、后主体

D. 先地上、后地下；先附属、后主体

答案：A

5. 专项施工方案经审核合格的，由（　　）技术负责人签字。

A. 施工单位　　　B. 建设单位　　　C. 监理单位　　　D. 分包单位

答案：A

二、多项选择题

1. 施工组织总设计的作用主要体现在（　　）等方面。

A. 保证及时地进行施工准备工作

B. 解决建设施工中生产和生活基地的组织或发展问题

C. 为建设单位编制施工计划提供依据

D. 为有关部门组织物资供应和技术力量提供依据

答案：ABCD

解析：施工组织总设计在于为全面完成工程项目提出方法、步骤、措施，来达到工期合理，进度达要求，又能取得经济效益。

2. 施工平面图主要包括（　　）内容。

A. 起重运输机械位置安排加工棚、仓库及材料堆场布置

B. 运输道路布置

C. 临时设施及供水

D. 供电管线的布置

答案：ABCD

解析：合理平面布置可以节约用地，减少二次运输，安全生产，使工程在经济取得效益。

3. 单位工程施工组织主要包括（　　）。

A. 施工段落划分　　　　　　　B. 施工顺序确定

C. 施工机具选择　　　　　　　D. 施工组织设计

答案：ABC

解析：一个单位工程施工应确定施工方法，而这方法有流水法与平行法，这样施工方法确定后就要确定施工顺序，同时为了按期按施工组织进行必须有一定的机具保证，这就得对机械选择。

4. 施工组织总设计的内容，根据（　　）的不同有所不同。

A. 工程性质和规模　　　　　　B. 结构特点

C. 施工复杂程度　　　　　　　D. 施工条件

答案：ABCD

解析：施工组织总设计内容是根据工程性质、规模、其结构特点施工复杂程度与周围

条件来决定的。

5. 针对工程的( )的分部分项或新技术项目应编制专项工程施工方案。

A. 难度较大　　B. 造价较大　　C. 技术复杂　　D. 使用新材料

答案：AC

解析：单位工程中某些分部分项项目采用技术复杂且周围地形对施工有较大难度就应有专项方法。

三、判断题（正确选 A，错误选 B）

1. 单位工程施工组织工程施工顺序应在满足工程建设的要求下，组织分期分批施工，使组织施工在全局上科学合理，连续均衡，同时必须注意遵循先地上、后地下，先主体、后附属，先深后浅，先干线后支线的原则进行。（　　）

答案：B

解析：施工顺序应该是先地下后地上，先主体后附属，先深后浅的原则安排。

2. 工程量的计算应根据施工图和工程量的计算规则，针对所划分的每一个工作项目进度。（　　）

答案：A

解析：这是 GB 50500—2008 的规定。

3. 施工单位应严格按照专项方案组织施工，可以擅自修改、调整专项方案。如因涉及结构、外部环境等因素发生变化确需修改的，修改后的专项方案应当按相关文件规定重新审核。（　　）

答案：B

解析：不符合 CJJ 2—2008 第 2.0.5 条规定。

4. 专项施工方案一般由该单位工序的技术负责人组织本单位施工技术、安全、质量等部门的专业技术进行人员审核。（　　）

答案：A

解析：这是技术责任制的规定。

5. 施工单位应严格按照专项方案组织施工，但考虑经济利益等关系，也可自行修改、调整专项方案。（　　）

答案：B

解析：与 CJJ 2—2008 第 2.0.5 条规定有抵触。

四、案例题

某墩柱工程有立模板、钢筋绑扎、浇筑混凝土三个施工过程，共有三个施工段，各施工过程在各施工段上的工作连续时间见下表，无技术、组织间歇。试组织无节奏专业流水施工。

施工过程	①	②	③
立模板	2d	2d	2d
钢筋绑扎	2d	2d	2d
浇筑混凝土	1d	2d	1d

1. 施工段落的划分是为了适应（　　）的需要。

A. 施工人员   B. 施工步距
C. 流水施工   D. 施工机械

答案：C

解析：施工中有流水法，为了流水就要定施工。

2. 分段的大小应与（   ）相适应，保证足够的工作面，以便于操作，发挥生产效率。

A. 劳动组织   B. 施工步距
C. 机械设备   D. 施工机械生产能力

答案：AC

解析：某段大应用劳力多，投入机械多才行，这就是劳动组织与机械设备有关。

3. 工程施工顺序应在满足工程建设的要求下，组织分期分批施工，使组织施工在全局上科学合理，连续均衡。同时必须注意遵循（   ）的原则进行安排。

A. 先地下后地上   B. 先主体后附属
C. 先深后浅   D. 先干线后支线

答案：ABCD

解析：这是施工一般原则，见 CJJ 2—2008 第 3.0.10 条规定。

2.2.3 模拟试题

模拟试题（一）（市政工程）

一、单项选择题

1. 在城市环境日益提高的情况下研制出的新型低噪声、无油烟、能耗省的打桩锤是（   ）。

A. 落锤   B. 汽锤   C. 振动锤   D. 液压锤

2. 在黏土类土层中采用锤击法打入钢筋混凝土预制桩时，下列哪种打桩顺序会使土体向一个方向挤压，产生不利影响（   ）。

A. 逐排打设   B. 自边沿向中央打设
C. 自中央向边沿打设   D. 分段打设

3. 打桩对周围环境的影响除震动噪声外还有（   ）、位移和形成超静孔隙水压力。

A. 土层破坏   B. 土体变形   C. 土压力   D. 土体滑动

4. 在地下水位高的软土地基地区，与基坑深度大且邻近的建筑物、道路和地下管线相距甚近时，（   ）是首先考虑的深基坑支护方案。

A. 钢板桩   B. H 型钢   C. 深层搅拌桩   D. 地下连续墙

5. 挖土后在水头差产生的动力压力作用下，地下水绕过支护墙连同砂土一同涌入基坑的现象称为（   ）。

A. 倾覆   B. 隆起   C. 管移   D. 滑移

6. 如果基坑的宽（长）度很大，所处地区土质较好，在内部支撑需要耗费大量材料，且不便施工，此时可考虑选用（   ）。

A. 钢管支撑   B. 型钢支撑
C. 锚杆支撑   D. 钢筋混凝土支撑

7. 支护结构破坏的主要形式是（   ）。

A. 倾覆　　　　　　B. 腐蚀　　　　　　C. 磨损　　　　D. 断裂

8.（　　）属于深基坑重力式支护结构。

A. 深层搅拌桩挡墙　　　　　　　　B. 钢板桩挡墙

C. 灌注桩挡墙　　　　　　　　　　D. 地下连续墙

9. 在砖砌体施工中，皮数杆不用在（　　）部分设置。

A. 房屋的四大角　　　　　　　　　B. 内外墙交接处

C. 楼梯间　　　　　　　　　　　　D. 洞口的地方

10. 钻孔灌注桩施工时，致使导管进水的主要原因（　　）。

A. 首批混凝土储量不足　　　　　　B. 导管接头过严

C. 导管提升过慢　　　　　　　　　D. 末清孔到位

11. 下列属于高水化热水泥的有（　　）。

A. 矿渣水泥　　　　　　　　　　　B. 大坝水泥

C. 高标号水泥　　　　　　　　　　D. 粉煤灰水泥

12. 砌体结构抗震构造柱的施工顺序为（　　）。

A. 先现浇柱后砌墙　　　　　　　　B. 先砌墙后现浇柱

C. 先装预制柱后砌墙　　　　　　　D. 先砌墙后装预制柱

13. 砂浆应随拌随用，砌砖墙用的水泥砂浆和水泥混合砂浆必须分别在拌成后（　　）内使用完。

A.3h 和 4h　　　　　　　　　　　B.4h 和 3h

C.4h 和 5h　　　　　　　　　　　D.5h 和 4h

14. 一块砖，一铲灰，一揉压并随手将挤出的砂浆刮去的砌筑方法称为（　　）。

A. 满口灰法　　　　　　　　　　　B. 刮浆法

C. "三一" 砌筑法　　　　　　　　 D. 挤浆法

15. 在砖砌体施工中，门洞口的水平位置足在下面哪一个施工工艺环节上确定的（　　）。

A. 抄平　　　　　　B. 放线　　　　　　C. 摆砖　　　　D. 立皮数杆

16. 砖墙的转角处和交界处应同时砌筑，不能同时砌筑应砌成斜槎，斜槎长度不应小于高度的（　　）。

A.1/3　　　　　　　B.1/2　　　　　　　C.2/3　　　　　D.1/4

17. 一般情况下，砖墙每天砌筑高度不应超过 （　　）。

A.1m　　　　　　　B.12m　　　　　　　C.18m　　　　　D.2m

18. 打钢管桩焊接桩时，下节桩应露出地面 （　　）。

A.500mm　　　　　B.700mm　　　　　　C.600mm　　　　D.800mm

19. 砖砌体质量通病有很多，下列通病中哪一项不列其中（　　）。

A. 砌体组砌方法错误　　　　　　　B. 灰缝砂浆不饱满

C. 拉结钢筋被遗漏　　　　　　　　D. 层高超高

20. 钢筋（　　）连接不受钢筋化学成分，可焊性等影响，质量稳定，施工速度快。

A. 机械连接　　　　　　　　　　　B. 电渣压力焊

C. 绑扎连接　　　　　　　　　　　D. 闪光对焊

128

21. (　　)可以用于现浇钢筋混凝土结构构件内竖向或斜向钢筋焊接接长。

A. 闪光对焊　　　　　　　　　　B. 电弧焊

C. 电渣压力焊　　　　　　　　　D. 电阻点焊

22. 焊接钢筋网片应采用(　　)焊接方法。

A. 闪光对焊工　　　　　　　　　B. 电阻点焊

C. 电弧焊　　　　　　　　　　　D. 电渣压力焊

23. 梁跨度在4m或4m以上时,底模应起拱,设计无要求时起拱的高度一般为结构跨度的(　　)。

A. 1‰~3‰　　　B. 1‰~3‰　　　C. <1‰　　　D. <1%

24. 跨度为6m的现浇钢筋混凝土梁,当混凝土强度达到设计强度标准值的(　　),方可拆除底模板。

A. 50%　　　　B. 60%　　　　C. 75%　　　　D. 100%

25. 搅拌轻骨料混凝土宜选用(　　)。

A. 双锤式搅拌机　　　　　　　　B. 鼓筒式搅拌机

C. 自落式搅拌机　　　　　　　　D. 强制式搅拌机

26. 在施工缝处继续浇筑混凝土时,已浇筑的混凝土强度不低于(　　)。

A. 0.6N/mm²　　　　　　　　　B. 1.2N/mm²

C. 1.8N/mm²　　　　　　　　　D. 2.4N/mm²

27. 柱子浇筑后,应间隔(　　)小时,等混凝土初步沉实再浇筑上面的梁板结构。

A. 0~1　　　B. 1~1.5　　　C. 2~3　　　D. 3~4

28. 混凝土施工期间,当室外日平均气温连续5天稳定低于(　　)时,就应采取冬期施工的技术措施。

A. −5℃　　　B. −3℃　　　C. 0℃　　　D. 5℃

29. 混凝土冬期施工中,把遭冻结后其后期强度损失在(　　)以内的预养强度值定为受冻临界强度。

A. 5%　　　　B. 8%　　　　C. 7%　　　　D. 6%

30. 钢结构中使用的连接螺栓一般可分为(　　)和高强度螺栓两种。

A. 特种螺栓　　B. 普通螺栓　　C. 粗制螺栓　　D. 精制螺栓

31. 目前钢结构防腐主要采用(　　)方法。

A. 镀锌　　　　B. 镀铬　　　　C. 涂装　　　　D. 喷砂

32. 摊铺沥青混合料前应(　　)进行标高及平面控制等测量工作。

A. 同时　　　　B. 提前　　　　C. 滞后　　　　D. 不必

33. (　　)浸水后易崩解,强度最著降低,变形量大,不宜作路堤填料。

A. 砂土　　　　B. 泥灰岩　　　C. 砂性土　　　D. 黏性土

34. 城市道路路面是层状体系,自上而下分成(　　)。

A. 面层、基层、垫层　　　　　　B. 面层、垫层、基层

C. 基层、面层、垫层　　　　　　D. 基层、垫层、面层

35. 用两台以上摊铺机成梯队进行联合作业时,相邻两幅摊铺带重叠(　　)cm。

A. 5~10　　　　B. 5~15　　　　C. 10~15　　　　D. 15~20

36. 水泥混凝土板长度最大应不超过（　　）m。

A. 8　　　　　　B. 6　　　　　　C. 4　　　　　　D. 2

37. 适用于大跨径连续梁桥、斜拉桥的上部结构施工方法是（　　）。

A. 支架法　　　B. 预制安装法　　C. 悬臂法　　　D. 顶堆法

38. 水泥混凝土路面与沥青路面相比，具有（　　）的特点。

A. 舒适度高　　　　　　　　　　B. 吸收噪声强

C. 一次性投资大　　　　　　　　D. 抗滑移性好

39. 梁底支承部位相对水平误差不大于（　　）mm。

A. 1.2　　　　　　B. 1.0　　　　　　C. 0.8　　　　　　D. 0.5

40. 先张法预应力混凝土施工常用的（　　）台座是由传力墩、台面、横梁组成。

A. 槽式　　　　　B. 墩式　　　　　C. 横式　　　　　D. 竖式

41. 先张法混凝土构件中预应力筋放松的方法，常见的放松有千斤顶和（　　）。

A. 横梁　　　　　B. 承力支架　　　C. 锚具　　　　　D. 砂箱

42. 预应力梁预留孔道按制孔的方式可分为抽拔式和（　　）。

A. 波纹管或薄钢板　　　　　　　B. 预埋式制扎器

C. PVC 管　　　　　　　　　　　D. 橡胶管

43. 查询单位工程施工组织设计劳动力需求计划应在（　　）章节内查询。

A. 施工方案　　　　　　　　　　B. 施工进度计划

C. 施工资源需求计划　　　　　　D. 施工平面图

44. 中心线法是借助坡度板进行对中作业。在沟槽挖到一定深度之后，应沿着挖好的沟槽每隔（　　）m 左右设置一块坡度板，而后根据开挖沟槽前测定管道中心。

A. 5　　　　　　　B. 10　　　　　　C. 15　　　　　　D. 20

45. （　　）是为了保护预应力筋不致锈蚀，并使预应力筋与构件粘结成一个整体。

A. 安装制孔器　　B. 编束　　　　　C. 封端　　　　　D. 孔道压浆

46. 单位工程施工组织设计（　　）中，一般对拟建工程结构设计特征的内容做了介绍。

A. 工程概况　　　　　　　　　　B. 施工方案

C. 施工进度计划　　　　　　　　D. 施工平面图

47. 后张法中制孔器的安装采用定位钢筋固定，其间距对于橡胶管不大于（　　）m。

A. 1　　　　　　　B. 0.9　　　　　　C. 0.8　　　　　　D. 0.5

48. 沟槽底宽计算公式 $W=B+2b$ 中 b 表示沟槽底向工作宽度，应根据（　　）确定。

A. 管径大小　　　　　　　　　　B. 机械外形尺寸

C. 操作人员身高　　　　　　　　D. 沟槽深度

49. 桥面的构造层中，防水层设置在铺装层之（　　）。

A. 下　　　　　　B. 上　　　　　　C. 前　　　　　　D. 中

50. 单位工程施工平面图中临时电路布置形式一般包括网状系统和（　　）。

A. 树状系统　　　　　　　　　　B. 混合式系统

C. 直线系统　　　　　　　　　　D. 环形系统

答案：1. D；2. A；3. B；4. D；5. B；6. C；7. A；8. A；9. D；10. A；11. A；12. B；

13. A；14. C；15. B；16. C；17. C；18. A；19. D；20. A；21. A；22. B；23. A；24. D；
25. D；26. B；27. B；28. D；29. A；30. B；31. C；32. B；33. B；34. A；35. A；36. B；
37. C；38. B；39. B；40. B；41. D；42. B；43. C；44. D；45. D；46. A；47. D；48. A；
49. A；50. A

二、多项选择题

1. 钢筋混凝土预制桩的制作有（　　）等。

A. 并列法　　　　　B. 间隔法　　　　　C. 重叠法　　　　　D. 断续法

2. 沉桩施工对土体方面的破坏有（　　）。

A. 地面垂直隆起，土体产生水平位移

B. 土孔隙中静水压力升高，形成超静孔隙水压力

C. 沉桩后期地面会产生新的沉降

D. 对周围环境产生噪声

3. 下面哪些措施可以减少和限制沉桩挤土影响（　　）。

A. 采用预钻孔打桩工艺　　　　　B. 合理安排沉桩顺序

C. 挖防震沟　　　　　　　　　　D. 采用开口钢管桩

4. 下列灌注桩叙述正确的是（　　）。

A. 可以采用钻、冲、抓和挖等不同方式成孔

B. 机械成孔按作业条件可分为干式成孔或湿式成孔

C. 湿式成孔需要泥浆护壁

D. 钢筋笼可以一次整体吊入孔内，也可能分段吊入

5. 钻孔灌注桩施工中护筒起着（　　）作用。

A. 隔离地下水　　　　　　　　　B. 保护孔壁免于坍塌

C. 悬浮钻清便于排除　　　　　　D. 保持孔内水位高出施工水位

6. 探基坑支护结构挡墙的选型需要考虑的因素有（　　）。

A. 技术因素　　　　　　　　　　B. 经济因素

C. 施工要素　　　　　　　　　　D. 对周围环境的影响

7. （　　）属于深基坑重力式结构稳定性破坏。

A. 挡墙倾覆　　　　　　　　　　B. 挡墙滑移

C. 管涌　　　　　　　　　　　　D. 剪切破坏

8. 要提高砌体结构的抗震能力，可采取（　　）措施。

A. 构造柱　　　　　B. 圈梁　　　　　C. 加砌块　　　　　D. 加钢筋

9. 砂浆和易性包括（　　）两个方面。

A. 流动性　　　　　B. 保水性　　　　　C. 可松性　　　　　D. 收缩性

10. 电渣压力焊焊接主要工艺过程包括包括（　　）。

A. 引弧　　　　　B. 加热　　　　　C. 稳弧　　　　　D. 顶锻

11. 砖墙不得在（　　）部位留设脚手眼。

A. 半砖墙　　　　　　　　　　　B. 砖柱

C. 窗间墙　　　　　　　　　　　D. 门窗洞口两侧200mm范围内

12. 钢筋闪光对焊后，应对接头进行（　　）。

A. 外观检查 B. 抗拉试验
C. 抗压试验 D. 冷弯试验

13. 总结过去大体积混凝土裂缝产生的情况，其中哪些是产生裂缝的主要原因（ ）。

A. 水泥水化热 B. 外界气温变化
C. 约束条件 D. 钢筋配筋率较高

14. 用预应力钢材对混凝土施加预应力的常规方法有（ ）。

A. 先张法 B. 后张法 C. 混合法 D. 锚固法

15. 目前国内外对于钢结构的防腐主要采用涂装法，刷防腐涂料的一般顺序是（ ）。

A. 先上后下 B. 先下后上 C. 先内后外 D. 先外后内

16. 压路机一般应遵循：（ ），在小半径曲线段应先内侧后外侧的原则。

A. 先轻后重 B. 先慢后快
C. 先中间后两侧 D. 先两侧后中间

17. 我国对道路路面用沥青混凝土的分类是直接用矿料的最大粒径区分沥青混凝土混合料，可分为（ ）三种。

A. 粗粒式沥青混凝土 B. 中粒式沥青混凝土
C. 细粒式沥青混凝土 D. 微粒式沥青混凝土

18. 修筑垫层所用材料，强度不一定要高，但（ ）要好。

A. 水稳性 B. 隔热性 C. 耐久性 D. 韧性

19. 沥青面层施工前应对其下承层作必要的检查，若下承层受到损坏或出现（ ）时，应进行维修。

A. 软弹 B. 松散 C. 坚实 D. 表面浮土

20. 水泥混凝土路面的切缝时间不仅与施工温度有关，还与水泥混凝土的（ ）等因素有关。

A. 集料类型 B. 水泥种类 C. 水灰比 D. 振捣时间

21. 橡胶支座主要有（ ）和聚四氟乙烯板式橡胶支座。

A. 板式 B. 盆式 C. 球式 D. 立式

22. 排水管道回填的施工过程包括的工序有（ ）。

A. 加灰 B. 夯实 C. 检查 D. 挖土

23. 稳管是排水管道施工中的重要工序，其目的是确保施工中管道稳定在设计规定的空间位置上。通常采用（ ）。

A. 对低作业 B. 对中作业
C. 对高作业 D. 对平作业

24. 混凝土管道与钢筋混凝土管的管口形状有（ ）等种类。

A. 平口 B. 企口 C. 法兰盘接口 D. 承插口

25. 单位工程施工平面布置图设计原则包括（ ）。

A. 减少场内二次搬运 B. 减少临时设施工程量
C. 符合安全、消防规定 D. 便于工人生产与生活

26. 水泥混凝土桥面铺装层施工内容包括（　　）。

A. 安装模板　　　　　　　　　　B. 混凝土浇筑

C. 铺设钢筋　　　　　　　　　　D. 落梁

27. 施工进度/计划一般由（　　）表示。

A. 横道图　　　　　　　　　　　B. 网络图

C. 进度表　　　　　　　　　　　D. 程序图

28. 单位工程施工平面布置图的内容包括（　　）。

A. 塔吊位置　　　　　　　　　　B. 临时道路

C. 临时水电　　　　　　　　　　D. 拟建工程位置

29. 单位工程施工组织设计的工程概况内容主要包括（　　）。

A. 工程特点　　　　　　　　　　B. 地点特点

C. 施工条件　　　　　　　　　　D. 三通一平

30. （　　）施工过程不用在施工进度计划中反映出来。

A. 混凝土制作　　　　　　　　　B. 混凝土运输

C. 混凝土浇筑　　　　　　　　　D. 混凝土试件制作

答案： 1. ABC；2. ABC；3. ABC；4. ACD；5. BD；6. ABCD；7. ABC；8. ABD；9. AB；10. ACD；11. BD；12. ABD；13. ABC；14. AB；15. AC；16. ABD；17. ABC；18. AB；19. ABD；20. ABC；21. ABC；22. BCD；23. BC；24. ABD；25. ABCD；26. ABC；27. AB；28. ABCD；29. ABC；30. ABCD

三、判断题（正确选 A，错误选 B）

1. 打桩顺序只能中心向四周打。　　　　　　　　　　　　　　　　（　　）

2. 承重结构用砖，其强度等级不宜低于 MUT。　　　　　　　　　（　　）

3. 钻孔灌注桩虽然现场情况各异，但成孔方法完全相同。　　　　（　　）

4. 砌体结构高厚比限值的规定，是基于稳定性考虑的构造措施。　（　　）

5. 钢筋连接的接头不宜设置在受力较小处。　　　　　　　　　　（　　）

6. 电阻点焊不同直径钢筋时，如较小钢筋的直径小于 10mm 时，大小钢筋直径之比不宜大于 3mm。　　　　　　　　　　　　　　　　　　　　　　　　（　　）

7. 混凝土搅拌机搅拌时间过长，会影响混凝土质量。　　　　　　（　　）

8. 普通硅酸盐水泥拌制的混凝土，其养护时间不得少于 14 天。　（　　）

9. 现浇悬臂构件拆底模时，要求混凝土强度达到 100% 设计强度标准值。（　　）

10. 沥青混凝土路面属于柔性路面结构，其路面刚度大。　　　　（　　）

11. 水泥混凝土路面一般可以在混凝土初凝后切缝。　　　　　　（　　）

12. 挖土机工作效率高，但机动性差，调运困难。　　　　　　　（　　）

13. 桥梁基础的施工可采用统一的模式。　　　　　　　　　　　（　　）

14. 后张法预应力混凝土施工中，制孔器的抽拔时间应在混凝土浇筑之后、初凝之前。　　　　　　　　　　　　　　　　　　　　　　　　　　　　　　（　　）

15. 路堤填筑必须考虑不同的土质，从原地面逐层填起并分层压实，不允许任意混填，每层厚度视情况而定。　　　　　　　　　　　　　　　　　　　　　（　　）

16. 挡土墙上下排泄水孔对称布置。　　　　　　　　　　　　　（　　）

17. 管顶以上 100m～150cm 回填土方可用碾压机械压实。　　　　　（　　）

18. 水泥砂浆抹带接口属于刚性接口，适用于地基土质较差的管道。（　　）

19. 混凝土管和钢筋混凝土管的抗酸、碱侵蚀及抗渗性能都非常好，且管节较长，接头少，广泛用于排水管道工程。　　　　　　　　　　　　　　（　　）

20. 单位工程施工组织设计是以单位工程为对象，具体指导施工各项活动的技术性文件。　　　　　　　　　　　　　　　　　　　　　　　　　　（　　）

答案：1. B；2. B；3. A；4. A；5. B；6. A；7. A；8. B；9. A；10. B；11. B；12. B；13. B；14. B；15. A；16. B；17. A；18. B；19. B；20. A

四、案例题

1. 某承包单位承接了垃圾转运站的大型载重汽车停车场的水泥混凝土面层工程施工任务。设计混凝土板厚24cm，双层钢筋网片，采用普通硅酸盐水泥。施工平均气温为20度，项目部为节约成本，采用现场自拌混凝土。

A. 为便于振捣混凝土坍落度控制在 1cm～4cm，水灰比为 0.52，水泥用量为 $320kg/m^3$。

B. 为加快搅拌速度，每盘使用水泥二袋（100kg）、砂石料使用固定专用车，体积计量法上料。

C. 混凝土板厚24cm，在浇筑混凝土板体时，两层钢筋网片一次安装固定，设立架立筋，扎成骨架，一次安位就位。

D. 每次混凝土浇筑成活养生 30 小时后拆模。

答案：上述做法符合要求的是：C、D

2. 某桥是一座三跨（每跨跨径65m）R．C 板拱桥。下部结构为浆砌块石桥墩和桥台。2007 年 8 月某日下午有 100 多名工人正在桥上作业，其中有一部分在桥面上铺石板，另外一部分人在拆拱架。突然大桥由西向东逐孔坍塌，造成死亡 30 人、失踪 65 人的重大事故。现请你回答以下问题。

①每孔拱架应在主拱混凝土强度达到（　　　）设计强度时方可拆除。

A. 70%　　　　　　B. 80%　　　　　　C. 90%　　　　　　D. 100%

②其中一跨主拱倒塌会引起桥墩（　　　）过大而坍塌。

A. 自垂荷载　　　　　　　　　B. 水平推力

C. 施工荷载　　　　　　　　　D. 水压力

③每孔中拱架及拱架下支架拆除顺序应是（　　　）。

A. 先支的先拆，后支后拆

B. 先支的后拆，后支的先拆

C. 自上而下，先拆承重杆件，后拆非承重杆件

D. 自上而下，先拆非承重杆，后拆承重杆件

E. 先拆横杆，后拆立杆

④每孔拱架应设一定高度的预拱度，预拱度按 $\delta = \dfrac{1}{600}$ 并按抛物线计算入拱架顶的，这样做目的是考虑消除以下变形（　　　）。

A. 支架基础沉陷

B. 钢管支架的压缩变形

C. 超静定结构在混凝土收缩，徐变及温度变化引起挠度

D. 支架承重施工荷载引起弹性变形

E. 结构重力引起弹性挠度

⑤施工阶段应重视（　　）的质量控制。

A. 施工前准备工作　　　　　　　　B. 施工过程中各个环节

C. 设计全过程　　　　　　　　　　D. 施工后营运期

答案：①D；②B；③BCE；④ACDE；⑤ABD

模拟试题（二）（市政工程）

一、单项选择题

1. 机械开挖作业时，必须避开建（构）筑物、管线、在管道边（　　）范围内采用人工开挖，且宜在管理单位监护下进行。

A. 0.5m　　　　　　B. 1m　　　　　　C. 1.5m　　　　D. 2m

2. 路堤基层的地面横坡陡于 1：5 时，应（　　）。

A. 不作处理

B. 将坡面挖成台阶

C. 台阶宽不小于 1m

D. B+C

3. 沥青路面施工时整幅摊铺无纵向接缝，只要处理好横向接缝就能保证其有较高平整度。一般在已成型端部用（　　）m 直尺检查，将平整度超过 3mm 的部分切去，用水洗刷，涂以粘层沥青。

A. 1　　　　　　　　　　　　　B. 2

C. 3　　　　　　　　　　　　　D. 6

4. 混凝土路面中防止雨水、泥土等落入混凝土路面接缝内，必须采用（　　）将切割后的缝内灌填充实。

A. 弹性材料　　　　　　　　　　B. 柔性材料

C. 刚性材料　　　　　　　　　　D. 脆性材料

5. 雨水口一般布设在能有效收集雨水的道路边缘，沿道路纵向间距宜为（　　）m，其位置应与检查井协调。

A. 10～20　　　　　　　　　　　B. 20～30

C. 25～50　　　　　　　　　　　D. 40～50

6. 挡土墙墙面垂直度用（　　）来检查。

A. 钢尺　　　　　　　　　　　　B. 水准仪

C. 经纬仪　　　　　　　　　　　D. 坡度板

E. 垂线

7. 在黏土类土层中采用锤击法打钢筋混凝土预制桩时，下列（　　）的打桩顺序会使土体向一个方向挤压，生产不利影响。

A. 逐排打设

B. 自边沿向中央打设

C. 自中央向边沿打设

D. 分段打设

8. 一般梁构件配筋上下多为非对称，常以下部受拉为主，则吊点应设在（　　）附近，以减少构件起吊时吊点外的（　　）。

A. 跨中、负弯矩 　　　　　　　　B. 支点、正弯矩

C. 跨中、正弯矩 　　　　　　　　D. 支点、负弯矩

9. 对曲线预应力筋或长度大于等于 25m 的直线预应力筋宜采用（　　）。

A. 一端张拉 　　　　　　　　　　B. 对称张拉

C. 两端张拉 　　　　　　　　　　D. 分批张拉

10. 后张法预应力钢绞线断丝或滑丝限制为每束（　　）根。

A. 3 　　　　　　　B. 2 　　　　　　　C. 1 　　　　　　　D. 0

11. 沥青卷材防水层上下层的搭建缝应错开距离不应小于（　　）mm。

A. 200 　　　　　　B. 300 　　　　　　C. 400 　　　　　　D. 100

12. 人工开挖的沟槽的槽深超高 3m 时应分层开挖，每层深度（　　）。

A. 不超过 1m 　　　　　　　　　B. 不超高 2m

C. 不超高 2.5m 　　　　　　　　D. 不超高 3m

13. 沟槽底局部扰动或受水浸泡时，宜采用（　　）回填。

A. 毛石 　　　　　　　　　　　　B. 混凝土

C. 细沙 　　　　　　　　　　　　D. 天然级配砂砾石

14. 工地上 UPVC 管的管道一般用（　　）基础。

A. 素土 　　　　　　　　　　　　B. 混凝土

C. 沙砾垫层 　　　　　　　　　　D. 钢筋混凝土

15. 采用顶管法施工时，不应在工作坑内安装的设备有（　　）。

A. 导轨 　　　　　　　　　　　　B. 水泵

C. 千斤顶 　　　　　　　　　　　D. 起重机

16. 垂直支撑适用于（　　）且挖土深度较大的沟槽。

A. 土质较好 　　　　　　　　　　B. 土质较差

C. 地下水丰富 　　　　　　　　　D. 有流砂现象

17. 柔性管道的沟槽回填，作业的现场试验段应为一个井段或不少于（　　）m。

A. 20 　　　　　　B. 30 　　　　　　C. 40 　　　　　　D. 50

18. 道路上的井室用（　　）井盖装配才稳固。

A. 重型 　　　　　　B. 轻型 　　　　　　C. 普通 　　　　　　D. 钢筋混凝土

19. （　　）的优势在于可以达到其他塑料管材不能达到的环刚度（可达 16kN/m²）。

A. PVC 　　　　　　　　　　　　B. HDPE 双壁波纹管

C. HDPE 螺旋波纹管 　　　　　　D. PDPE 中空壁缠绕管

20. （　　）不是顶铁。

A. 模铁 　　　　　　　　　　　　B. 三角形顶铁

C. 顺铁 　　　　　　　　　　　　D. 弧形或环形顶铁

21. 轻型井点设备主要包括：井点管、（　　）、水泵和流动装置。

A. 支管   B. 总管

C. 集水总管   D. 混凝土管

22. 混凝土结构工程有模板工程、（   ）和混凝土工程组成。

A. 基础工程   B. 钢筋工程

C. 单位工程   D. 复杂工程

23. 混凝土试块强度分别为 26.5MPa、32.5MPa、37.9MPa，其混凝土强度代表值为（   ）。

A. 26.5MPa   B. 32.2MPa

C. 32.5MPa   D. 不作为强度评定依据

24. 钢结构防锈涂料施涂方法有刷涂法和（   ）两种。

A. 喷洒法   B. 喷刷法

C. 喷涂法   D. 自然流淌法

25. 同一部位的焊缝返修次数，不宜超过（   ）。

A. 2   B. 3   C. 4   D. 5

26. 高强度螺栓初拧检查用小锤逐个检查敲击，目的是（   ）。

A. 敲紧   B. 敲松

C. 防止漏拧   D. 防脱落

27. （   ）是单位工程施工组织设计核心部分。

A. 施工方案   B. 施工方法

C. 施工进度   D. 施工质量

28. 工程目标主要包括工期目标（   ）安全文明创建目标，技术创新目标等。

A. 施工目标   B. 生产目标

C. 进度目标   D. 质量目标

29. 施工段大小应与（   ）及其生产力相适应。

A. 流水施工   B. 施工进度

C. 劳动组织   D. 施工安全

30. （   ）是施工中不可少的一项工作，在施工期间应遵循"服从指挥、合理安排、科学疏导、适当分流、专人负责、确保畅通"的原则，确实做好组织工作，保证施工期间的交通通畅。

A. 安全生产   B. 交通管理保障

C. 交通组织方案   D. 现场保护

答案： 1. B；2. D；3. D；4. B；5. C；6. E；7. A；8. D；9. C；10. C；11. B；12. B；13. D；14. C；15. D；16. B；17. D；18. A；19. C；20. B；21. C；22. B；23. D；24. C；25. A；26. C；27. A；28. D；29. C；30. C

二、多项选择题

1. 压实度检测有（   ）等方法。

A. 环刀法   B. 灌砂法   C. 灌水法   D. 燃烧法

2. 压路机碾压施工一般应遵循（   ）原则。

A. 先轻后重   B. 先慢后快

C. 先中间后两侧　　　　　　　　　　D. 先左后中

3. 目前常用沥青混凝土路面基层材料有（　　）。

A. 石灰稳定土　　　　　　　　　　　B. 二灰碎石

C. 水泥稳定碎石　　　　　　　　　　D. 碎石

E. 黏性土

4. 沥青混凝土料面层不得（　　）时施工。

A. 下雨　　　　　　　　　　　　　　B. 下雪

C. 环境低于 5℃　　　　　　　　　　D. 高温

5. 缩缝构造形式有（　　）。

A. 无传力杆式假缝　　　　　　　　　B. 有传力杆式假缝

C. 企口式工作缝　　　　　　　　　　D. 坡口假缝

6. 常见桥梁上部结构施工方法有（　　）。

A. 支架法　　　　　　　　　　　　　B. 预制安装法

C. 悬臂梁法　　　　　　　　　　　　D. 顶推法

E. 人工法

7. 碗扣节点由（　　）和上碗扣限位销组成。

A. 上碗扣　　　　　　　　　　　　　B. 立杆

C. 下碗扣　　　　　　　　　　　　　D. 横杆接头

E. 扣件

8. 国产盆式橡胶支座分为（　　）。

A. 单向活动支座（DX）　　　　　　　B. 双向活动支座（SX）

C. 板式橡胶支座　　　　　　　　　　D. 固定支座（GD）

9. 多根成批预应力筋放张时，可采用（　　）。

A. 人工法　　　　　　　　　　　　　B. 千斤顶法

C. 卷扬机法　　　　　　　　　　　　D. 沙箱法

10. 桥面系主要包括桥面铺装、（　　）。

A. 人行道　　　　　　　　　　　　　B. 桥板

C. 伸缩缝　　　　　　　　　　　　　D. 横杆和护栏

11. 施工中常用沟槽断面形式有（　　）。

A. 直槽　　　　　　　　　　　　　　B. 梯形槽

C. 联合槽　　　　　　　　　　　　　D. V 形槽

12. 工作坑根据不同功能分为（　　）等。

A. 转向坑　　　　　　　　　　　　　B. 垂直坑

C. 交会坑　　　　　　　　　　　　　D. 接受坑

13. 钢筋混凝土管口形状有（　　）等。

A. 平口　　　　　　　　　　　　　　B. 承插口

C. 企口　　　　　　　　　　　　　　D. 卡口

14. 钢筋挤压连接的工艺参数主要有（　　）。

A. 压接道数　　　　　　　　　　　　B. 电流大小

C. 压接力   D. 压接顺序

15. 选择和制定施工方案的基本要求为（　　　）。

A. 符合现场实际情况，切实可行

B. 技术先进、确保工程质量和施工安全

C. 工期能满足合同要求

D. 经济合理、施工费用和工料消耗低

答案：1. ABC；2. AB；3. ABC；4. ABC；5. ABC；6. ABCD；7. ABCD；8. AB；9. BD；10. ACD；11. ABC；12. ACD；13. ABC；14. ACD；15. ABCD

三、判断题（正确选 A，错误选 B）

1. 一般说来，施工顺序受施工工艺和施工组织两个方面的制约。 （　　　）

2. 不需专家论证的专项方案，经施工单位审核合格后报监理单位，由项目总监理工程师签字。 （　　　）

3. 植筋施工的孔口距不宜小于 2.5 倍孔径，孔净边距不宜小于 1 倍孔径。 （　　　）

4. 支护结构为施工期间的临时支挡结构，没有必要按永久结构来施工。 （　　　）

5. 永久性普通螺栓拧紧后，外露螺纹不应少于 3 个螺距。 （　　　）

6. 地下水人工回灌法不是用于流砂的防治措施。 （　　　）

7. 预（自）应力混凝土管不得截断使用。 （　　　）

8. 现浇护栏要保证模板位置准确和足够刚度。 （　　　）

9. 预应力放张后，可用热切割。 （　　　）

10. 雨水管端面其露出雨水井井壁长度小于 2cm。 （　　　）

答案：1. B；2. A；3. A；4. B；5. B；6. A；7. A；8. A；9. B；10. A

四、案例题

（一）某市政公司在施工××桥梁桩基础时，桩径 1200mm，桩长 45m，摩擦桩、地质构造自上而下为 2m 厚回填土，20m 亚黏土（现称粉质黏土），2m 流沙层，5m 黏土。（多项选择）

1. 根据施工场地地质条件，拟选用钻孔机械（　　　）。（多选）

A. 正循环   B. 反循环

C. 压桩机   D. 人工挖空

2. 为保证成孔质量，钻进时防流沙与坍孔措施有（　　　）。（多选）

A. 加大进尺速度   B. 加大泥浆比重

C. 提高水头   D. 减少进尺速度

3. 清孔后，应检查指标有（　　　）。（多选）

A. 泥浆比重   B. 黏度

C. pH 值   D. 含砂率

4. 在浇水下混凝土时，一车 $6m^3$ 的商品混凝土一般使混凝土液面上升高度为 3m，而在距地面 12m～15m 处一车 $6m^3$ 的商品混凝土上升了 3.5m，现初步判断 12m～15m 桩径为（　　　）。

A. 偏小   B. 正常

C. 偏大   D. 不能确定

答案：1. AB；2. BC；3. ABD；4. A

（二）某项目部在北方地区承担某城市主干路道路工程施工任务，设计快车道11.25m，辅路宽9m，项目部应业主要求，将原计划安排在次年4月初施工的沥青混凝土路面层，提前到当年10月下旬。11上旬，抢铺出一条快车道，以缓解市区交通。

问题：

1. 为保证本次沥青面层的施工质量应准备几台摊铺机，如何安排施工操作？

2. 在临近冬期施工的低温情况下，沥青面层采用"三快一及时"方针是什么？

3. 碾压温度的碾压终了温度各控制在多少温度（℃）？

4. 沥青混凝土按矿料最大粒径可分为哪几种？

答案：1. 对城市主干路应采用两台以上摊铺机作为（本工程可备两台）成梯队作业，联合摊铺全幅一气呵成，相邻两幅之间重叠5～10cm，前后两机相距10～30m摊铺机应具有自动调平，调厚，初步振实，熨平及调整摊铺宽度的装置。

2. "三快一及时"是："快卸、快铺、快平"和"及时碾压成型"。

3. 碾压温度为90℃～100℃，碾压终了温度控制在45℃～50℃。

4. 主要有粗粒式、中粒式、细粒式三种。

模拟试题（三）（市政工程）

一、单项选择题

1. 路堤水平分层填筑的基本方法，每层虚厚随（　　）和土质而定，一般压路机碾压虚厚不大于0.3m。

　　A. 含水量　　　　B. 含灰量　　　　C. 位置　　　　D. 压实方法

2. 水泥混凝土面层需要设置缩缝、胀缝和施工缝等多种形式的接缝，这些接缝可以沿路面纵向或横向布设。其中（　　）保证路面面层因温度降低而收缩，从而避免产生不规则裂缝。

　　A. 长缝　　　　　B. 传力杆　　　　C. 施工缝　　　　D. 缩缝

3. 梁板落位时，横桥向位置应以梁的纵向（　　）为准。

　　A. 左边线　　　　B. 右边线　　　　C. 中心线　　　　D. 间距均匀

4. 采用轻型压实设备时，应夯夯相连，采用压路机时碾压的重叠宽度不得小于（　　）。

　　A. 100mm　　　　B. 200mm　　　　C. 300mm　　　　D. 400mm

5. 沥青混凝土路面属于柔性路面结构，路面宽度小，在荷载作用下产生的（　　）变形大，路面本身抗弯拉强度低。

　　A. 平整度　　　　B. 密实度　　　　C. 弯沉　　　　D. 车辙

6. 每根钻孔灌注桩首批混凝土浇筑后，导管在混凝土中的埋置深度不得小于（　　）m，2m直径桩首批混凝土至少（　　）m³。

　　A. 1、5　　　　　B. 2、3　　　　　C. 3、4　　　　　D. 4、5

7. 柔性管道沟槽回填、作业的现场长度因为一个井段或不少于（　　）。

　　A. 20m　　　　　B. 30m　　　　　C. 40m　　　　　D. 50m

8. 检查井所用的混凝土强度不宜低于（　　）。

　　A. C10　　　　　B. C20　　　　　C. C15　　　　　D. C25

9. 后张法施加于应力时，若设计未作规定，混凝土强度不应低于设计强度的（　　）。

A. 70％　　　　　　B. 75％　　　　　　C. 80％　　　　　　D. 85％

10. 钢结构焊接连接，焊缝同一部位返修次数，不宜超过（　　）次。

A. 2　　　　　　　B. 3　　　　　　　C. 4　　　　　　　D. 5

11. 下列基坑围护结构中，主要结构材料可以回收反复使用的是（　　）。

A. 地下连续墙　　　　　　　　　　B. 灌注桩

C. 水泥挡土墙　　　　　　　　　　D. SMW 桩

12. 埋地排水用硬聚氯乙烯双壁波纹管的管道一般采用（　　）。

A. 素土基础　　　　　　　　　　　B. 混凝土基础

C. 砂砾石垫层基础　　　　　　　　D. 钢筋混凝土基础

13. 工程目标主要包括工期目标、（　　）、文明安全创造目标、技术创新目标等。

A. 施工目标　　　　　　　　　　　B. 生产目标

C. 进度目标　　　　　　　　　　　D. 质量目标

14. 锤击法沉桩时，锤击过程宜采用（　　）。

A. 高锤高击　　　　　　　　　　　B. 重锤低击

C. 轻锤高击　　　　　　　　　　　D. 轻锤低击

15. 梁式桥内力以（　　）为重。

A. 拉力　　　　B. 弯矩　　　　C. 剪力　　　　D. 压力

16. 承重结构用砖的强度不宜低于（　　）。

A. Mu10　　　　B. Mu7.5　　　　C. Mu5　　　　D. Mu2.5

17. 施工段划分目的是为了适应（　　）的需要。

A. 流水施工　　　　　　　　　　　B. 工程进度

C. 工程质量　　　　　　　　　　　D. 安全生产

18. 钢梁制造焊接应在室内进行，相对湿度不宜高于（　　）。

A. 50％　　　　B. 60％　　　　C. 70％　　　　D. 80％

19. 张拉机器设备使用期间的校验期限应视机具设备的情况确定，当千斤顶使用超过（　　）个月且不得超过 200 次张拉作业，应重新校验。

A. 3　　　　　　B. 4　　　　　　C. 5　　　　　　D. 6

20. 大粒径沥青稳定碎石类基层，宜优先采用（　　）压路机。

A. 振动　　　　　　　　　　　　　B. 三轮钢筒式

C. 重型轮胎　　　　　　　　　　　D. 双轮钢筒式

21. 密级配沥青混合料复压宜优先采用（　　）压路机。

A. 振动　　　　　　　　　　　　　B. 三轮钢筒式

C. 重型轮胎　　　　　　　　　　　D. 双轮钢筒式

22. 某桥跨径为 l_0，计算跨径为 l，净矢高为 f_0，计算矢高为 f，该桥跨径此为（　　）。

A. f_0/l_0　　　　B. f_0/l　　　　C. f/l_0　　　　D. f/l

23. 桥梁标高是由（　　）确定的。

A. 桥梁总跨径　　　　　　　　　　B. 桥梁分孔数

C. 设计水位　　　　　　　　　　　　　D. 设计通航净空高度

24. 施工组织总设计的技术经济指标不包括（　　）。

A. 劳动生产率　　　　　　　　　B. 投资利润率

C. 项目施工成本　　　　　　　　D. 机械化程度

25. 泵送混凝土工艺要求混凝土的配合比中水泥用量不宜过少，否则泵送阻力增大，最小水泥用量为（　　）kg/m³。

A. 200　　　　　B. 250　　　　　C. 275　　　　　D. 300

26. 钢结构安装中需设置垫板时，每组垫板板垫不宜超过（　　）块，同时宜外露出柱底板 10mm～30mm。

A. 2　　　　　　B. 5　　　　　　C. 7　　　　　　D. 10

27. 组合模板是一种工具式模板，是工程施工用得最多的一种模板。它由具有一定模数的若干类型的板块、（　　）、支撑和连接件组成。

A. 围圈　　　　　B. 井架　　　　　C. 角模　　　　　D. 立柱

28. 封锚混凝土的强度应符合设计规定，一般不宜低于构件混凝土强度等级值的（　　），且不得低于 30MPa。

A. 80%　　　　　B. 60%　　　　　C. 70%　　　　　D. 50%

29. 现浇混凝土水池的外观和内在质量设计要求中，没有（　　）要求。

A. 抗冻　　　　　B. 抗碳化　　　　C. 抗裂　　　　　D. 抗渗

30. 给水排水管道工程和厂站工程施工中，常采用的降低地下水位方法不包括（　　）。

A. 井点　　　　　B. 管井　　　　　C. 坎儿井　　　　D. 集水井

答案：1. D；2. D；3. C；4. B；5. C；6. B；7. D；8. B；9. B；10. A；11. D；12. C；13. D；14. B；15. B 16. A；17. A；18. D；19. D；20. A；21. C；22. D；23. C；24. D；25. D；26. B；27. C；28. C；29. B；30. C

二、多项选择题

1. 压实度检测方法有（　　）。

A. 环刀法　　　　　　　　　　　B. 灌砂法

C. 核子密度仪检测　　　　　　　D. 燃烧法

2. 先张法预应力混凝土施工中，张拉台座应具备足够的（　　）。

A. 承载力　　　　　　　　　　　B. 灵活性

C. 刚度　　　　　　　　　　　　D. 稳定性

E. 可行性

3. 普通螺栓按照形式可分为双头螺栓、（　　）等。

A. 六角头螺栓　　　　　　　　　B. 膨胀螺栓

C. 沉头螺栓　　　　　　　　　　D. 地脚螺栓

4. 根据施工组织设计编制广度、深度和作用不同，可分为（　　）。

A. 施工组织总设计　　　　　　　B. 单位工程施工组织设计

C. 单项工程施工组织设计　　　　D. 分部（项）工程

E. 分部（项）工程作业设计

5. 张拉完成后要尽快进行孔道压浆和封锚、压浆所用灰浆的（　　）、膨胀剂的量按施工技术规范及试验标准中要求控制。

A. 强度 　　　　　　　　　　　　B. 稠度

C. 水灰比 　　　　　　　　　　　D. 沁水率

E. 密度

6. 施工排水包括排除（　　）。

A. 地下自由水 　　　　　　　　　B. 地下结合水

C. 地表水 　　　　　　　　　　　D. 雨水

E. 工业废水

7. 目前深基坑支护结构的内支撑常用类型包括（　　）。

A. 钢筋混凝土结构支撑 　　　　　B. 铝合金支撑

C. 钢结构支撑 　　　　　　　　　D. 木支撑

E. 人工支撑

8. 关于排水柔性管道沟槽回填质量控制的说法，正确有（　　）。

A. 管基有效支承角范围内用黏性土填充并夯实

B. 管基有效支承角范围内用粗砂土填充并夯实

C. 管道两侧采用人工回填

D. 管顶以上 0.5m 范围内采用机械回填

E. 大口径柔性管道、回填施工中在管内设竖向支撑

9. 污水管道闭水试验应符合要求的是（　　）。

A. 在管道填土前进行

B. 在管道灌满水 24 小时后进行

C. 在管道完成前进行

D. 渗水量的测定时间不小于 30 分钟

E. 试验水位为下游管道内顶以上 2mm

10. 液压锤特点包括（　　）。

A. 设备简单 　　　　　　　　　　B. 噪声小

C. 耗能低 　　　　　　　　　　　D. 锤击速度慢

E. 不会污染空气

11. 脚手架搭完后，应组织（　　）对整体结构进行全面检查和验收，经验收合格后方可使用。

A. 技术人员 　　　　　　　　　　B. 施工人员

C. 安全人员 　　　　　　　　　　D. 后勤人员

12. 城市道路附属构筑物，一般包括（　　），涵洞护底，排水沟和挡土墙等。

A. 路缘石 　　　　　　　　　　　B. 人行道

C. 洒水口 　　　　　　　　　　　D. 路基

13. 单位工程施工准备主要包括（　　）。

A. 项目组织机构 　　　　　　　　B. 工料机

C. 现场准备 　　　　　　　　　　D. 临时生活生产设施和技术准备

14. 施拧高强度螺栓时，采用原则是（   ）。

A. 先中间向两边或四周对称　　　　B. 先两边后中间

C. 好拧的先拧　　　　　　　　　　D. 二次施拧

15. 单斗挖土机是给排工程中常用的一种机械，根据其工作装置不同，可分为（   ）。

A. 正铲　　　　B. 反铲　　　　C. 侧铲　　　　D. 抓铲

答案： 1. ABC；2. ACD；3. AC；4. ABCD；5. CDE；6. ABC；7. AB；8. BCE；9. ABCDE；10. BE；11. ABC；12. ABCD；13. ABCD；14. AD；15. ABDE

三、判断题（正确选 A，错误选 B）

1. 填方中使用房渣土须经建设单位设计单位同意后方可使用。（　　）

2. 压路机相邻两次压实，后轮应重叠 1/3 轮宽。（　　）

3. 不管直线束还是曲线束，采用单端张拉受力影响不大。（　　）

4. 先张法和后张法施工中张拉程序相同。（　　）

5. 各层砌体间应做到砂浆含色满、均匀、不得直接贴靠与脱空。（　　）

6. 在允许超挖稳定土层中正常顶进时，管下部 135°范围内不得超挖。（　　）

7. 地下含水层内水分为结合水和自由水，结合水没有出水性。（　　）

8. 钢筋混凝土结构中应用的钢筋都可作预应力筋。（　　）

9. 施工进度计划通常用横道图和网络图来表示。（　　）

10. 专项施工方案包括：技术参数、工艺流程、施工方法、检查验收标准语方法等。

（　　）

答案： 1. B；2. A；3. B；4. B；5. A；6. A；7. A；8. B；9. A；10. A

四、案例题

广州洛溪大桥是一座预应力钢筋混凝土梁式桥，建成于 1988 年，是连接番禺与海珠区最老的过江桥。当初设计通行能力是 3 万辆/日，现在实际通行量已超过 6.5 万辆/日，目前洛溪大桥主桥箱梁的顶板、腹板、底板局部地区出现 176 条不同程度的裂缝和破损，桥梁局部地区混凝土保护层严重不足，腹板裂痕 77 条，横隔板裂痕 99 条，最长的一条裂缝位于主桥 1 号箱梁右侧腹板上，宽 0.56mm，长 2.15m。部分桥墩盖梁局部钢筋外露、锈蚀，多处裂缝都超过《桥规》标准规定，桥面伸缩缝已大面积破损，大桥结构已存在严重的质量安全隐患。

1. 广州洛溪大桥出现的多处超出规范标准的裂缝，其主要原因是（   ）。（单选题）

A. 施工质量差　　　　　　　　B. 材料质量差

C. 超负荷运作　　　　　　　　D. 设计标准偏低

2. 大量的工程实践和理论分析表明，几乎所有的混凝土构件均是带裂缝工作的，在（   ），可允许其存在。（单选题）

A. 裂缝很细，肉眼看不见，裂缝宽度<0.05mm，对结构的使用无大的危害

B. 裂缝宽度>0.05mm，肉眼可见，但对结构的使用无大的危害

C. 裂缝宽度>0.05mm，肉眼可见，钢筋外露但不锈蚀

D. 裂缝比较宽，肉眼可见，但不再发展

3. 针对广州洛溪大桥出现的多处超出规范标准的裂缝，致使桥梁结构存在严重的质

量安全隐患现象，应采取的措施有（　　）。（多选题）

A. 对桥梁进行加固

B. 交通量分流

C. 全桥补强整修

D. 限制车辆向一侧行驶

E. 对桥梁跟踪监控

4. 桥面伸缩缝破损会使桥墩处上部结构伸缩缝堵塞，造成（　　）现象。（单选题）

A. 上部结构落梁

B. 上部结构梁挤压破坏

C. 上部结构与墩台间摩阻力过大

D. 墩台位移

5. 上部结构梁腹板产生斜向裂缝主要是因为腹板厚度太薄、钢筋过密而致。（　　）（判断题）

A. 是　　　　　　　　　　B. 不是

答案：1. C；2. A；3. ABCE；4. B；5. A

2.3 施工项目管理

2.3.1 考试要点

2.3.1.1 施工项目管理概论

2.3.1.1.1 施工项目管理概念、目标和任务

1. 项目的概念和主要特征

2. 施工项目的概念

3. 施工项目管理的目标

4. 施工项目管理的任务、施工总承包方的管理任务、

2.3.1.1.2 施工项目的组织

1. 组织论的基本内容

2. 项目组织结构图

3. 施工项目管理组织的概念、主要形式

4. 施工管理的工作任务分工和工作流程图

5. 施工组织设计的基本内容

6. 施工组织设计的分类及其内容

7. 施工组织设计的编制原则、编制依据和编制程序

2.3.1.1.3 施工项目目标动态控制

1. 施工项目目标动态控制原理

2. 项目目标动态控制的纠偏措施

3. 项目目标的事前控制

4. 动态控制方法在施工管理中的应用

2.3.1.1.4　项目施工监理

1. 推行建设工程监理制度的目的

2. 住建部规定工程项目管理的范围

3. 建设工程监理的工作性质、工作任务、工作方法

4. 旁站监理的有关内容

2.3.1.2　施工项目质量管理

2.3.1.2.1　施工项目质量管理的概念和原理

1. 质量和质量管理的概念

2. 施工项目质量的影响因素

3. 施工项目质量的特点

4. 施工项目质量管理的基本原理

2.3.1.2.2　施工项目质量控制系统的建立和运行

1. 三阶段质量控制

2. 施工项目质量控制系统的特点、分类和关系

3. 施工项目质量控制体系建立的程序

4. 施工项目质量控制系统运行

2.3.1.2.3　施工项目施工质量控制和验收的方法

1. 施工准备阶段的质量控制

2. 施工阶段的质量控制

3. 竣工验收阶段的质量控制

4. 施工项目质量控制的对策

5. 施工质量计划编制要求

6. 施工工序质量控制程序、控制要求、质量检验

7. 建筑工程施工质量验收基本规定、划分、验收、验收程序和组织

2.3.1.2.4　施工项目质量的政府监督

1. 施工项目质量政府监督的职能

2. 建设工程项目质量政府监督的内容

3. 施工项目质量政府监督验收

2.3.1.2.5　质量管理体系

1. 质量管理体系文件的构成、建立和运行

2. 质量管理体系认证的概念

3. 质量管理体系认证的申报与批准程序

2.3.1.2.6　工程质量问题分析与处理

1. 工程质量事故的特点、分类、产生工程质量问题的原因

2. 施工项目质量问题调查分析

3. 工程质量问题的处理方式和程序

4. 工程质量事故处理的依据

5. 工程质量事故处理方案的类型

2.3.1.3　施工项目进度管理

2.3.1.3.1　概述

　　1. 工程工期的概念

　　2. 影响进度管理的四方面因素

2.3.1.3.2　施工组织与流水施工

　　1. 组织施工的方式

　　2. 流水施工组织及其横道图表示

　　3. 等节拍专业流水

　　4. 成倍节拍专业流水

　　5. 无节奏专业流水

2.3.1.3.3　网络计划技术

　　1. 双代号网络图的绘制规则及时间参数的计算

　　2. 单代号网络图的绘制规则及时间参数的计算

　　3. 时标网络的绘制及时标网络计划中关键线路和时间参数的分析方法

2.3.1.3.4　施工项目进度控制

　　1. 施工项目进度控制概念

　　2. 影响施工项目进度的五方面的因素

　　3. 施工项目进度控制的三种主要方法

　　4. 施工项目进度控制的四种措施

　　5. 施工阶段进度控制目标的确定及控制的内容

　　6. 进度计划实施中的进度监测和实际进度与计划进度的比较方法

　　7. 进度计划实施中的调整方法

2.3.1.4　施工项目成本管理

2.3.1.4.1　施工项目成本管理的内容

　　1. 施工项目成本管理的任务

　　2. 施工项目成本管理的措施

2.3.1.4.2　施工项目成本计划的编制

　　1. 施工项目成本计划的编制依据

　　2. 按施工项目成本组成编制施工项目成本计划

　　3. 按子项目组成编制施工项目成本计划

　　4. 按工程进度编制施工项目成本计划

2.3.1.4.3　施工项目成本核算

　　1. 工程变更价款的确定程序

　　2. 工程变更价款的确定方法

　　3. 索赔费用的组成

　　4. 工程结算的方法

　　5. 控制成本费用支出、加强质量管理，控制质量成本

　　6. 降低成本的八项途径和措施

　　7. 成本构成的分类控制、分包项目成本控制

2.3.1.4.4　施工项目成本控制和分析

　　1. 施工项目成本控制的依据、步骤和方法

　　2. 施工项目成本分析的依据和方法

2.3.1.5　施工项目安全管理

2.3.1.5.1　安全生产管理概论

　　1. 安全生产的方针

　　2. 安全生产管理制度

2.3.1.5.2　施工安全管理体系

　　1. 建立施工安全管理体系的原则

　　2. 施工安全管理体系的含义和构成

2.3.1.5.3　施工安全技术措施

　　1. 施工安全技术措施的编制要求

　　2. 施工安全技术措施的主要内容

　　3. 安全技术交底的基本要求和主要内容

2.3.1.5.4　施工安全教育与培训

　　1. 施工安全教育和培训的原则

　　2. 施工安全教育的主要内容

　　3. 特种作业培训的范围和依据

　　4. 特种作业的定义、范围和有关规定

2.3.1.5.5　施工安全检查

　　1. 安全检查的类型

　　2. 安全检查的主要内容

2.3.1.5.6　施工过程安全控制

　　1. 基础施工阶段的安全防护

　　2. 结构施工阶段的安全防护

　　3. 起重设备的安全防护

　　4. 部分施工机具的安全防护

　　5. 钻探施工现场的几个重点安全防护

　　6. 季节施工安全防护

　　7. 关于地理信息工程施工要强调的问题

　　8. "三宝"、"四口"防护

　　9. 项目施工安全内业管理

2.3.2　典型题析

一、单项选择题

1. 施工组织总设计的技术经济指标不包括（　　）。

A. 劳动生产率　　　　　　　　B. 投资利润率

C. 项目施工成本　　　　　　　D. 机械化程度

答案：B

解析：施工组织总设计的技术经济指标包括：项目施工工期、劳动生产率、项目施工质量、项目施工成本、项目施工安全、机械化程度、预制化程度和暂设工程；

2. 下列不属于材料质量控制的要点是（   ）。

A. 合理组织材料供应，确保施工正常进行

B. 合理组织材料使用，减少材料损失

C. 加强材料检查验收，严把材料价格关

D. 要重视材料的使用认证，以防错用或使用不合格的材料

答案：C

解析：进场材料质量控制要点：

①掌握材料信息，优选供货厂家；

②合理组织材料供应，确保施工正常进行；

③合理组织材料使用，减少材料损失；

④加强材料检查验收，严把材料质量关；

⑤要重视材料的使用认证，以防错用或使用不合格的材料；

⑥加强现场材料管理。

3. 下列属于民用建筑测量复核的内容是（   ）。

A. 控制网测量   B. 楼层轴线检测

C. 柱基施工测量   D. 设备基础与预埋螺栓检测

答案：B

解析：民用建筑的测量复核内容包括：建筑定位测量复核、基础施工测量复核、皮数杆检测、楼层轴线检测。

4. 下列不属于材料质量控制的内容是（   ）。

A. 材料的安全标准   B. 材料的性能

C. 材料取样、试验方法   D. 材料的适用范围和施工要求

答案：A

解析：材料质量控制的内容主要有：材料的质量标准，材料的性能，材料取样、试验方法，材料的适用范围和施工要求等。

5. 在不影响紧后工作最早开始的条件下，允许延误的最长时间是（   ）。

A. 总时差   B. 自由时差

C. 最晚开始时间   D. 最晚结束时间

答案：B

解析：主要是要区分总时差和自由时差的概念，总时差指的是在不影响总工期的前提下，可以利用的机动时间。自由时差指的是在不影响其紧后工作最早开始时间的前提下，本工作可以利用的机动时间。

6. 某工程包括 A、B、C、D 四个施工过程，无层间流水。根据施工段的划分原则，分为四个施工段，每个施工过程的流水节拍为 2d；施工过程 C 与施工过程 D 之间存在 2d 的技术间歇时间，则施工工期为（   ）。

A. 10   B. 15

C. 16   D. 18

答案：C

解析：$T = (n+m-1)t + \Sigma Z_{1,i+i} = (4+4-1) \times 2 + 2 = 16d$

7. 某项目由 A、B、C 三项施工过程组成划分两个施工层组织流水施工，流水节拍为 1d。施工过程 B 完成后，需养护 1d，下一个施工过程才能施工，且层间技术间歇为 1d，为保证工作队连续作业，施工段数和计算工期分别为（　　　）。

A. 2 段、15d

B. 5 段、14d

C. 5 段、13d

D. 6 段、15d

答案：C

解析：$M = 3 + 1/1 + 1/1 = 5$ 段　　$T = (mj+n-1) + z_1 = (5 \times 2 + 3 - 1) + 1 = 13d$

8. 假设工作 C 的紧前工作仅有 A 和 B，它们的最早开始时间分别为 6d 和 7d，持续时间分别为 4d 和 5d，则工作 C 的最早开始时间为（　　　）d。

A. 10　　　　　B. 11　　　　　C. 12　　　　　D. 13

答案：C

解析：$6+4=10$　　$7+5=12$ 所以取最大值 12

9. 已知在双代号网络计划中，某工作有 2 项紧前工作，它们的最早完成时间分别为 18d 和 23d。如果该工作的持续时间为 6d，则该工作最早完成时间为（　　　）。

A. 18d　　　　　B. 23d　　　　　C. 24d　　　　　D. 29d

答案：D

解析：该工作最早开始时间为紧前工作最早完成时间的最大值，即取 23d，该工作最早完成时间为 23+6＝29。

10. 在工程网络计划中，工作 M 的最迟完成时间为 25d，其持续时间为 7d。如果工作 M 最早开始时间为 13d，则工作 M 的总时差为（　　　）d。

A. 5　　　　　B. 6　　　　　C. 7　　　　　D. 12

答案：A

解析：总时差＝最迟完成时间－最早完成时间＝25－（13＋7）＝5d

11. 施工项目成本计划是（　　　）编制的项目经理部对项目施工成本进行计划管理的指导性文件。

A. 施工开始阶段

B. 施工准备阶段

C. 施工进行阶段

D. 施工结束阶段

答案：B

解析：施工项目成本计划是施工准备阶段编制的项目经理部对项目施工成本进行计划管理的指导性文件，类似于工程图纸对项目质量的作用。

12. 塔吊的防护，以下说法错误的是（　　　）。

A. 轨道横拉杆两端各设一组，中间杆距不大于 6m

B. 路轨接地两端各设一组，中间间距不大于 25m，电阻不大于 4Ω

C. "三保险"、"五限位"齐全有效，夹轨器要齐

D. 轨道中间严禁堆杂物，路轨两侧和两端外堆物必须距离塔吊回转台尾部 35cm 以上

答案：D

解析：轨道中间严禁堆杂物，路轨两侧和两端外堆物必须距离塔吊回转台尾部 50cm 以上。

二、多项选择题

1. 项目组织结构图应反映项目经理和（　　）等主管工作部门或主管人员之间的组织关系。

　　A. 费用（投资或成本）控制、进度控制

　　B. 材料控制

　　C. 合同管理

　　D. 信息管理和组织与协调

　　E. 质量控制

答案：ACDE

解析：项目组织结构图应反映项目经理和费用（投资或成本）控制、进度控制、质量控制、合同管理、信息管理和组织与协调等主管工作部门或主管人员之间的组织关系。

2. 以下属于工程测量质量控制点的有（　　）。

　　A. 预留洞口　　　　　　　　　B. 标准轴线桩

　　C. 水平桩　　　　　　　　　　D. 预留控制点

　　E. 定位轴线

答案：BCE

解析：工程测量定位质量控制点的有：标准轴线桩、水平桩、龙门板、定位轴线、标高

3. 某建设工程项目采用施工总承包方式，其中幕墙工程和设备安装工程分别进行了专业分包，对幕墙施工质量实施监督控制的主体有（　　）等。

　　A. 工程质量监督机构　　　　　B. 幕墙监理单位

　　C. 设备安装单位　　　　　　　D. 建设单位

　　E. 幕墙玻璃供应商

答案：ABD

解析：建设单位、监理单位、设计单位及政府的工程质量监督部门，在施工阶段依据法律法规和工程施工承包合同，对施工单位的质量行为和质量状况实施监督控制。

4. 下列影响建设工程项目质量的因素中，属于可控因素的有（　　）。

　　A. 人的因素　　　　　　　　　B. 技术因素

　　C. 社会因素　　　　　　　　　D. 管理因素

　　E. 环境因素

答案：ABDE

解析：本题考核的是建设工程项目质量的影响因素。人、技术、管理和环境因素，对于建设工程项目而言是可控因素；社会因素存在于建设工程项目系统之外，一般情形下对于建设工程项目管理者而言，属于不可控因素，但可以通过自身的努力，尽可能做到取利去弊。

5. 施工供电设施的布置，说法不正确的有（　　）。

A. 架空线路与路面的垂直距离应不小于5m

B. 施工现场开挖非热管道沟槽与埋地外电缆边缘的距离不得小于1m

C. 变压器应布置在现场边缘高压线接入处，四周设有高度大于1.7m的铁丝网防护栏，并设有明显的标志。不应把变压器布置在交通道口处

D. 线路应架设在道路一侧。距建筑物应大于1.5m，垂直距离应在2m以上

E. 木杆间距一般为25m～40m，分支线及引出线均应由杆上横旦处连接

答案： AB

解析： 架空线路与路面的垂直距离应不小于6m，施工现场开挖非热管道沟槽与埋地外电缆边缘的距离不得小于0.5m。

6. 模板工程安全技术交底包括（　　　）。

A. 不得在脚手架上堆放大批模板等材料

B. 禁止使用2cm×4cm木料作顶撑

C. 支撑、牵杠等不得搭在门窗框和脚手架上

D. 支模过程中，如需中途停歇，将支撑、搭头、柱头板等钉牢。拆模间歇时，应将已活动的模板、牵杠、支模等运走或妥善堆放，防止因踏空、扶空而坠落。

E. 通路中间的斜撑、拉杆等应设在1m高以上

答案： ABCD

解析： 通路中间的斜撑、拉杆等应设在1.8m高以上。

7. 悬空作业的安全防护要求正确的有（　　　）。

A. 严禁在同一垂直面上装、拆模板

B. 高处绑扎钢筋和安装钢筋骨架时，必须搭设平台和挂安全网。不得站在钢筋骨架上或攀登骨架上下

C. 浇筑离地2m以上框架、过梁、雨篷和小平台混凝土时，应站在模板或支撑件上操作

D. 悬空进行门窗作业时，操作人员可以站在樘子、阳台栏板上操作，操作人员的重心应位于室内，不得在窗台上站立

E. 支设高度在3m以上的柱模板四周可设斜撑，并应设立操作平台

答案： ABE

解析： 浇筑离地2m以上框架、过梁、雨篷和小平台混凝土时，应设操作平台，不得直接站在模板或支撑件上操作。

悬空进行门窗作业时，严禁操作人员站在樘子、阳台栏板上操作，操作人员的重心应位于室内，不得在窗台上站立。

三、判断题（正确选A，错误选B)

1. 项目的整体利益和施工方本身的利益是对立统一关系。两者有统一的一面，也有对立的一面。　　　　　　　　　　　　　　　　　　　　　　　　（　　）

答案： B

解析： 项目的整体利益和施工方本身的利益是对立统一关系。两者有统一的一面，也有其矛盾的一面。

2. 施工总承包方是工程施工的总执行者和总组织者，它除了完成自己承担的施工任

152

务以外，还负责组织和指挥它自行分包施工单位，但业主指定的分包施工单位的施工不由他们负责。（　　　）

答案： B

解析： 施工总承包方是工程施工的总执行者和总组织者，它除了完成自己承担的施工任务外，还负责组织和指挥它自行分包施工单位和业主指定的分包施工单位的施工（业主指定的分包施工单位有可能与业主单独签订合同，也可能与施工总承包方签约，不论采用何种合同模式，施工总承包方应负责组织和管理业主指定的分包施工单位的施工，这也是国际惯例），并为分包施工单位提供和创造必要的施工条件。

3. 项目组织结构图应主要表达出业主方的组织关系，而项目的参与单位等有关的各工作部门之间的组织关系则应省略。（　　　）

答案： B

解析： 一个建设工程项目的实施除了业主方外，还有许多单位参加，如设计单位，施工单位，供货单位和工程管理咨询单位以及与项目有关的政府行政管理部门等，项目组织结构图应注意表达业主方以及项目的参与单位有关的各工作部门之间的组织关系。

4. 调整项目组织结构、任务分工、管理职能分工、工作流程组织和项目管理班子人员等属于管理措施。（　　　）

答案： B

解析： 应用动态控制原理进行目标控制时，用于纠偏的组织措施包括调整项目组织结构、任务分工、管理职能分工、工作流程组织和项目管理班子人员等。

5. 调整进度管理的方法和手段，改变施工管理和强化合同管理等属于纠偏措施里的组织措施。（　　　）

答案： B

解析： 调整进度管理的方法和手段，改变施工管理和强化合同管理等属于纠偏措施里的管理措施。

6. 检验批质量合格主要取决于主控项目检验的结果。（　　　）

答案： B

解析： 检验批质量合格主要取决于主控项目和一般项目的检验结果。

7. 施工阶段技术交底的内容主要是分项工程技术交底。（　　　）

答案： B

解析： 施工阶段技术交底的内容主要是图纸交底、施工组织设计交底、分项工程技术交底和安全交底。

8. 建立质量管理体系的基本工作主要有：确定质量管理体系过程，明确和完善体系结构，质量管理体系要文件化，要不定期进行质量管理体系审核与质量管理体系复审。

（　　　）

答案： B

解析： 要定期进行质量管理体系审核与质量管理体系复审

9. 质量管理体系的评审和评价，一般称为管理者评审，它是由总监理工程师组织的，对质量管理体系、质量方针、质量目标等项工作所开展的综合性评价。（　　　）

答案： B

解析：质量管理体系的评审和评价，一般称为管理者评审，它是由上层领导亲自组织的，对质量管理体系、质量方针、质量目标等项工作所开展的适合性评价。

10. 单位工程质量监督报告，应当在竣工验收之日起 4d 提交竣工验收部门。（　　）

答案：B

解析：单位工程质量监督报告，应当在竣工验收之日起 5d 提交竣工验收部门。

11. 工程发生延期事件时，施工单位在合同约定的期限内，向项目监理部提交《工程暂停令》，在项目经理部最终评估出延期天数，并与建设单位协商一致后，总监理工程师才给予批复。（　　）

答案：B

解析：工程发生延期事件时，施工单位在合同约定的期限内，向项目监理部提交《工程延期报审表》，在项目监理部最终评估出延期天数，并与建设单位协商一致后，总监理工程师才给予批复。

12. 组织无节奏专业流水的基本要求是：各施工班组尽可能依次在施工段上连续施工，不允许有些施工段出现空闲，不允许多个施工班组在同一施工段交叉作业，更不允许发生工艺顺序颠倒现象。（　　）

答案：B

解析：允许有些施工段出现空闲。

13. 等节拍专业流水是指各个施工过程在各个施工段上的流水节拍全部相等，并且等于间歇时间的一种流水施工。（　　）

答案：B

解析：等节拍专业流水是指各个施工过程在各个施工段上的流水节拍全部相等，并且等于流水步距的一种流水施工。

14. 流水步距是指相邻专业队相继开始施工的最大间隔时间。（　　）

答案：B

解析：流水步距是指相邻专业队相继开始施工的间隔时间。

15. 网络图中允许出现回路。（　　）

答案：B

解析：网络图中严禁出现回路。

16. 单代号网络图中也有虚工作。（　　）

答案：B

解析：单代号网络图中无虚工作。

17. 在砌筑工程安全技术交底中规定，脚手架上堆料不得超过规定荷载，堆砖高度不得超过 4 皮侧砖，同一块脚手板上的操作人员不得超过 3 人。（　　）

答案：B

解析：在砌筑工程安全技术交底中规定，脚手架上堆料不得超过规定荷载，堆砖高度不得超过 3 皮侧砖，同一块脚手板上的操作人员不得超过 2 人。

18. 在进度计划的调整过程中通过改变某些工作的逻辑关系可以达到缩短工作持续时间的作用。（　　）

答案：B

解析：在进度计划的调整过程中通过改变某些工作的逻辑关系可以达到缩短工期的作用。

19. 实行施工总承包的，工程施工专项方案应当有专业分包项目技术负责人及相关专业承包单位技术负责人签字。　　　　　　　　　　　　　　　　　　　　（　　）

答案：B

解析：专项方案应当由施工单位技术部门组织本单位施工技术、安全、质量等部门的专业技术人员进行审核。经审核合格的，由施工单位技术负责人签字。实行施工总承包的，专项方案应当由总承包单位技术负责人及相关专业承包单位技术负责人签字。

20. 在钢筋工程安全施工中，钢筋的断料、配料、弯料等工作应在地面进行，高空工作面允许的也可以在高空操作。　　　　　　　　　　　　　　　　　　　（　　）

答案：B

解析：在钢筋工程安全施工中，钢筋的断料、配料、弯料等工作应在地面进行，不准在高空操作。

21. 采用人工挖土时，人与人之间的操作间距不得小于2m。　　　　　（　　）

答案：B

解析：采用人工挖土时，人与人之间的操作间距不得小于2.5m。

22. 安全帽在保证承受冲击力的前提下，要求越重越好，重量不应超过450g。（　　）

答案：B

解析：安全帽在保证承受冲击力的前提下，要求越轻越好，重量不应超过400g。

23. 网络图是有方向的，按习惯从第一个节点开始，各工作按其相互关系从右向左顺序连接，一般不允许箭线从左方向指向右方向。　　　　　　　　　　　　（　　）

答案：B

解析：网络图是有方向的，按习惯从第一个节点开始，各工作按其相互关系从左向右顺序连接，一般不允许箭线从右方向指向左方向。

24. 施工措施费包括使用自有施工机械所发生的机械使用费和租用外单位施工机械的租赁费，以及施工机械安装、拆卸和进出场费。　　　　　　　　　　　（　　）

答案：B

解析：机械使用费包括使用自有施工机械所发生的机械使用费和租用外单位施工机械的租赁费，以及施工机械安装、拆卸和进出场费。

2.3.3 模拟试题

模拟试题（一）（建筑工程）

一、单项选择题

1. 某公司计划编制施工组织设计，已收集和熟悉了相关资料，调查了项目特点和施工条件，计算了主要工种的工程量，确定了施工的总体部署，接下来应该进行的工作是（　　）。

A. 拟定施工方案　　　　　　　　B. 编制施工总进度计划

C. 编制资源需求量计划　　　　　D. 编制施工准备工作计划

2. 施工项目管理机构编制项目管理任务分工表之前要完成的工作是（　　）。

A. 明确各项管理工作的工作流程　B. 落实各工作部门的具体人员

C. 对项目管理任务进行详细分解　D. 对各项管理工作的执行情况进行检查

3. 某砖混结构住宅一楼墙体砌筑时，监理发现由于施工放线的失误，导致山墙上窗户的位置偏离 30cm，这时应该（　　）。

A. 加固处理 　　　　　　　　　B. 修补处理

C. 返工处理 　　　　　　　　　D. 不作处理

4. 双代号时标网络计划中，以波形线表示工作的（　　）。

A. 逻辑关系 　　　　　　　　　B. 关键线路

C. 总时差 　　　　　　　　　　D. 自由时差

5. 对于工程暂停的索赔，一般监理工程师很难同意在该情况下加入的索赔费用是（　　）。

A. 现场管理费 　　　　　　　　B. 利息

C. 总部管理费 　　　　　　　　D. 利润

6. 按照施工现场安全防护布置的有关规定，楼梯边设置的防护栏杆的高度为（　　）m。

A. 0.8 　　　　B. 1.0 　　　　C. 1.1 　　　　D. 1.2

7. 某混凝土结构工程施工完成 2 个月后，发现表面有宽度 0.25mm 的裂缝，经鉴定其不影响结构安全和使用，对此质量问题，恰当的处理方式是（　　）。

A. 修补处理 　　　　　　　　　B. 加固处理

C. 返工处理 　　　　　　　　　D. 不作处理

8. FIDIC 施工合同条件下工程变更的估价，下列说法错误的是（　　）。

A. 如果此项工作实际测量的工程量比工程量表或其他报表中规定的工程量的变动大于 10% ，宜采用新的费率或价格

B. 此工作是根据变更与调整的指标进行的，不宜采用新的费率

C. 由于该项工作与合同中的任何工作没有类似的性质或不在类似的条件下进行，故没有规定的费率或价格适用，宜采用新的费率或价格

D. 如合同中无某项内容，应采取类似工作的费率或价格

9. 在工程网络计划中，工作 M 的最迟完成时间为 25d，其持续时间为 7d。如果工作 M 最早开始时间为 13d，则工作 M 的总时差为（　　）d。

A. 5 　　　　B. 6 　　　　C. 7 　　　　D. 12

10. 墙体工程，墙身砌体高度超过地坪（　　）以上时，应搭设脚手架。

A. 1.0m 　　　　B. 1.2m 　　　　C. 1.4m 　　　　D. 2m

答案：1. A；2. C；3. C；4. D；5. D；6. D；7. A；8. B；9. A；10. B

二、多项选择题

1. 进度的计划值和实际值的比较应是定量的数据比较，可以成为比较成果的有（　　）。

A. 总进度规划 　　　　　　　　B. 工程总进度计划

C. 旬进度跟踪报告 　　　　　　D. 月进度控制报告

E. 年度进度控制报告

2. 施工安全保证体系的构成包括施工安全的（　　）保证体系。

A. 组织 　　　　　　　　　　　B. 管理

C. 制度 　　　　　　　　　　　D. 监督

E. 信息

3. 与网络计划相比较，横道图进度计划法的特点有（　　　）。

A. 适用于手工编制计划

B. 工作之间的逻辑关系表达清楚

C. 能够确定计划的关键工作和关键线路

D. 调整工作量大

E. 适应大型项目的进度计划系统

4. 施工成本控制的步骤包括（　　　）。

A. 决策　　　　　　　　　　B. 分析

C. 计划　　　　　　　　　　D. 纠偏

E. 检查

5. 下列施工安全制度保证体系的制度中，属于岗位管理类的有（　　　）。

A. 安全生产组织制度　　　　B. 安全生产奖惩制度

C. 安全生产验收制度　　　　D. 安全生产值班制度

E. 劳动保护用品的购入、发放与管理制度

答案：1. CDE；2. ACE；3. AD；4. BDE；5. ABD

三、判断题（正确选 A，错误选 B）

1. 组织结构模式和组织分工是一种相对动态的组织关系。　　　　　　（　　　）

2. 确定质量方针、目标和岗位职责，是质量管理的首要任务。　　　　（　　　）

3. 流水节拍是指某施工过程的工作班组在一个流水段上的工作持续时间。（　　　）

4. 施工项目成本管理工作内容包括成本预算、成本计划、成本控制、成本核算、成本分析、成本考核等。　　　　　　　　　　　　　　　　　　　　　　（　　　）

5. 施工安全中提到的"三宝"是指安全帽、安全带、安全网的正确使用。（　　　）

答案：1. B；2. A；3. A；4. A；5. A

四、案例题（正确选 A，错误选 B）

某安装公司承接一高层住宅楼工程设备安装工程的施工任务，为了降低成本，项目经理通过关系购进廉价暖气管道，并隐瞒了工地甲方和监理人员，工程完工后，通过验收交付使用，过了保修期后的某一冬季，大批用户暖气漏水。

1. 影响施工项目的质量因素主要有人、材料、机械等。　　　（　　　）（判断题）

2. 人，作为控制的动力，是要充分调动人的积极性，发挥人的主导作用。

（　　　）（判断题）

3. 该工程暖气漏水时，已过保修期，施工单位可以不对该质量问题负责。

（　　　）（判断题）

4. 施工项目质量控制的评价需要进行第三方认证。　　　（　　　）（判断题）

答案：1. B；2. A；3. B；4. B

模拟试题（二）（建筑工程）

一、单项选择题

1. 施工组织设计的内容应当包括工程概况、施工部署及施工方案、施工进度计划、施工平面图，以及（　　　）。

A. 技术措施
B. 主要技术经济指标
C. 组织措施
D. 主要管理措施

2. 能反映项目组织系统中各项工作之间逻辑关系的组织工具是（　　）。

A. 项目结构图
B. 工作流程图
C. 工作任务分工表
D. 组织结构图

3. 在某大学新校区建设中，总承包商的项目经理在开工前组织有关人员对项目结构进行了逐层分解。这项工作所采用的组织工具应是（　　）。

A. 项目组织结构图
B. 项目结构图
C. 工作流程图
D. 合同结构图

4. 已知某工作的持续时间为 4d，最早开始时间为 7d，总时差 2d，则该工作的最迟完成时间为（　　）d。

A. 4
B. 9
C. 11
D. 13

5. 工程竣工验收报告经发包人认可后（　　）d 内，承包人向发包人递交竣工结算报告及完整的结算资料。

A. 26
B. 27
C. 28
D. 29

6. 项目部安全管理机构的第一责任人是（　　）。

A. 技术负责人
B. 专职安全员
C. 项目经理
D. 工长

7. 建安工程费用动态结算的调值公式中，各成本要素比重系数的确定应根据（　　）。

A. 物价对要素的影响程度

B. 要素对总造价的影响程度

C. 要素对总成本的影响程度

D. 工程复杂性对要素的影响程度

8. 在平均的建设管理水平、施工工艺和机械装备水平及正常的建设条件下，工程从开工到竣工所经历的时间是指（　　）。

A. 定额工期
B. 计算工期
C. 合同工期
D. 实际工期

9. 已知某基础工程双代号时标网络计划如下图所示，如果工作 E 实际进度延误了 4 周，则施工进度计划工期延误（　　）周。

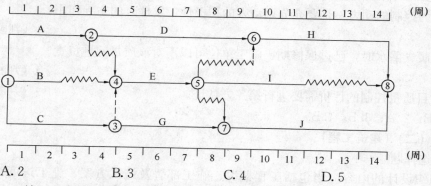

A. 2
B. 3
C. 4
D. 5

10. 施工现场安全防护标准，安全立网：网之间拼接严密，空隙不大于（　　）。

A. 25cm   B. 20cm   C. 15cm   D. 10cm

答案：1. B；2. B；3. B；4. D；5. C；6. C；7. B；8. A；9. B；10. D

二、多项选择题

1. 运用动态控制原理控制施工进度时，一般的项目控制的周期为一个月，对于重要的项目，控制周期可定为（   ）。

A. 一周   B. 一旬

C. 一季   D. 一年

E. 一个项目期

2. 在采用实测法进行施工现场的质量检查中，"套"是指以方尺套方，辅以塞尺检查，通常用"套"的方法进行检查的项目有（   ）。

A. 门窗口及构件的对角线   B. 踢脚线的垂直度

C. 阴阳角方正   D. 油漆的光滑度

E. 砌体垂直度

3. 已知某基础工程的双代号网络计划如下，其表达的正确信息有（   ）。

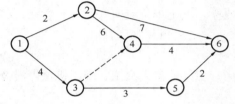

A. 该计划的计算工期为 12d

B. 工作④－⑥最早开始时间为 4d

C. 关键线路为①－③－⑤－⑥

D. 工作②－⑥为非关键工作

E. 工作③－④为虚工作

4. 下列关于建安工程费用主要结算方式的表述，正确的有（   ）。

A. 实行按月结算的工程，竣工后不需竣工结算

B. 实行分段结算的工程，可以按月预支工程款

C. 实行分段结算的工程，是按分部分项工程进行结算的

D. 实行竣工后一次结算的工程仅为承包合同价在 100 万元以下的工程

E. 实行竣工后一次结算和分段结算工程，当年结算款应与分年度工作量一致

5. 关于施工安全技术措施的说法中，正确的有（   ）。

A. 安全技术措施可以边施工边编制

B. 设计发生变更时，安全技术措施无需变更

C. 土石方工程必须编制单独的分部分项工程安全技术措施

D. 安全技术措施的编制要考虑季节性施工的特点

E. 施工安全技术措施中不包含施工总平面图

答案：1. AB；2. ABC；3. ADE；4. BE；5. CD

三、判断题（正确选 A；错误选 B）

1. 对于简单的工程，一般只编制施工方案，并附以施工进度计划和施工平面图。
（　　）

2. 检验批质量合格主要取决于主控项目检验的结果。（　　）

3. 流水步距是指相邻专业队相继开始施工的最大间隔时间。（　　）

4. 施工企业成本控制可分为事先控制、事中控制和事后控制。（　　）

5. 在砌筑工程安全技术交底之中规定，脚手架上堆料不得超过规定荷载，堆砖高度不得超 4 皮侧砖，同一块脚手板上的操作人员不得超过 3 人。（　　）

答案： 1. A；2. B；3. B；4. A；5. B

四、案例题（正确选 A；错误选 B）

某工程基坑开挖后发现有城市供水管道横跨基坑，须将供水管道改线并对地基进行处理，为此，业主以书面形式通知施工单位停工 10d，并同意合同工期拖延 10d，为确保继续施工，要求工人，施工机械等不要撤离施工现场，但在通知中未涉及由此造成施工单位停工损失如何处理。施工单位认为对其损失过大，意欲索赔。

1. 该案例中的索赔可以成立。（　　）（判断题）

2. 该案例中，若索赔成立，施工单位应向（　　）索赔。（单选题）

A. 建设单位　　　　　　　　　　B. 监理单位

C. 设计单位　　　　　　　　　　D. 供货单位

3. 由此引起的损失费用有 10d 的工人窝工、施工机械停滞及管理费用。
（　　）（判断题）

4. 如果提出索赔要求，应向业主提供费用计算书及索赔证据复制件。
（　　）（判断题）

答案： 1. A；2. A；3. A；4. A

模拟试题（三）（建筑工程）

一、单项选择题

1. 项目结构图、组织结构图和合同结构图的涵义不同，其表达的方式也有所不同。下图反映了一个建设项目的业主与总承包商，以及总承包商与分包商之间的某种关系，这种关系是（　　）。

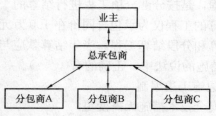

A. 指令关系　　　　　　　　　　B. 项目结构关系

C. 工作任务关系　　　　　　　　D. 合同关系

2. 某项目中的办公楼设计了地下二层停车场，并设有大型设备层，地下室底面标高 −17.50m，地下情况复杂，施工困难。针对办公楼的深基坑施工，应当编制（　　）。

A. 施工规划　　　　　　　　　　B. 单位工程施工组织设计

C. 施工组织总设计　　　　　　　D. 分部分项工程施工组织设计

3. 在施工现场质量检查过程中，通常用"靠、吊、量、套"等方法进行实测检查。其中，对于地面平整度的检查通常采用的手段是（   ）。

A. 靠
B. 吊
C. 量
D. 套

4. 设计单位在设计方案中，决定采用将钢筋锚入原结构混凝土后挑出原结构，然后支模浇筑混凝土后作为外挑梁。在钢筋锚入原结构混凝土的设计中，使用了一种新型的粘结剂。为了确保施工质量，需要审查该新材料的（   ）。

A. 实验室各项数据
B. 鉴定证书
C. 现场试验报告和鉴定报告
D. 现场试验报告

5. 已知某网络计划中工作 M 的自由时差为 3d，总时差为 5d。通过检查分析，发现该工作的实际进度拖后，且影响总工期 1d。在其他工作均正常的前提下，工作 M 的实际进度拖后（   ）d。

A. 1
B. 4
C. 6
D. 9

6. 下图双代号网络图中，引入虚工作 2～3 是为了表示（   ）。

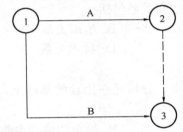

A. 对 A.B 两项工作的代号加以区分
B. A.B 两项工作不能同时结束
C. 工作 A 完成后、工作 B 才能开始
D. A.B 两项工作必须同时结束

7. 根据《建设工程施工合同（示范文本）》，若合同中约定有工程预付款，则预付时间应（   ）。

A. 不迟于约定的开工日期前 7d
B. 不迟于约定的开工日期前 30d
C. 不迟于实际开工以后的 7d
D. 不迟于首次支付工程款前 7d

8. 施工项目成本控制是企业全面成本管理的重要环节，应贯穿于施工项目（   ）。

A. 从筹建到竣工的全过程
B. 从招标到竣工的全过程
C. 从投标到竣工的全过程
D. 从开工到竣工的全过程

9. 施工安全管理体系的建立，必须适用于（   ）的安全管理和控制。

A. 工程设计过程
B. 工程规划过程
C. 工程决策阶段
D. 工程施工全过程

10. 施工时预留洞口的边长或直径在（   ）以上时，四周应设护栏并架设两道水平杠，洞口下铺设安全网。

A. 50cm   B. 120cm   C. 150cm   D. 200cm

答案：1. D；2. D；3. A；4. C；5. C；6. A；7. A；8. C；9. D；10. C

二、多项选择题

1. 关于矩阵组织结构的描述正确的是（   ）。

A. 指令源是唯一的   B. 指令源有两个

C. 有多个指令源   D. 适用于大的组织系统

E. 适用于小的组织系统

2. 某工程为 6 层钢筋混凝土框架结构，柱高 5m，主梁跨度 8m。主体施工为 2006 年 11 月至 2007 年 2 月，期间室外最低温度通常在－5℃～1℃。二层柱混凝土施工时，直接将混凝土由柱模顶端分层灌入，每次灌注厚度 40cm，用 6m 长木杆加以振捣，在拆模时发生了严重的蜂窝和露筋现象。柱出现上述质量问题的原因可能有（   ）。

A. 混凝土强度等级太低   B. 柱混凝土灌注高度太大

C. 分层厚度过大   D. 振捣不充分

E. 养护时没有覆盖保温

3. 网络计划中工作之间的逻辑关系包括（   ）。

A. 工艺关系   B. 组织关系

C. 生产关系   D. 技术关系

E. 协调关系

4. 在施工成本控制的步骤中，分析是在比较的基础上，对比较结果进行的分析，目的有（   ）。

A. 发现成本是否超支   B. 确定纠偏的主要对象

C. 确定偏差的严重性   D. 找出产生偏差的原因

E. 检查纠偏措施的执行情况

5. 施工企业在建立施工安全管理体系时，应遵循的原则有（   ）。

A. 要建立健全安全生产责任制和群防群治制度

B. 项目部可自行制定本项目的安全管理规程

C. 必须符合法律、行政法规及规程的要求

D. 必须适用于工程施工全过程

E. 企业可以建立统一的施工安全管理体系

答案：1. BD；2. BCD；3. AB；4. CD；5. ACD

三、判断题（正确选 A，错误选 B）

1. 项目组织结构图应主要表达出业主方的组织关系，而项目的参与单位等有关的各工作部门之间的组织关系则应省略。   （   ）

2. 在分包服务中，一般可通过分包合同，对分包服务进行动态控制。   （   ）

3. 网络图中允许出现回路。   （   ）

4. 施工项目成本预测是施工项目成本计划与决策的依据。   （   ）

5. 施工安全技术交底应逐级进行，交底双方可不必形成书面记录。   （   ）

答案：1. B；2. A；3. B；4. A；5. B

四、案例题

某建筑公司承接了该市洪湖娱乐城工程，该工程地处闹市区，紧邻城市主要干道，施工场地狭窄，主体地上22层，地下3层，建筑面积47800m²，基础开挖深度11.5m，低于地下水。为了达到"以预防为主"的目的，施工单位加强了施工工序的质量控制。

问题：（单选题）

1. 该娱乐城项目工序质量控制的内容不包括哪一个？（ ）

A. 严格遵守工艺规程　　　　　　B. 主动控制工序活动条件的质量

C. 及时检查分部工程的质量　　　D. 设置工序质量控制点

2. 针对该工程的工序质量检验要考虑标准具体化、度量比较，还包括哪些内容？（ ）

A. 处理　　　　B. 估算　　　　C. 温度　　　　D. 湿度

3. 质量控制点设置的原则，是根据工程的重要程度，即（ ）对整个工程质量的影响程度来确定。

A. 质量特性值　　　　　　　　　B. 质量分析值

C. 质量检测值　　　　　　　　　D. 质量稳定值

4. 施工工序质量控制步骤是实测、分析和（ ）。

A. 决断　　　　B. 计算　　　　C. 预测　　　　D. 判断

答案：1. C；2. A；3. A；4. D

模拟试题（四）（市政工程）

一、单项选择题

1. 某图书馆工程项目经理，在建立项目组织机构时采用了线性组织结构模式。该项目组织结构的特点是（ ）。

A. 可能有多个矛盾的指令源

B. 有横向和纵向两个指令源

C. 能促进管理专业化分工

D. 每个工作部门只接受一个上级的直接领导

2. 运用动态控制原理控制施工质量时，质量目标不仅是各分部分项工程的施工质量，还包括（ ）。

A. 设计图纸质量　　　　　　　　B. 建筑材料、设备质量

C. 业主决策质量　　　　　　　　D. 监理规划质量

3. 计量控制作为施工项目质量管理的基础工作，其主要任务是（ ）。

A. 统一计量工具制度，组织量值传递，保证量值统一

B. 统一计量工具制度，组织量值传递，保证量值分离

C. 统一计量单位制度，组织量值传递，保证量值分离

D. 统一计量单位制度，组织量值传递，保证量值统一

4. 某栋10层住宅楼的钢筋工程可以作为一个（ ）进行质量控制。

A. 分部工程　　　　　　　　　　B. 单位工程

C. 检验批　　　　　　　　　　　D. 分项工程

5. 工程网络计划执行过程中，如果某项工作实际进度拖延的时间超过其自由时差，则该工作（ ）。

A. 必定影响其紧后工作的最早开始时间

B. 必定变为关键工作

C. 必定导致其后续工作的完成时间推迟

D. 必定影响工程总工期

6. 双代号时标网络计划能够在图上清楚地表明计划的时间进程及各项工作的（　　）。

A. 开始和完成时间　　　　　　　　B. 超前或拖后时间

C. 速度和效率　　　　　　　　　　D. 实际进度偏差

7. 根据《建设工程工程量清单计价规范》GB 50500—2008，对工程施工过程中因修改设计而新增的工程量清单项目，在合同中没有适用的综合单价时，其综合单价应（　　）。

A. 由发包人提出，经工程师确认

B. 由工程师提出，经发包人确认

C. 由承包人提出，经发包人确认

D. 由发包人提出，经承包人确认

8. 建设项目或单项工程全部建筑安装工程建设期在 12 个月以内，或者工程承包合同价值在（　　）万元以下的，可以实行工程价款每月月中预支，竣工后一次结算。

A. 50　　　　　　B. 80　　　　　　C. 100　　　　　　D. 120

9. 做好"三宝"、"四口"的防护措施，其中四口为（　　）。

A. 通道口、楼梯口、电梯井口、预留洞口

B. 通道口、楼梯口、电梯井口、检查口

C. 通道口、楼梯口、检查口、预留洞口

D. 楼梯口、电梯井口、检查口、预留洞口

10. 安全平网从二层楼面起设置，往上每隔（　　）层，设置一道。

A. 二　　　　　　B. 三　　　　　　C. 四　　　　　　D. 五

答案：1. D；2. B；3. D；4. D；5. A；6. A；7. C；8. C；9. A；10. C

二、多项选择题

1. 单位工程施工组织设计的主要内容有（　　）。

A. 工程概况及施工特点分析

B. 施工方案的选择

C. 施工总进度计划

D. 各项资源需求量计划

E. 单位工程施工总平面图设计

2. 下列各项中，属于质量管理八项原则的有（　　）。

A. 领导作用　　　　　　　　　　　B. 员工作用

C. 持续改进　　　　　　　　　　　D. 管理的系统方法

E. 与需方互利的关系

3. 工程工期又可以分为（　　）。

A. 定额工期　　　　　　　　　　　B. 计算工期

C. 合同工期　　　　　　　　　　　D. 过程工期

E. 要求工期

4. 下列有关工程预付款的说法中，正确的有（　　）。

A. 工程预付款是承包人预先垫支的工程款

B. 工程预付款是施工准备和所需材料、结构件等流动资金的主要来源

C. 工程预付款又被称作预付备料款

D. 工程预付款预付时间不得迟于约定开工日前 7d

E. 工程预付款扣款方式由发包人决定

5. 中华人民共和国建设部于 1999 年批准《建筑施工安全检查标准》JGJ 59—99 中，（　　）分项检查表中设立了保证项目和一般项目。

A. 安全管理　　　　　　　　　　B. 脚手架

C. 基坑支护与模板工程　　　　　D. "三宝"及"四口"防护

E. 施工机具

答案：1. ABDE；2. ACD；3. ABC；4. BCD；5. ABC

三、判断题（正确选 A，错误选 B）

1. 调整项目组织结构、任务分工、管理职能分工、工作流程组织和项目管理班子人员等属于管理措施。　　　　　　　　　　　　　　　　　　　　　　　　　（　　）

2. 施工阶段技术交底的内容主要是分项工程技术交底。　　　　　　　（　　）

3. 单代号网络图中也有虚工作。　　　　　　　　　　　　　　　　　（　　）

4. 在钢筋工程安全施工中，钢筋的断料、配料、弯料等工作应在地面进行，高空工作面允许的也可以在高空操作。　　　　　　　　　　　　　　　　　　　　（　　）

5. 项目的整体利益和施工方本身的利益是对立统一的关系，两者有其统一的一面，也有其对立的一面。　　　　　　　　　　　　　　　　　　　　　　　　　（　　）

答案：1. B；2. B；3. B；4. B；5. A

四、案例题

某市路南区建设一综合楼，结构形式采用现浇框架——剪力墙结构体系，地上 20 层，地下 2 层，建筑物檐高 66.75m，建筑面积 5.6 万 m²，混凝土强度等级为 C35，于 2000 年 3 月 12 日开工，在工程施工中出现了质量问题：试验测定地上 3 层和 4 层混凝土标准养护试块强度未达到设计要求，监理工程师采用回弹法测定，结果仍不能满足设计要求，最后法定检测单位从 3 层和 4 层钻取部分芯样，为了进行对比，又在试块强度检验合格的 2 层钻取部分芯样，检测结果发现，试块强度合格的芯样强度能达到设计要求，而试块强度不合格的芯样强度仍不能达到原设计要求。

1. 针对该工程，施工单位应采取（　　）质量控制的对策来保证工程质量。（多选题）

A. 以人的工作质量确保工程质量

B. 严格控制投入品的质量

C. 全面控制施工过程，重点控制工序质量

D. 严把分项工程质量检验评定关

E. 贯彻"预防为主"的方针，严防系统性因素的质量变异

2. 为避免以后施工中出现类似质量问题，施工单位对施工作业过程质量进行控制。

施工作业质量控制包括（　　）。（多选题）

A. 审核有关技术文件和报告

B. 施工工序质量控制程序

C. 施工工序质量控制要求

D. 施工工序质量检验

E. 工序合格质量检验记录完整

3. 建筑施工项目质量控制的过程包括（　　）。（多选题）

A. 施工前期安全控制

B. 施工准备质量控制

C. 施工过程成本控制

D. 施工过程质量控制

E. 施工验收质量控制

4. 针对工程项目的质量问题，现场常用的质量检查的方法有目测法、（　　）。（多选题）

A. 实测法 　　　　　　　　B. 图表法

C. 对比法 　　　　　　　　D. 分析法

E. 试验法

5. 目测法其手段可归纳为（　　）。（多选题）

A. 看 　　　　　　　　　　B. 摸

C. 敲 　　　　　　　　　　D. 量

E. 照

答案：1. ABCDE；2. BCD；3. BDE；4. AE；5. ABCE

模拟试题（五）（市政工程）

一、单项选择题

1. 下列选项中，反映一个项目管理班子中各工作部门之间组织关系的组织工具是（　　）。

A. 项目结构图　　B. 工作流程图　　C. 任务分工表　　D. 组织结构图

2. 项目管理最基本的方法论是在项目实施过程中必须随着情况的变化进行项目目标的（　　）。

A. 动态控制　　　B. 风险预测　　　C. 分解落实　　　D. 系统分析

3. 政府行政主管部门设立专门机构对建设工程质量行使监督职能，下面选项中不属于其目的的是（　　）。

A. 保证建设工程质量 　　　　　B. 保证建设工程的使用安全

C. 保证建设工程的环境质量 　　D. 保证建设工程按质量要求如期交付

4. 在质量管理体系的系列文件中，属于质量手册支持性文件的是（　　）。

A. 程序文件　　B. 质量计划　　C. 质量记录　　D. 质量方针

5. 假设工作 C 的紧前工作仅有 A 和 B，它们的最早开始时间分别为 6d 和 7d，持续时间分别为 4d 和 5d，则工作 C 的最早开始时间为（　　）d。

A. 10 　　　　　B. 11 　　　　　C. 12 　　　　　D. 13

6. 下图为某办公楼双代号网络计划，其工期为（ ）d。

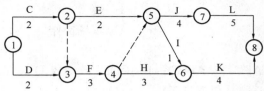

A. 11　　　　　　　　B. 12　　　　　　　　C. 13　　　　　　　　D. 14

7. 根据成本信息和施工项目的具体情况，运用一定的专门方法，对未来的成本及其可能发展趋势做出科学估计，这是指（ ）。

A. 成本预测　　　　B. 成本控制　　　　C. 成本核算　　　　D. 成本考核

8. 进行施工成本控制，工程实际完成量、成本实际支出等信息的获得，主要是通过（ ）。

A. 工程承包合同　　B. 施工成本计划　　C. 进度报告　　　　D. 施工组织设计

9. 不准强令塔吊在（ ）级以上大风、雷雨、大雾天气作业或超过限重冒险作业。

A. 4　　　　　　　　B. 5　　　　　　　　C. 6　　　　　　　　D. 7

10. 安全生产六大纪律中规定，（ ）m以上的高处、悬空作业、无安全设施的，必须系好安全带、扣好保险钩。

A. 1.5　　　　　　　B. 1.8　　　　　　　C. 2　　　　　　　　D. 2.5

答案： 1. D；2. A；3. D；4. A；5. C；6. D；7. A；8. C；9. C；10. C

二、多项选择题

1. 某住宅小区工程的项目经理，使用工作任务分工表明确了项目部成员的工作任务。其中应明确的内容有（ ）。

A. 各项工作任务由谁负责　　　　　　B. 各项工作任务由谁决策

C. 各项工作任务由谁配合　　　　　　D. 各项工作任务由谁参与

E. 各项工作任务由谁筹划

2. 质量监督机构在工程竣工阶段质量监督工作的内容有（ ）。

A. 对所提出的质量问题的整改情况进行复查

B. 参加竣工验收会议

C. 编制单位工程质量监督报告

D. 按照监督方案对施工情况进行不定期的检查

E. 检查参与工程项目建设各方的质量保证体系

3. 影响工程进度管理的因素来自下列（ ）方面。

A. 业主　　　　　　　　　　　　　　B. 勘察设计单位

C. 承包人　　　　　　　　　　　　　D. 建设环境

E. 施工方法

4. 常用的建筑安装工程费用动态结算方法有（ ）。

A. 调值公式法　　　　　　　　　　　B. 分部结算法

C. 竣工调价系数法　　　　　　　　　D. 按主材计算价差法

E. 按实际价格结算法

5. 通常我们进行安全检查时采用以下（　　）的检查方法。

A. 看   B. 量

C. 测   D. 现场操作

E. 靠

答案：1. ACD；2. ABC；3. ABCD；4. ACDE；5. ABCD

三、判断题（正确选 A，错误选 B）

1. 组织论的一个重要结论是：技术是目标能否实现的决定性因素。   （　　）

2. 工程变更可能导致项目工期、成本或质量的改变。   （　　）

3. 时标网络不宜按最早时间编制。   （　　）

4. 施工预算就是施工图预算。   （　　）

5. 采用人工挖土时，人与人之间的操作间距不得小于 2m。   （　　）

答案：1. B；2. A；3. B；4. B；5. B

四、案例题

工人甲在某工程上剔凿保护层上的裂缝，由于没有将剔凿所用的工具带到工作面，便回去取工具，行走途中，不小心踏上了通风口盖板上（通风口为 1.3m×1.3m，盖板为 1.4m×1.4m、厚 1mm 的镀锌铁皮），铁皮在甲的踩踏作用下，迅速变形坍落，甲随坍落的钢板掉到首层地面（落差 12.35m），经抢救无效于当日死亡。这是一起由于"四口"防护不到位所引起的伤亡事故。

1. "三宝"、"四口"防护中的三宝指的是（　　）。（多选题）

A. 安全帽   B. 安全防护镜

C. 安全带   D. 安全鞋

E. 安全网

2. 安全防护中的"四口"是指（　　）。（多选题）

A. 通风口   B. 楼梯口

C. 电梯井口   D. 预留洞口

E. 通道口

3. 建筑工程安全生产管理必须坚持（　　）的方针，建立健全安全生产的责任制度等制度。（多选题）

A. 安全生产人人有责   B. 安全第一

C. 预防为主   D. 安全教育

E. 以人为本

4. 建筑安全生产监督管理应当根据（　　）的原则，依靠科学管理和技术进步，推动建筑安全生产工作的开展，控制人身伤亡事故的发生。（单选题）

A. 安全责任重于泰山   B. 管生产必须管安全

C. 安全第一   D. 加强安全管理

E. 安全生产人人有责

5. 三级安全教育是企业必须坚持的安全生产基本制度，对新员工都必须进行三级安全教育，三级安全教育是（　　）。（多选题）

A. 公司主要负责人教育   B. 进公司教育

C. 进项目经理部教育　　　　　　　　　　　D. 进班组教育

E. 安全员教育

答案：1. ACE；2. BCDE；3. BC；4. B；5. BCD

模拟试题（六）（市政工程）

一、单项选择题

1. 项目的结构编码依据（　　），对项目结构的每一层的每一个组成部分进行编码。

A. 项目结构图　　　　　　　　　　　　　　B. 项目控制图

C. 项目质量控制图　　　　　　　　　　　　D. 项目管理图

2. 在施工过程中对施工进度目标进行动态跟踪和控制的工作包括：①收集施工进度实际值；②定期对施工进度的计划值和实际值进行比较；③如有偏差，采取措施进行纠偏。正确的工作流程是（　　）。

A. ①→②→③　　　　B. ②→①→③　　　　C. ②→③→①　　　　D. ③→①→②

3. 政府对建设工程质量监督的职能（　　）。

A. 包括监督工程参与主体各方的质量行为，但不包括检查工程实体的施工质量

B. 包括检查工程实体的施工质量，但不包括监督工程参与主体各方的质量行为

C. 既不包括监督工程参与主体各方的质量行为，又不包括检查工程实体的施工质量

D. 既包括监督工程参与主体各方的质量行为，又包括检查工程实体的施工质量

4. 当参与工程竣工验收的建设、勘察、设计、施工、监理等各方不能形成一致意见时，正确的做法是（　　）。

A. 协商提出解决方法，待意见一致后重新组织工程竣工验收

B. 由建设单位决定验收结论

C. 由监理单位决定验收结论

D. 将各方意见记录下来，但不需要重新组织工程竣工验收

5. 已知在双代号网络计划中，某工作有 2 项紧前工作，它们的最早完成时间分别为 18d 和 23d。如果该工作的持续时间为 6d，则该工作最早完成时间为（　　）。

A. 18d　　　　　　　B. 23d　　　　　　　C. 24d　　　　　　　D. 29d

6. 使用乙炔、氧气时，乙炔器与氧气瓶的间距应大于（　　）m，与明火操作距离应大于（　　）m，不准放在高压线下。

A. 3，8　　　　　　B. 4，9　　　　　　C. 5，9　　　　　　D. 5，10

7. 在潮湿场所或金属容器内工作时，行灯电压不得超过（　　）V。

A. 36　　　　　　　B. 24　　　　　　　C. 12　　　　　　　D. 48

8. 某施工企业承担了某写字楼的土建工程和安装工程施工任务，合同工期 620d，在对该项目的施工成本目标进行动态跟踪和控制时，成本的控制周期一般为（　　）。

A. 年　　　　　　　B. 旬　　　　　　　C. 月　　　　　　　D. 半年

9. 某工程监理人在审核当月承包人提交的进度付款申请单时，发现前二个月已签发的进度付款证书中存在错误，多支付了承包人约 50 万元的进度款，根据规定，该笔款（　　）。

A. 工程师无权扣除　　　　　　　　　　　B. 应在本次进度付款中扣除

C. 监理人无权修正错误　　　　　　　　　D. 应在下次进度付款中扣除

10. 双代号时标网络计划能够在图上清楚地表明计划的时间进程及各项工作的( )。

A. 开始和完成时间
B. 超前或拖后时间
C. 速度和效率
D. 实际进度偏差

答案：1. A；2. A；3. D；4. A；5. D；6. D；7. C；8. C；9. B；10. A

二、多项选择题

1. 在下列工程中，需要编制分部（分项）工程施工组织设计的有( )。

A. 安居工程住宅小区
B. 高塔建筑塔顶的特大钢结构构件吊装
C. 某工厂新建烟囱工程
D. 定向爆破工程
E. 大跨屋面结构采用的无粘结预应力混凝土工程

2. 施工生产中计量控制的主要工作包括( )。

A. 投料计量
B. 施工测算监测计量
C. 施工机械设备数量计量
D. 分析计量
E. 施工人员数量计量

3. 流水施工过程中的空间参数主要包括( )。

A. 施工段
B. 流水节拍
C. 施工层
D. 流水步距
E. 工作面

4. 编制计划需要依据，属于施工成本计划编制依据的有( )。

A. 招标文件
B. 投标报价文件
C. 施工预算
D. 行业定额
E. 施工组织设计

5. 《建筑施工安全检查标准》JGJ 59—2011 等级划分的原则：分( )等级。

A. 优良
B. 良好
C. 合格
D. 不合格
E. 优秀

答案：1. BDE；2. ABD；3. ACE；4. BCE；5. ACD

三、判断题（正确选 A；错误 B）

1. 工程监理人员如发现工程设计有不符合建设工程质量标准或合同约定的质量要求的，应当报告建设单位，要求设计单位改正。 （ ）

2. 单位工程验收时，应进行观感质量验收；而分部工程验收时无需对观感质量进行验收。 （ ）

3. 当进度发生偏差时，可通过改变某些工作的逻辑关系或改变某些工作的持续时间来进行纠偏。 （ ）

4. 在施工成本控制中，把施工成本的实际值与计划值差异叫做成本偏差。 （ ）

5. 安全帽在保证承受冲击力的前提下，要求越重越好，重量不应超过 450g。 （ ）

答案：1. A；2. B；3. A；4. A；5. B

四、案例题（正确选 A；错误选 B）

某高架桥工程，其中有三跨为普通钢筋混凝土连续梁，需现场浇筑，跨径组合为 30m ＋40m＋30m，桥宽 18m，桥下净高 9m。在已批准的施工组织设计中有详细的模板支架专项设计。项目经理为节约成本，就地取材，使用了附近工程的支架材料和结构形式，在浇筑主梁混凝土的过程中，承重杆件产生变形、失稳，导致支架坍塌，造成一人死亡、两人重伤的安全事故。

1. 变更方案审批程序不正确。　　　　　　　　　　　　　（　　）（判断题）

2. 支架验算全面。　　　　　　　　　　　　　　　　　　（　　）（判断题）

3. 本案例应满足技术要求，其支架的强度、刚度、稳定性，应符合规范要求。

　　　　　　　　　　　　　　　　　　　　　　　　　　　（　　）（判断题）

4. 某些操作复杂、工程量较大或要求人与机械密切配合的机械，最好选用机械施工承包的使用方式。　　　　　　　　　　　　　　　　　　　（　　）（判断题）

答案：1. A；2. B；3. A；4. B

3 试 卷 汇 编

2010 年下半年江苏省建设专业管理人员统一考试
施工员（建筑工程专业）试卷

第一部分 专业基础知识

一、单项选择题

1. 三面投影图中，B点在 H、V 两面上投影的连线 bb'（   ）OX轴。

A. 平行　　　　　　　B. 垂直　　　　　　　C. 交叉　　　　　　　D. 以上都不对

2. 横向定位轴线编号用阿拉伯数字，（   ）依次编号。

A. 从右向左　　　　　B. 从中间向两侧　　　C. 从左至右　　　　　D. 从前向后

3. 楼层建筑平面图表达的主要内容是（   ）。

A. 平面形状和内部布置　　　　　　　　　　B. 梁柱等构件的代号

C. 楼板的布置和配筋　　　　　　　　　　　D. 外部造型和材料

4. 风玫瑰图中的虚线表示（   ）。

A. 全年的风向　　　　B. 春季的风向　　　　C. 夏季的风向　　　　D. 冬季的风向

5. 下面四种平面图不属于建筑施工图的是（   ）。

A. 总平面图　　　　　B. 基础平面图　　　　C. 首层平面图　　　　D. 顶层平面图

6. 在结构平面图中，构件代号"TL"表示（   ）。

A. 预制梁　　　　　　B. 楼梯梁　　　　　　C. 雨篷梁　　　　　　D. 阳台梁

7. 地面上有一点 A，任意取一个水准面，则点 A 到该水准面的铅垂距离为（   ）。

A. 绝对高程　　　　　B. 海拔　　　　　　　C. 高差　　　　　　　D. 相对高程

8. 水准仪的（   ）与仪器竖轴平行。

A. 视准轴　　　　　　B. 圆水准器轴　　　　C. 十字丝横丝　　　　D. 水准管轴

9. 在 A（高程为 25.812m）、B 两点间放置水准仪测量，后视 A 点的读数为 1.360m，前视 B 点的读数为 0.793m，则 B 点的高程为（   ）。

A. 25.245m　　　　　B. 26.605m　　　　　C. 26.379m　　　　　D. 27.172m

10. 进行经纬仪水准测量，测回法适用于观测（   ）间的夹角。

A. 三个方向　　　　　　　　　　　　　　　B. 两个方向

C. 三个以上的方向　　　　　　　　　　　　D. 一个方向

11. 水准测量中要求前后视距离相等，其目的是为了消除（   ）的误差影响。

A. 水准管轴不平行于视准轴　　　　　　　　B. 圆水准轴不平行于仪器竖轴

C. 十字丝横丝不水平　　　　　　　　　　　D. 圆水准轴不垂直

12. 转动水准仪的微倾螺旋，使水准管气泡严格居中，从而使望远镜的视线处于水平

172

位置叫（　　）。

  A. 粗平   B. 对光   C. 清除视差   D. 精平

13. 计算砖基础时应扣除（　　）。

  A. 基础大放脚 T 形接头处的重叠部分 B. 基础砂浆防潮层

  C. 钢筋混凝土地梁   D. 嵌入基础内的钢筋

14. 企业内部使用的定额是（　　）。

  A. 施工定额   B. 预算定额   C. 概算定额   D. 概算指标

15. 某抹灰班 13 名工人，抹某住宅楼白灰砂浆墙面，施工 25 天完成抹灰任务，个人产量定额为 $10.2m^2$/工日，则该抹灰班应完成的抹灰面积为（　　）。

  A. $255m^2$ B. $19.6m^2$ C. $3315m^2$ D. $133m^2$

16. （　　）是指具有独立设计文件，可以独立组织施工，但完成后不能独立发挥效益的工程。

  A. 分部工程   B. 分项工程   C. 单位工程   D. 单项工程

17. 工程量清单主要由（　　）等组成。

  A. 分部分项工程量清单、措施项目清单

  B. 分部分项工程量清单、措施项目清单和其他项目清单

  C. 分部分项工程量清单、措施项目清单、其他项目清单、施工组织设计

  D. 分部分项工程量清单、措施项目清单和其他项目清单和现场情况清单

18. 关于多层建筑物的建筑面积，下列说法正确的是（　　）。

  A. 多层建筑物的建筑面积＝其首层建筑面积×层数

  B. 同一建筑物不论结构如何，按其层数的不同应分别计算建筑面积

  C. 外墙设有保温层时，计算至保温层内表面

  D. 首层建筑面积按外墙勒脚以上结构外围水平面积计算

19. 结构用材料的性能均具有变异性，例如按同一标准生产的钢材，不同时生产的各批钢筋的强度并不完全相同，即使是用同一炉钢轧成的钢筋，其强度也有差异，故结构设计时就需要确定一个材料强度的基本代表值，即材料的（　　）。

  A. 强度组合值 B. 强度设计值 C. 强度代表值 D. 强度标准值

20. 当受弯构件剪力设计值 $v < 0.7f_tbh_0$，（　　）。

  A. 可直接按最小配箍率 $\rho_{sv,min}$ 配箍筋

  B. 可直接按构造要求的箍筋最小直径及最大间距配箍筋

  C. 按构造要求的箍筋最小直径及最大间距配筋，并验算最小配筋率

  D. 按受剪承载力公式计算配箍筋

21. 下列构件中，（　　）是门窗洞口上用以承受上部墙体和楼盖传来的荷载的常用构件。

  A. 地梁   B. 圈梁   C. 拱梁   D. 过梁

22. 抗震概念设计和抗震构造措施主要是为了满足（　　）的要求。

  A. 小震不坏   B. 中震不坏   C. 中震可修   D. 大震不倒

23. 梁中受力纵筋的保护层厚度主要由（　　）决定。

  A. 纵筋级别   B. 纵筋的直径大小

  C. 周围环境和混凝土的强度等级   D. 箍筋的直径大小

24. 受压构件正截面界限相对受压区高度有关的因素是（　　）。

　　A. 钢筋强度　　　　　　　　　　　　B. 混凝土的强度

　　C. 钢筋及混凝土的强度　　　　　　　D. 钢筋、混凝土强度及截面高度

25. 在结构使用期间，其值不随时间变化，或其变化与平均值相比可以忽略不计，或其变化是单调的并能趋于限值的荷载称为（　　）。

　　A. 可变荷载　　　　　　　　　　　　B. 准永久荷载

　　C. 偶然荷载　　　　　　　　　　　　D. 永久荷载

26. 为了减小混凝土收缩对结构的影响，可采取的措施是（　　）。

　　A. 加大构件尺寸　　　　　　　　　　B. 增大水泥用量

　　C. 减小荷载值　　　　　　　　　　　D. 改善构件的养护条件

27. 生产硅酸盐水泥时加适量石膏主要起（　　）作用。

　　A. 促凝　　　　　　B. 缓凝　　　　　　C. 助磨　　　　　　D. 膨胀

28. 用沸煮法检验水泥体积安定性，只能检查出（　　）的影响。

　　A. 游离 CaO　　　B. 游离 MgO　　　C. 石膏　　　　　　D. $Ca(OH)_2$

29. 可用（　　）的方法来改善混凝土拌合物的和易性。

　　a. 在水灰比不变条件下增加水泥浆的用量　　　b. 采用合理砂率

　　c. 改善砂石级配　　d. 加入减水剂　　　　　e. 增加用水量

　　A. a，b，c，e　　　　　　　　　　　B. a，b，c，d

　　C. a，c，d，e　　　　　　　　　　　D. b，c，d，e

30. 黏土空心砖与普通黏土砖相比，对黏土的要求是（　　）。

　　A. 可塑性高　　　　B. 可塑性低　　　　C. 耐火度高　　　　D. 耐火度低

31. 配制混凝土用砂的要求是尽量采用（　　）的砂。

　　A. 空隙率小　　　　　　　　　　　　B. 总面积小

　　C. 总面积大　　　　　　　　　　　　D. 空隙率和总面积均较小

32. （　　）是木材最大的缺点。

　　A. 易燃　　　　　　B. 易腐朽　　　　　C. 易开裂和翘曲　　D. 易吸潮

33. 在正常使用条件下，电气管线、给排水管道、设备安装和装修工程，最低保修期为（　　）年。

　　A. 1　　　　　　　　B. 2　　　　　　　　C. 3　　　　　　　　D. 5

34. 房屋建筑使用者在装修过程中擅自变动房屋建筑主体和承重结构的，责令改正，并处（　　）的罚款。

　　A. 5 万元以上 10 万元以下　　　　　B. 10 万元以上 20 万元以下

　　C. 20 万元以上 50 万元以下　　　　　D. 50 万元以上 100 万元以下

35. 在（　　）地区内的建设工程，施工单位应当对施工现场实行封闭围挡。

　　A. 野外　　　　　　B. 城市市区　　　　C. 郊区　　　　　　D. 所有

36. 下列属于企业取得安全生产许可证，应当具备的安全生产条件有（　　）。

　　A. 建立健全安全生产责任制，制定完备的安全生产规章制度和操作规程

　　B. 安全投入符合安全生产要求

　　C. 设置安全生产管理机构，配备专职安全生产管理人员

D. 以上三者都是

37. 施工单位应当为施工现场从事危险作业的人员办理意外伤害保险，意外伤害保险费由（　　）支付。

    A. 建设单位　　　　　B. 监理单位　　　　　C. 设计单位　　　　　D. 施工单位

38. 下列应予支持的是（　　）。

    A. 当事人对垫资利息没有约定，承包人请求支付利息的

    B. 当事人对垫资和垫资利息有约定，约定的利息计算标准高于中国人民银行发布的同期同类贷款利率的部分

    C. 当事人对垫资和垫资利息有约定，承包人请求按照约定返还垫资及其利息的

    D. 以上三者都是

39. 施工现场暂时停止施工的，施工单位应当做好现场防护，所需费用由（　　）承担，或者按照合同约定执行。

    A. 建设单位　　　　　B. 施工单位　　　　　C. 总承包单位　　　　　D. 责任方

40. 施工单位应当在施工现场建立消防安全责任制度，确定（　　），制定用火、用电、使用易燃易爆材料等各项消防安全管理制度和操作规程，设置消防通道、消防水源，配备消防设施和灭火器材，并在施工现场入口处设置明显标志。

    A. 专职安全生产管理人员　　　　　B. 专门作业员

    C. 消防安全责任人　　　　　D. 专门监理人员

二、多项选择题

41. 建筑平面图主要表示房屋（　　）。

    A. 屋顶的形式　　　　　B. 外墙饰面

    C. 房间大小　　　　　D. 内部分隔

    E. 墙的厚度

42. 在土建施工图中有剖切位置符号及编号 ⌐2＿＿＿＿⌐2 ，其对应图为（　　）。

    A. 剖面图　　　　　B. 向右投影

    C. 断面图　　　　　D. 向左投影

    E. 大样图

43. 房屋施工图一般包括（　　）。

    A. 建筑施工图　　　　　B. 设备施工图

    C. 道路施工图　　　　　D. 结构施工图

    E. 装饰施工图

44. 经纬仪的安置主要包括（　　）内容。

    A. 照准　　　　　B. 定平

    C. 观测　　　　　D. 对中

    E. 读数

45. 水准测量中，使前后视距大致相等，可以消除或削弱（　　）。

    A. 水准管轴不平行视准轴的误差

    B. 地球曲率产生的误差

C. 估度数差

D. 阳光照射产生的误差

E. 大气折光产生的误差

46. 电子水准测量采用的测量原理有（　　）几种。

A. 相关法 　　　　　　　　　　　B. 几何法

C. 相位法 　　　　　　　　　　　D. 光电法

E. 数学法

47. 编制竣工结算时，以下属于可以调整的工程量差有（　　）。

A. 建设单位提出的设计变更

B. 由于某种建筑材料一时供应不上，需要改用其他材料代替

C. 施工中遇到需要处理的问题而引起的设计变更

D. 施工中返工造成的工程量差

E. 施工图预算分项工程量不准确

48. 下列费用中属于建筑安装工程其他直接费范围的有（　　）。

A. 生产工具、用具使用费

B. 构成工程实体的材料费

C. 材料二次搬运费

D. 场地清理费

E. 施工现场办公费

49. 材料预算价格的组成内容包括（　　）。

A. 材料原价 　　　　　　　　　　B. 供销部门的手续费

C. 包装费 　　　　　　　　　　　D. 场内运输费

E. 采购费及保管费

50. 当结构或结构构件出现（　　）时，可认为超过了承载能力极限状态。

A. 整个结构或结构的一部分作为刚体失去平衡

B. 结构构件或连接部位因过度的塑性变形而不适于继续承载

C. 影响正常使用的振动

D. 结构转变为机动体系

E. 影响耐久性能的局部损坏

51. 高层建筑可能采用的结构形式是（　　）。

A. 砌体结构体系 　　　　　　　　B. 剪力墙结构体系

C. 框架—剪力墙结构体系 　　　　D. 筒体结构体系

E. 框支剪力墙体系

52. 保证钢筋与混凝土间良好粘结的构造措施包括（　　）等。

A. 最小搭接长度和锚固长度

B. 钢筋最小间距和混凝土保护层最小厚度

C. 搭接接头范围内应加密箍筋

D. 钢筋端部尽量设置弯钩

E. 对高度较大的混凝土构件应分层浇注或二次浇捣

53. 下列与确定结构重要性系数 γ_0 无关的因素是（　　）。

A. 建筑物的环境类别　　　　　　　　B. 结构构件的安全等级

C. 设计使用年限　　　　　　　　　　D. 结构的设计基准期

E. 工程经验

54. 混凝土配合比设计的基本要求是（　　）。

A. 和易性良好

B. 强度达到所设计的强度等级要求

C. 耐久性良好

D. 级配满足要求

E. 经济合理

55. 砌筑砂浆为改善其和易性和节约水泥用量，常掺入（　　）。

A. 石灰膏　　　　　　　　　　　　　B. 麻刀

C. 石膏　　　　　　　　　　　　　　D. 黏土膏

E: 电石膏

56. 与传统的沥青防水材料相比较，改性沥青防水材料的突出优点有（　　）。

A. 拉伸强度和抗撕裂强度高　　　　　B. 低温柔性

C. 较高的耐热性　　　　　　　　　　D. 耐腐蚀

E. 耐疲劳

57. 施工人员对涉及结构安全的试块、试件以及有关材料，可以在（　　）监督下现场取样，并送具有相应资质等级的质量检测单位进行检测。

A. 建设单位　　　　　　　　　　　　B. 总承包单位

C. 施工单位　　　　　　　　　　　　D. 工程监理单位

E. 咨询单位

58. 施工单位的项目负责人的任务有（　　）。

A. 落实安全生产责任制度、安全生产规章制度和操作规程

B. 确保安全生产费用的有效使用

C. 根据工程的特点组织制定安全施工措施，消除安全事故隐患

D. 及时、如实报告生产安全事故

E. 配合监理单位对工程质量进行全程监控

59. 职业道德修养的方法包括（　　）。

A. 学习职业道德规范、掌握职业道德知识

B. 树立正确的人生观、价值观和世界观

C. 学习现代科学文化知识和专业技能，提高文化修养

D. 经常自我反省，增强自律性

E. 提高精神境界，努力做到"慎独"

60. 施工单位有下列行为（　　），责令限期改正；逾期未改正的，责令停业整顿，并处 10 万元以上 30 万元以下的罚款；情节严重的，降低资质等级，直至吊销资质证书；造成重大安全事故，构成犯罪的，对直接责任人员，依照刑法有关规定追究刑事责任；造成损失的，依法承担赔偿责任。

A. 安全防护用具、机械设备、施工机具及配件在进入施工现场前未经查验

B. 使用未经验收或者验收不合格的施工起重机械和整体提升脚手架、模板等自升式架设设施的

C. 委托不具有相应资质的单位承担施工现场安装、拆卸施工起重机械和整体提升脚手架、模板等自升式架设设施的

D. 在施工组织设计中未编制安全技术措施、施工现场临时用电方案或者专项施工方案的

E. 安全防护用具、机械设备、施工机具及配件在进入施工现场前查验不合格即投入使用的

三、判断题

61. 为保证建筑物构件的安装与有关尺寸间的相互协调，在建筑模数协调中把尺寸分为标志尺寸、构造尺寸和实际尺寸。构件的构造尺寸大于构件标志尺寸。（　　）

62. 引出线主要用于标注和说明建筑图中一些特定部位及构造层次复杂部位的细部做法，加注的文字说明只是为了表示清楚，为施工提供参考。（　　）

63. 精密水准仪主要用于国家三、四等水准测量和高精度的工程测量，例如建筑物沉降观测，大型精密设备安装等测量工作。（　　）

64. 高层建筑由于层数较多、高度较高、施工场地狭窄，故在施工过程中，对于垂直度偏差、水平度偏差及轴线尺寸偏差都必须严格控制。（　　）

65. 根据建筑总平面图到现场进行草测，草测的目的是为核对总图上理论尺寸与现场实际是否有出入，现场是否有其他障碍物等。（　　）

66. 分包单位应当服从总承包的安全生产管理，分包单位不服从管理导致生产安全事故的，由分包单位承担全部责任。（　　）

67. 施工定额的低于先进水平，略高于平均水平。（　　）

68. 临时设施费属于其他直接费。（　　）

69. 凡正截面受弯时，由于受压区边缘的压应变达到混凝土极限压应变值，使混凝土压碎而产生破坏的梁，都称为超筋梁。（　　）

70. 配普通箍筋的轴心受压短柱通过引入稳定系数来考虑初始偏心和纵向弯曲对承载力的影响。（　　）

71. 爱岗敬业、忠于职守是建筑行业人员最基本的职业道德规范，是对人们工作态度的一种普遍要求。（　　）

72. 木材的持久强度等于其极限强度。（　　）

73. 表观密度是指材料在绝对密实状态下，单位体积的质量。（　　）

74. 建筑工程实行总承包的，总承包单位应当对全部建设工程质量负责。（　　）

75. 降低资质等级和吊销资质证书的行政处罚，由颁发资质证书的机关决定；其他行政处罚，由建设行政主管部门或者其他有关部门依照法定职权决定。（　　）

76. 在正常使用条件下，电气管线、给排水管道、设备安装和装修工程，最低保修期限为4年。（　　）

四、案例题

（一）下图是某商住楼基础详图，该基础是十字交梁基础，基础梁用代号"JL"表

示。认真阅读该基础详图，回答以下问题。

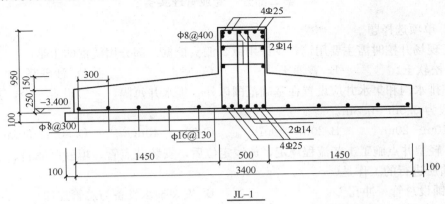

JL-1

77. 该商住楼基础详图采用的绘图比例最可能为（　　）。

A. 1：1　　　　　　B. 1：25　　　　　　C. 1：100　　　　　　D. 1：200

78. 基础底部配置的分布钢筋为（　　）。

A. 直径为 16 的二级钢筋，间距 130mm

B. 直径为 14 的二级钢筋，间距 130mm

C. 直径为 8 的一级钢筋，间距 400mm

D. 直径为 8 的一级钢筋，间距 300mm

79. JL-1 的尺寸为（　　）。

A. 3600mm×1050mm　　　　　　　　B. 3400mm×950mm

C. 500mm×950mm　　　　　　　　　D. 500mm×1050mm

80. 基础底面标高为（　　）m。

A. −0.950　　　　B. −2.450　　　　C. −3.400　　　　D. −3.500

（二）某工程在施工放线测量时，水准基点由于提供的水准基点距离工地较远，达到
2.158km，引测到工地中间转折了 18 次。A 点高程为 48.812m，测量时在两点中间放置
水准仪，后视 A 点的读数为 1.562m，前视 B 点的读数为 0.995m。

81. 水准仪的操作步骤为（　　）。

A. 安置仪器→粗平→瞄准→精平→读数

B. 安置仪器→瞄准→粗平→精平→读数

C. 安置仪器→粗平→精平→瞄准→读数

D. 安置仪器→粗平→瞄准→读数→精平

82. 此次测量的允许误差是（　　）。

A. 4mm　　　　　　B. 8mm　　　　　　C. 27mm　　　　　　D. 29mm

83. 在水准测量中，通过 A 和 B 两点的读数可知（　　）m。

A. A 点比 B 点低　　　　　　　　　B. A 点比 B 点高

C. A 点与 B 点可能同高　　　　　　D. A 点与 B 点的高低取决于仪器高度

84. B 点高程为（　　）m。

A. 48.245　　　　B. 49.397　　　　C. 49.807　　　　D. 50.374

179

第二部分 专业管理实务

一、单项选择题

85. 现场开挖时需主要用镐，少许用锹、锄头挖掘，部分用撬棍的土是（ ）类土。
   A. 松软土   B. 普通土   C. 坚土   D. 沙砾坚土

86. 排水沟和集水井应设置在基础范围以外，集水井每隔（ ）设置一个，其直径和宽度一般为 0.6m～0.8m。
   A. 10m～20m   B. 20m～40m   C. 30m～40m   D. 30m～50m

87. 轻型井点施工工艺流程规定，放线定位后，安装井点管、填砂砾滤料、上部填黏土密封前所进行的工作是（ ）。
   A. 铺设总管、冲孔
   B. 安装抽水设备与总管连通
   C. 安装集水箱和排水管
   D. 开动真空泵排气、再开动离心水泵抽水

88. 填方所用土料应符合设计要求。若设计无要求时，可用于表层以上填料的土是（ ）。
   A. 含水量符合压实要求的黏性土
   B. 碎石类土
   C. 砂土
   D. 爆破石渣

89. 水泥粉煤灰碎石桩的施工，若为砂土，以及对噪声或泥浆污染要求严格的场地，应根据现场条件选用下列搅拌工艺（ ）。
   A. 长螺旋钻孔灌注成桩
   B. 长螺旋钻孔、管内泵压混合料灌注成桩
   C. 振动沉管灌注成桩
   D. 泥浆护壁钻孔灌注成桩

90. 混凝土预制长桩一般分节制作，在现场接桩，分节沉入，只适用于软土层接桩方法为（ ）。
   A. 焊接接桩
   B. 法兰接桩
   C. 套筒接桩
   D. 硫磺胶泥锚接接桩

91. 人工挖孔灌注桩施工桩孔开挖深度超过（ ）m 时，应有专门向井送风的设备。
   A. 3   B. 5   C. 10   D. 15

92. 为改善砂浆和易性，砖应在砌筑前一两天浇水，严禁干砖砌筑，铺灰长度不得超过 500mm，宜采用"三一"砌筑法进行砌筑，这是预防（ ）有效措施。
   A. 砂浆强度偏低、不稳定
   B. 砂浆和易性差，沉底结硬
   C. 砌体组砌方法错误
   D. 灰缝砂浆不饱满

93. 钢结构构件涂装一般宜在相对湿度小于（ ）的条件下进行。
   A. 50%   B. 60%   C. 70%   D. 80%

94. 细石混凝土防水层与基层之间宜设置隔离层，隔离层可采（ ）。
   A. 干铺卷材   B. 水泥砂浆   C. 沥青砂浆   D. 细石混凝土

95. 高聚物改性沥青防水卷材采用条粘法施工，每幅卷材两边的粘贴宽度不应小于（ ）mm。
   A. 50   B. 100   C. 150   D. 250

96. 抹灰层的平均总厚度要求内墙普通抹灰厚度不得大于（ ）mm。
   A. 15   B. 18   C. 20   D. 25

97. 内墙镶贴前应在水泥砂浆基层上弹出水平、垂直控制线。在同一墙面的横、竖排列中，不宜出现一行以上的非整砖，非整砖行应安排在次要部位或（   ）。

A. 阳角处 　　　　　B. 转弯处 　　　　　C. 阴角处 　　　　　D. 阳台下口

98. 楼地面找平层可用水泥砂浆、细石混凝土、沥青砂浆和（   ）做成。

A. 三合土 　　　　　B. 石粉砂浆 　　　　C. 沥青混凝土 　　　D. 粉煤灰混凝土

99. 用大理石、花岗石镶贴墙面，直接粘贴的顺序是（   ）。

A. 由中间向两边粘贴 　　　　　　　　　B. 由下往上逐排粘贴
C. 由两边向中间粘贴 　　　　　　　　　D. 由上往下逐排粘贴

100. 照明系统通电连续试运行时间要求公用建筑为（   ）。

A. 24h 　　　　　　B. 8h 　　　　　　　C. 4h 　　　　　　　D. 10h

101. 使用塑料管及复合管的热水采暖系统，应以系统顶点工作压力加（   ）做水压试验。

A. 0.05MPa 　　　　B. 0.1MPa 　　　　　C. 0.3MPa 　　　　　D. 0.2MPa

102. 在风管穿过需要封闭的防火、防爆的墙体或楼板时，应设预埋管或防护套管，其钢板厚度不应小于（   ）。风管与防护套管之间，应采用不燃且对人体无危害的柔性材料封堵。

A. 1.0mm 　　　　　B. 1.5mm 　　　　　C. 1.6mm 　　　　　D. 2.0mm

103. 办公自动化系统的英文缩写是（   ）。

A. SAS 　　　　　　B. FAS 　　　　　　C. BAS 　　　　　　D. OAS

104. 细粒式沥青混凝土具有足够的（   ），可以防止产生推挤、波浪。

A. 抗压稳定性 　　　　　　　　　　　　B. 密实稳定性
C. 抗氧化稳定性 　　　　　　　　　　　D. 抗剪切稳定性

105. 下列不属于运用动态控制控制进度的步骤之一的是（   ）。

A. 施工进度目标的逐层分解
B. 对施工进度目标的分析和比较
C. 在施工过程中对施工进度目标进行动态跟踪和控制
D. 调整施工进度目标

106. 反映一个组织系统中各子系统之间或各元素（各工作部门）之间的指令关系的是（   ）。

A. 组织结构模式 　　　　　　　　　　　B. 组织分工
C. 工作流程组织 　　　　　　　　　　　D. 工作分解结构

107. 施工项目质量控制系统按控制原理分（   ）。

A. 勘察设计质量控制子系统、材料设备质量控制子系统、施工项目安装质量控制子系统、施工项目竣工验收质量控制子系统
B. 建设单位项目质量控制系统、施工项目总承包企业质量控制系统、勘察设计单位勘察设计质量控制子系统、施工企业（分包商）施工安装质量子系统
C. 质量控制计划系统、质量控制网络系统、质量控制措施系统、质量控制信息系统
D. 质量控制网络系统、建设单位项目质量控制系统、材料设备质量控制子系统

108. 下列属于民用建筑测量复核的内容是（   ）。

A. 控制网测量   B. 楼层轴线检测

C. 柱基施工测量   D. 设备基础与预埋螺栓检测

109. 在不影响紧后工作最早开始时间的条件下，允许延误的最长时间是（   ）。

A. 总时差   B. 自由时差

C. 最晚开始时间   D. 最晚结束时间

110. 建立进度控制小组，将进度控制任务落实到个人属于施工项目进度控制措施中的（   ）。

A. 合同措施   B. 组织措施

C. 技术措施   D. 经济措施

111. 施工项目成本计划是（   ）编制的项目经理部对项目施工成本进行计划管理的指导性文件。

A. 施工开始阶段   B. 施工准备阶段

C. 施工进行阶段   D. 施工结束阶段

112. 工地行驶的斗车、小平车的轨道坡度不得大于（   ），铁轨终点应有车挡，车辆得让制动闸和挂钩要完好可靠。

A. 3%   B. 4%   C. 5%   D. 6%

113. 项目所制定安全生产目标管理计划，经项目分管领导审查同意，由主管部门与实行安全生产目标管理的单位签订责任书，将安全生产目标管理纳入各分单位的生产经营目标管理计划，（   ）应对安全生产目标管理计划的制订与实施负第一责任。

A. 项目分管领导   B. 主要负责人

C. 主管部门   D. 安全生产目标管理的单位

114. 不属于雨季进行作业需要重点注意的安全技术措施是（   ）。

A. 防坍方   B. 防滑

C. 防触电、防雷   D. 防台风、防洪

二、多项选择题

115. 管井井点的井点管埋设可采用（   ）。

A. 干作业钻孔法   B. 打拔管成孔法

C. 用泥浆护壁冲击钻成孔   D. 泥浆护壁钻孔方法

E. 钻孔压浆法

116. 土方开挖应遵循（   ）原则。

A. 开槽支撑   B. 先撑后挖

C. 先挖后撑   D. 分层开挖

E. 严禁超挖

117. 预制桩制作时要求（   ）。

A. 桩身混凝土强度等级不应低于 C20

B. 混凝土宜用机械搅拌，机械振捣

C. 浇筑时应由桩尖向桩顶连续浇筑捣实

D. 一次完成，严禁中断

E. 养护时间不少于 14d

118. 干式成孔的钻孔灌注桩成桩的方法有（　　）。

A. 大芯管、小叶片的螺旋钻机成桩法

B. 冲击式钻孔机成孔

C. 钻孔压浆成桩法

D. 斗式钻头成孔机成孔法

E. 回转钻机成孔法

119. 电渣压力焊的工艺参数为（　　），根据钢筋直径选择，钢筋直径不同时，根据较小直径的钢筋选择参数。

A. 焊接电流　　　　　　　　　B. 渣池电压

C. 造渣时间　　　　　　　　　D. 通电时间

E. 变压器的级数

120. 防水混凝土墙体一般只允许留水平施工缝，其形式有（　　）施工缝。

A. 平缝　　　　　　　　　　　B. 企口缝

C. 高低缝　　　　　　　　　　D. 止水片

E. 防水空腔

121. 抹灰前必须对基层进行处理，对于光滑的混凝土基体表面，处理方法有（　　）。

A. 刮腻子　　　　　　　　　　B. 凿毛

C. 用砂纸打磨　　　　　　　　D. 刷一道素水泥浆

E. 铺钢丝网

122. 地面防水找平层应（　　）。

A. 泛水找顺

B. 地漏应低于找平层最低处至少 10mm

C. 门口处应抬高

D. 进行拉毛处理

E. 排水坡度应符合设计要求

123. 下列（　　）属于建筑智能化工程中的安全防范系统。

A. 出入口控制系统　　　　　　B. 消防报警系统

C. 停车场管理系统　　　　　　D. 入侵报警系统

E. 视频安防监控系统

124. 接地装置可分为（　　）。

A. 接地体　　　　　　　　　　B. 扁导线

C. 接地线　　　　　　　　　　D. 金属线

E. 绝缘线

125. 下列属于工作队式项目组织缺点的是（　　）。

A. 各类人员来自不同部门，互相不熟悉

B. 不能适应大型项目管理需要

C. 各类人员在同一时期内所负担的管理工作任务可能有很大差别，因此很容易产生忙闲不均，可能导致人员浪费

D. 职能部门的优势无法发挥作用

E. 具有不同的专业背景，难免配合不力

126. 属于施工项目质量控制系统的建立程序有（　　　）。

A. 确定控制系统各层面组织的工程质量负责人及其管理职责，形成控制系统网络架构

B. 确定控制系统组织的领导关系、报告审批及信息流转程序

C. 制订质量控制工作制度

D. 部署各质量主体编制相关质量计划

E. 按规定程序完成质量计划的审批，形成质量控制依据

127. 定额工期指在平均的（　　　）水平及正常的建设条件（自然的、社会经济的）下，工程从开工到竣工所经历的时间。

A. 建设管理水平

B. 施工工艺

C. 机械装备水平

D. 工人收入水平

E. 工人工作时间

128. 施工员的成本管理责任有（　　　）。

A. 根据项目施工的计划进度，及时组织材料、构件的供应，保证项目施工的顺利进行，防止因停工待料造成的损失

B. 严格执行工程技术规范和以预防为主的方针，确保工程质量，减少零星修补，消灭质量事故，不断降低质量成本

C. 根据工程特点和设计要求，运用自身的技术优势，采取实用、有效的技术组织措施和合理化建议

D. 严格执行安全操作规程，减少一般安全事故，消灭重大人身伤亡事故和设备事故，确保安全生产，将事故减少到最低限度

E. 走技术和经济相结合的道路，为提高项目经济效益开拓新的途径

129. 施工供电设施的布置，说法不正确的有（　　　）。

A. 架空线路与路面的垂直距离应不小于 5m

B. 施工现场开挖非热管道沟槽的边缘与埋地外电缆沟槽边缘的距离不得小于 1m

C. 变压器应布置在现场边缘高压线接入处，四周设有高度大于 1.7m 的铁丝网防护栏，并设有明显的标志。不应把变压器布置在交通道口处

D. 线路应架设在道路一侧，水平距离建筑物应大于 1.5m，垂直距离应在 2m 以上

E. 木杆间距一般为 25～40m，分支线及引入线均应由杆上横担处连接

三、判断题

130. 泥炭现场鉴别时呈深灰或黑色，夹杂有半腐朽的动植物遗体，其含量超过 20%，夹杂物有时可见，构造无规律。　　　　　　　　　　　　　　　　　　　（　　　）

131. 土层锚杆适用于一般黏土、砂土地区、可配合灌注桩、H 形钢桩、地下连续墙等挡土结构拉结支护。　　　　　　　　　　　　　　　　　　　　　　　（　　　）

132. 人工挖孔灌注桩施工挖出的土石方应及时运离孔口，不得堆放在孔口四周 2m 范围内，机动车辆的通行不得对井壁的安全造成影响。　　　　　　　　　　（　　　）

133. 高强度螺栓在终拧以后，螺栓丝扣外露应为 2～3 扣，其中允许有 10% 的螺栓丝扣外露 1 扣或 4 扣。　　　　　　　　　　　　　　　　　　　　　　　　（　　　）

134. 对同一坡面，则应先铺好大屋面的防水层，然后顺序铺设水落漏斗、天沟、女儿墙、沉降缝部位。   （ ）

135. 铺设沥青砂浆找平层首先应把基层清理干净并用水冲刷，为便于粘结可先刷一道冷底子油。   （ ）

136. 室内消火栓系统安装完成后应取屋顶层（或水箱间内）试验消火栓和首层取二处消火栓做试射试验，达到设计要求为合格。   （ ）

137. 项目的整体利益和施工方本身的利益是对立统一关系，两者有统一的一面，也有对立的一面。   （ ）

138. 在房屋高差较大或荷载差异较大的情况下，当未留设沉降缝时，容易在交接部位产生较大的不均匀沉降裂缝。   （ ）

139. 网络图是有方向的，按习惯从第一个节点开始，各工作按其相互关系从右向左顺序连接，一般不允许箭线箭头从左方向指向右方向。   （ ）

四、案例题

（一）某钢筋混凝土条形基础，长100m，混凝土等级为C20。基槽开挖中，上槽口自然地面标高为-0.45m，槽底标高为-2.45m，槽底宽为2.6m，侧壁采用二边放坡，坡度为1：0.5，两端部直接开挖。土的最初可松性系数 $K_s=1.10$，最终可松性系数 $K'_s=1.03$。

140. 基础施工程序正确的是（   ）。

A. 定位放线→验槽→开挖土方→浇垫层→立模、扎钢筋→浇混凝土、养护→回土

B. 定位放线→浇垫层→开挖土方→验槽→浇混凝土、养护→立模、扎钢筋→回土

C. 定位放线→开挖土方→验槽→立模、扎钢筋→浇垫层→浇混凝土、养护→回土

D. 定位放线→开挖土方→验槽→浇垫层→立模、扎钢筋→浇混凝土、养护→回土

141. 定位放线时，基槽上口白灰线宽度为（   ）。

A. 2.6m   B. 3.05m   C. 4.6m   D. 5.05m

142. 基坑土方开挖量（   ）。

A. 520.00m³   B. 565.00m³   C. 720.00m³   D. 765.00m³

143. 若基础体积为400.00m³，基坑回填需土（松散状态）量为（   ）。

A. 132.00m³   B. 181.50m³   C. 341.74m³   D. 401.50m³

144. 回填土采用（   ）。

A. 含水趋于饱和的黏性土   B. 爆破石渣作表层土

C. 有机质含量为2%的土   D. 淤泥和淤泥质土

（二）某框架—剪力墙结构，框架柱间距9m，楼盖为梁板结构。第三层楼板施工当天气温为35℃，没有雨。施工单位制定了完整的施工方案，采用商品混凝土C30。钢筋现场加工，采用木模板，由木工制作好后直接拼装。

145. 对跨度为9m的现浇钢筋混凝土梁、板，当设计无具体要求时，其跨中起拱高度可为（   ）。

A. 2mm   B. 5mm   C. 15mm   D. 30mm

146. 施工现场没有设计图纸上的 HPB235 级钢筋（ϕ6@200），用 HRB 级钢筋代替，应按钢筋代换前后（   ）相等的原则进行代换。

A. 强度   B. 刚度   C. 面积   D. 根数

147. 当梁的高度超过（   ）时，梁和板可分开浇筑。

A. 0.2m   B. 0.4m   C. 0.8m   D. 1.0m

148. 对跨度为 9m 的现浇钢筋混凝土梁、板，底模及支架拆除时的混凝土强度应达到设计的混凝土立方体抗压强度标准值的百分率（％）为（   ）。

A. 25   B. 50   C. 75   D. 100

149. 按施工组织设计，混凝土验收批中有混凝土标准养护试块 10 组，前三组标准养护试块 28 天的试验结果分别为（MPa）：①31.0、31.5、32.7②31.5、32.7、38.2③27.1、27.2、32.7，其他混凝土试块尚未到达龄期，请按目前状况分析，施工单位（   ）。

A. 混凝土质量正常，后继生产不需采取任何改进措施

B. 委托检测单位对混凝土结构进行现场检测，按照检测结果进行处理

C. 请设计人员对混凝土强度进行核算，由设计院确定是否对混凝土结构进行加固处理

D. 不委托检测也不对混凝土强度进行核算，注意后期混凝土质量（强度）的控制，保证混凝土强度满足强度评定要求

（三）某网球馆工程采用筏形基础，按流水施工方案组织施工，在第一段施工过程中，材料已送检，为了在雨期来临之前完成基础工程施工，施工单位负责人未经监理许可，在材料送检时，擅自施工，待筏基浇筑完毕后，发现水泥实验报告中某些检验项目质量不合格，如果返工重做，工期将拖延 15d，经济损失达 1.32 万元。

150. 施工工序质量检验的内容为开工前检查、工序交接检查、隐蔽工程检查和（   ）。

A. 使用功能检查   B. 关键部位检查

C. 安装工程检查   D. 成品保护检查

151. 为了保证该网球馆工程质量达到设计和规范要求，材料质量控制方法主要是严格检查验收，正确合理的使用，建立管理台账，进行（   ）等环节的技术管理，避免混料和将不合格的原材料使用到工程上。

A. 发、收、储、运   B. 收、发、储、运

C. 收、发、运、储   D. 收、储、发、运

152. 下列不属于材料质量控制的要点是（   ）。

A. 合理组织材料供应，确保施工正常进行

B. 合理组织材料使用，减少材料损失

C. 加强材料检查验收，严把材料价格关

D. 要重视材料的使用认证，以防错用或使用不合格的材料

153. 下列不属于材料质量控制的内容是（   ）。

A. 材料的安全标准   B. 材料的性能

C. 材料取样、试验方法   D. 材料的适用范围和施工要求

2011年上半年江苏省建设专业管理人员统一考试
施工员（建筑工程专业）试卷

第一部分 专业基础知识

一、单项选择题

1. 图框线左侧与图纸幅面线的间距宽应是（　　）mm。
   A. 25　　　　　　　B. 10　　　　　　　C. 15　　　　　　　D. 5

2. 物体的三面投影图采用是（　　）。
   A. 斜投影　　　B. 中心投影　　　C. 多面正投影　　　D. 单面正投影

3. 在三面投影图中，（　　）投影同时反映了物体的长度。
   A. W面投影和H面　　　　　　　　B. V面投影和H面
   C. H面投影和K面　　　　　　　　D. V面投影和W面

4. 工程上的标高投影是采用（　　）绘制的。
   A. 斜投影　　　B. 多面正投影　　　C. 平行投影　　　D. 单面正投影

5. 在建筑上用轴测图作为鸟瞰图时，应取（　　）。
   A. 正等测　　　B. 正二测　　　C. 水平斜等测　　　D. 正面斜二测

6. 已知物体的前视图及俯视图，所对应的左视图为（　　）。

   A.　　B.　　C.　　D.

7. 绝对高程的起算面是（　　）。
   A. 水平面　　　　　　　　　　B. 大地水准面
   C. 假定水准面　　　　　　　　D. 底层室内地面

8. 水准测量中，设A为后视点，B为前视点，A尺读数为2.713m，B尺读数为1.401m，已知A点高程为15.000m则视线高程为（　　）m。
   A. 13.688　　　B. 16.312　　　C. 16.401　　　D. 17.713

9. 水准仪望远镜的视准轴是（　　）。
   A. 十字丝交点与目镜光心连接
   B. 目镜光心与物镜光心的连接
   C. 人眼与目标的连接
   D. 十字丝交点与物镜光心的连接

10. 关于经纬仪四条轴关系，下列说法正确的是（　　）。
    A. 照准部水准管轴垂直于仪器的竖轴
    B. 望远镜横轴平行于竖轴
    C. 望远镜视准轴平行于横轴
    D. 望远镜十字竖丝平行于竖盘水准管轴

11. 测定建筑物构件受力后产生弯曲变形的工作叫（   ）。

A. 位移观测　　　　B. 沉降观测　　　　C. 倾斜观测　　　　D. 挠度观测

12. 下列说法错误的是（   ）。

A. 建筑物的定位是将建筑物的各轴线交点测设于地面上

B. 建筑物的定位方法包括原有建筑物定位法、建筑方格网定位法、规划道路红线定位法和测量控制点定位法

C. 建筑物的放线是根据已定位的外墙轴线交点桩详细测设出其他各轴线交点的位置

D. 为便于在施工中恢复各轴线的位置，可用轴线控制桩和龙门板方法将各轴线延长至槽外

13. 现行建筑安装工程费用由（   ）构成。

A. 直接费、间接费、计划利润和税金

B. 直接费、间接费、法定利润和税金

C. 直接工程费、间接费、法定利润和税金

D. 直接工程费、间接费、计划利润和税金

14. 下列不属于人工预算单价内容的是（   ）。

A. 生产工具用具使用费　　　　　　B. 生产工人基本工资

C. 生产工人工资性补贴　　　　　　D. 生产工人辅助工资

15. （   ）是预算定额的制定基础。

A. 施工定额　　　　B. 估算定额　　　　C. 机械定额　　　　D. 材料定额

16. 机械的场外运费是指机械由（   ）运至施工现场或由一个工地运至另一个工地的运输、装卸、辅助材料及架线等费用。

A. 存放地　　　　B. 发货地点　　　　C. 某一工地　　　　D. 现场

17. 建筑物平整场地的工程量按建筑物外墙外边线每边各加（   ）计算面积。

A. 1.5m　　　　B. 2.0m　　　　C. 2.5m　　　　D. 3.0m

18. 施工定额的编制是以（   ）为对象。

A. 工序　　　　B. 工作过程　　　　C. 分项工程　　　　D. 综合工作过程

19. 混凝土结构按其构成的形式可分为实体结构和（   ）两大类。

A. 拱结构　　　　B. 组合结构　　　　C. 索膜结构　　　　D. 攀达结构

20. 钢筋混凝土受力后会沿钢筋和混凝土接触面上产生剪应力，通常把这种剪应力称为（   ）。

A. 剪切应力　　　　B. 粘结应力　　　　C. 握裹力　　　　D. 机械咬合作用力

21. 《混凝土结构设计规范》GB 50010—2010 中混凝土强度的基本代表值是（   ）。

A. 立方体抗压强度标准值　　　　　　B. 立方体抗压强度设计值

C. 轴心抗压强度标准值　　　　　　　D. 轴心抗压强度设计值

22. 受弯构件要求 $\rho \geqslant \rho_{min}$ 是为了防止（   ）。

A. 少筋梁　　　　B. 适筋梁　　　　C. 超筋梁　　　　D. 剪压破坏

23. 大小偏心受压构件破坏特征的根本区别是构件破坏时，（   ）。

A. 受压混凝土是否破坏　　　　　　B. 受压钢筋是否屈服

C. 混凝土是否全截面受压　　　　　　D. 远离作用力 N 一侧钢筋是否屈服

24. 用于地面以下或防潮层以下的砌体砂浆宜采用（　　）。

　　A. 混合砂浆　　　　B. 水泥砂浆　　　　C. 石灰砂浆　　　　D. 黏土砂浆

25. 通常把埋置深度在 3m～5m 以内，只需经过挖槽、排水等普通施工程序就可以建造起来的基础称为（　　）。

　　A. 浅基础　　　　　B. 砖基础　　　　　C. 深基础　　　　　D. 毛石基础

26. 下列情况下，（　　）一般不会直接影响钢筋与混凝土粘结强度。

　　A. 混凝土强度　　　　　　　　　　　B. 保护层厚度及钢筋净间距

　　C. 横向配筋及侧向压力　　　　　　　D. 浇筑混凝土时箍筋的位置

27. 材料的空隙率增大时，其性质保持不变的是（　　）。

　　A. 表观密度　　　B. 堆积密度　　　C. 密度　　　　D. 强度

28. 普通混凝土用砂的细度模数范围一般在（　　），以其中的中砂为宜。

　　A. 3.7～3.1　　　B. 3.0～2.3　　　C. 2.2～1.6　　　D. 3.7～1.6

29. 用于外墙的抹面砂浆，在选择胶凝材料时，应以（　　）为主。

　　A. 水泥　　　　　B. 石灰　　　　　C. 石膏　　　　　D. 粉煤灰

30. 在混凝土中掺入（　　），对混凝土抗冻性有明显改善。

　　A. 引气剂　　　　B. 减水剂　　　　C. 缓凝剂　　　　D. 早强剂

31. 石灰硬化过程中，体积发生（　　）。

　　A. 微小收缩　　　B. 膨胀　　　　　C. 较大收缩　　　D. 不变化

32. 职业道德是所有从业人员在职业活动中应该遵循的（　　）。

　　A. 行为准则　　　B. 思想准则　　　C. 行为表现　　　D. 思想表现

33. 分包单位按照分包合同的约定对（　　）负责。

　　A. 建设单位　　　B. 施工单位　　　C. 发包单位　　　D. 总承包单位

34. 施工单位不履行保修义务或者拖延履行保修义务的，责令改正，处（　　）的惩罚，并对在保修期内因质量缺陷造成的损失承担赔偿责任。

　　A. 10 万元以上 20 万元以下　　　　　B. 20 万元以上 50 万元以下

　　C. 50 万元以上 100 万元以下　　　　 D. 100 万元以上

35. 分包单位应当服从总承包单位的安全生产管理，分包单位不服从管理导致生产安全事故的，由分包单位承担（　　）责任。

　　A. 全部　　　　　B. 主要　　　　　C. 一半　　　　　D. 次要

36. 施工单位应当自施工起重机械和整体提升脚手架、模板等自升式架设设施验收合格之日起（　　）日内，向建设行政主管部门或者其他有关部门登记。

　　A. 10　　　　　　B. 15　　　　　　C. 20　　　　　　D. 30

37. 施工单位在安全防护用具、机械设备、施工机具及配件在进入施工现场前未经查验或者查验不合格即投入使用的，责令限期改正；逾期未改正的，责令停业整顿，并处（　　）的罚款。

　　A. 5 万元以上 10 万元以下　　　　　B. 10 万元以上 30 万元以下

　　C. 30 万元以上 50 万元以下　　　　 D. 50 万元以上 80 万元以下

38. 承包人非法转包、违法分包建设工程或者没有资质的实际施工人借用有资质的建筑施工企业名义与他人签订建设工程施工合同的行为无效。人民法院可以根据民法通则第一百三十四条规定，收缴当事人已经取得的（　　）。

    A. 非法所得　　　　　B. 合法所得　　　　C. 所有所得　　　　D. 营业所得

39. 《建设工程质量管理条例》规定的行政处罚，由（　　）依法照法定职权决定。

    A. 公安机关　　　　　　　　　　　　B. 颁发资质证书的机关

    C. 工商行政管理部门　　　　　　　　D. 建设行政主管部门和其他有关部门

40. 发生重大工程质量事故隐瞒不报、谎报或者拖延报告期限的，对直接负责的主管人员和其他责任人员依法给予（　　）。

    A. 行政处分　　　　　　　　　　　　B. 刑事责任

    C. 民事责任　　　　　　　　　　　　D. 刑事责任，并处以罚金

二、多项选择题

41. 投影分为（　　）两类。

    A. 中心投影　　　　　　　　　　　　B. 斜投影

    C. 平行投影　　　　　　　　　　　　D. 轴测投影

    E. 等轴投影

42. 在建筑工程图中，（　　）以 m 为单位。

    A. 平面图　　　　　　　　　　　　　B. 剖面图

    C. 总平面图　　　　　　　　　　　　D. 标高

    E. 详图

43. 下列对绘图工具及作图方法描述正确的是（　　）。

    A. 三角板画铅垂线应该从上到下

    B. 三角板画铅垂线应该从下到上

    C. 丁字尺画水平线应该从左到右

    D. 圆规作圆应该从左下角开始

    E. 分规的两条腿必须等长，两针尖合拢时应会合成一点

44. 用钢尺进行直线丈量，应（　　）。

    A. 尺身放平

    B. 确定好直线的坐标方位角

    C. 丈量水平距离

    D. 目估或用经纬仪定线

    E. 进行往返丈量

45. 全站型电子速测仪简称全站仪，它是一种可以同时进行（　　）和数据处理，由机械、光学、电子元件组合而成的测量仪器。

    A. 水平角测量　　　　　　　　　　　B. 竖直角测量

    C. 高差测量　　　　　　　　　　　　D. 斜距测量

    E. 平距测量

46. 房屋的定位过程中，主轴线的桩位定好后，应（　　）。

    A. 把这些桩点向外伸出 2m～4m，再定下控制桩的桩点

    B. 立即定下控制桩的桩点

    C. 控制桩的桩点应用混凝土包围成墩

D. 控制桩的桩点应用油漆涂成红色

E. 控制桩的桩点应用永久性保护

47. 建筑工程定额种类很多，按定额编制程序和用途分类的有（　　）。

A. 施工定额

B. 建筑工程定额

C. 概算定额

D. 预算定额

E. 安装工程定额

48. 以下关于概算定额与预算定额联系与区别的说法正确的是（　　）。

A. 概算定额是在预算定额基础上，经适当地合并、综合和扩大后编制的

B. 概算定额是编制设计概算的依据，而预算定额是编制施工预算的依据

C. 概算定额是以工程形象部位为对象，而预算定额是以分项工程为对象

D. 概算不大于预算

E. 概算定额在使用上比预算定额简便，但精度相对要低

49. 材料预算价格的组成内容有（　　）。

A. 材料原价

B. 供销部门的手续费

C. 包装费

D. 场内运输费

E. 采购费及保管费

50. 钢筋混凝土结构由很多受力构件组合而成，主要受力构件有（　　）、柱、墙等。

A. 楼板

B. 梁

C. 分隔墙

D. 基础

E. 挡土墙

51. 关于减少混凝土徐变对结构的影响，以下说法错误的是（　　）。

A. 提早对结构进行加载

B. 采用强度等级高的水泥，增加水泥的用量

C. 加大水灰比，并选用弹性模量小的骨料

D. 减少水泥用量，提高混凝土的密实度和养护温度

E. 养护时提高湿度并降低温度

52. 确定受弯构件正截面承载力计算采用等效矩形应力图形的原则不包括（　　）。

A. 保证压应力合力的大小和作用点位置不变

B. 矩形面积等于曲线围成的面积

C. 由平截面假定确定 $x=0.8$

D. 两种应力图形的重心重合

E. 不考虑受拉区混凝土参加工作

53. 确定保护层厚度时，不能一味增大厚度，因为（　　）。

A. 锚固性能难以保证

B. 不经济

C. 裂缝宽度较大

D. 加快混凝土碳化

E. 材料孔隙率的大小

54. 材料的吸水性与许多因素有关，包括（　　）。

A. 亲水性

B. 憎水性

C. 孔隙特征

D. 材料自重

E. 材料孔隙率的大小

55. 经冷加工处理，钢材的（　　）不提高。

A. 屈服点　　　　　　　　　　　B. 塑性

C. 韧性　　　　　　　　　　　　D. 抗拉强度

E. 焊接性能

56. 影响水泥性质的主要指标包括（　　）。

A. 细度　　　　　　　　　　　　B. 强度

C. 氧化镁　　　　　　　　　　　D. 凝结时间

E. 安定性

57. 施工单位应当建立质量责任制，确定工程项目的（　　）

A. 项目经理　　　　　　　　　　B. 技术负责人

C. 施工管理负责人　　　　　　　D. 施工组织负责人

E. 总监理工程师

58.（　　）单位违反国家规定，降低工程质量标准，造成重大安全事故，构成犯罪的，对直接责任人员依法追究刑事责任。

A. 建设单位　　　　　　　　　　B. 设计单位

C. 施工单位　　　　　　　　　　D. 工程监理单位

E. 勘察单位

59. 下列说法正确是有（　　）。

A. 施工单位应当将施工现场的办公、生活区与作业区分开设置，并保持安全距离

B. 办公、生活区的选址应当符合安全性要求

C. 施工单位不可以在尚未竣工的建筑物内设置员工集体宿舍

D. 职工的膳食、饮水、休闲场所等应当符合卫生标准

E. 施工现场材料的堆放应当符合安全要求

60. 要大力倡导以（　　）为主要内容的职业道德，鼓励人们在工作中做好一个建设者。

A. 爱岗敬业　　　　　　　　　　B. 诚实守信

C. 办事公道　　　　　　　　　　D. 服务群众

E. 奉献社会

三、判断题

61. 轴测图一般不能反映出物体各表面的实形，因而度量性差，且作图较复杂。

（　　）

62. 在工程图中，图中可见轮廓线的线型为细实线。（　　）

63. 工程设计一般分为三个阶段：方案设计阶段、技术设计阶段和施工图设计阶段，对于较小的建筑工程，方案设计后，可直接进入施工图设计阶段。（　　）

64. 水准仪的仪器高度是指望远镜的中心到地面的铅垂距离。（　　）

65. 建筑总平面图是施工测设和建筑物总体定位的依据。（　　）

66. 竖直角是指在同一竖向平面内某方向的视线与水平线的夹角。（　　）

67. 承包人非法转包、违法分包建设工程或者没有资质的实际施工人借用有资质的建

筑施工企业名义与他人签订建设工程施工合同的行为无效。人民法院可以根据民法通则，收缴当事人已经取得的非法所得。（　　）

68. 税金是指国家税法规定的计入建筑与装饰工程造价内的营业税、城市建设维护税及教育费附加。（　　）

69. 横向钢筋（如梁中的箍筋）的设置不仅有助于提高抗剪性能，还可以限制混凝土内部裂缝的发展，提高粘结强度。（　　）

70. 剪压破坏时，与斜缝相交的腹筋先屈服，随后剪压区的混凝土压碎，材料得到充分利用，属于塑性破坏。（　　）

71. 为防止地基的不均匀沉降，以设置在基础顶面和檐口部位的圈梁最为有效。当房屋中部沉降较两端大时，位于基础顶面的圈梁作用较大。（　　）

72. 在正常使用条件下，屋面防水工程、有防水要求的卫生间、房间和外墙的防渗漏，最低保修期限为 4 年。（　　）

73. 屈强比愈小，钢材受力超过屈服点工作时的可靠性愈大，结构的安全性愈高。（　　）

74. 材料吸水饱和状态时水占的体积可视为开口孔隙体积。（　　）

75. 建筑工程总承包单位可以将承包工程中的部分工程发包给具有相应资质条件的分包单位；但是，除总承包合同中约定的分包外，必须经发包单位认可。（　　）

76. 施工单位必须建立、健全施工质量的检验制度，严格工序管理，做好隐蔽工程的质量检查和记录。隐蔽工程在隐蔽前，施工单位应当通知建设单位和建设工程质量监督机构。（　　）

四、案例题

（一）某工程位于地震区，抗震设防烈度为 8 度，Ⅰ类场地上，无地下室，共五层，建筑物高度为 15m 是丙类建筑。该工程为框架结构，采用预应力混凝土平板楼盖，其余采用普通混凝土。设计使用年限为 50 年，为三类环境。

77. 该结构的钢筋的选用，下列哪项不正确？（　　）

A. 普通钢筋宜采用热轧钢筋

B. 冷拉钢筋是用作预应力钢筋的

C. 钢筋的强度标准值具有不小于 95％ 的保证率

D. 预应力钢筋宜采用预应力钢绞线

78. 该工程材料选择错误的是（　　）。

A. 混凝土强度等级不应低于 C15，当采用 HRB335 级钢筋时，混凝土不宜低于 C20

B. 当本工程采用 HRB400、RRB400 级钢筋时，混凝土不得低于 C25

C. 预应力混凝土部分的强度等级不应低于 C30

D. 当采用钢绞线、钢丝、热处理钢筋做预应力筋时，混凝土不宜低于 C40

79. 其抗震构造措施应按（　　）要求处理。

A. 8 度　　　　　　B. 7 度　　　　　　C. 6 度　　　　　　D. 5 度

80. 该工程对选择建筑场地和地基采取的措施不包括（　　）。

A. 采取基础隔震措施

B. 选择坚实的场地土

C. 选择厚的场地覆盖层

D. 将建筑物的自振周期与地震的卓越周期错开，避免共振

（二）某工程施工放线时，甲方提供了甲、乙两个确定"红线"的桩位，建筑物与定位桩的相互关系如下图所示。

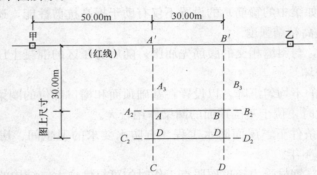

81. 进行该建筑物的定位时，采用的方法为（　　）。

A. "红线"定位法 　　　　　　　　　　B. 方格网定位法

C. 平行定位法 　　　　　　　　　　　D. GPS 定位法

82. 进行该建筑物的定位时，定位主轴线应为（　　）。

A. 横向轴线 　　　　　　　　　　　　B. 纵向轴线

C. 横向或纵向轴线均可 　　　　　　　D. 无法确定

83. 关于该建筑物的测量定位方法不正确的是（　　）。

A. 先将经纬仪安置在甲桩位上，测得 A' 点和 B' 点的桩位

B. 把经纬仪先后移到 A' 和 B' 桩点，测得 A、B、C、D 四点

C. 当 A_2、B_2、C_2、D_2 四个桩点定好位之后，校核定位是否准确

D. 主轴线的桩位定好之后，再定下控制桩的桩点

84. 该建筑物的控制桩点为（　　）。

A. 甲、乙 　　　　　　　　　　　　　B. A'、B'

C. A、B、C、D 　　　　　　　　D. A_2、B_2、C_2、D_2

第二部分　专业管理实务

一、单项选择题

85. 现场开挖时需用锹、锄头挖掘，少许用脚蹬的土可能是（　　）类土。

A. 松软土 　　　　B. 普通土 　　　　C. 坚土 　　　　D. 砂砾坚土

86. 某基坑坑底面积为 $2.4m \times 1.6m$，室外自然地面标高为 $-0.45m$，基地标高为 $-2.45m$，四边放坡开挖，坡度系数为 0.45，基坑开挖土方量为（　　）。

A. $7.68m^3$ 　　　B. $9.41m^3$ 　　　C. $17.04m^3$ 　　　D. $20.87m^3$

87. 在下列支护结构中，可以抵抗土和水产生的水平压力，即可挡土又可挡水的支护结构是（　　）。

A. 深层搅拌水泥土墙 　　　　　　　　B. 钢筋混凝土桩

C. H 形钢桩 　　　　　　　　　　　　D. 土层锚杆

88. 深基坑开挖时先分层开挖基坑中间部分的土方，基坑周边一定范围的土暂不开挖，待中间部分的混凝土垫层、基础或地下室结构施工完成之后，再用水平支撑或斜撑对四周维护结构进行支撑，每挖一层支一层水平横顶撑，直至坑底的方法是（　　）。

A. 分层挖土　　　　B. 盆式挖土　　　　C. 分段挖土　　　　D. 中心岛式挖土

89. 砂和砂石换土垫层法采用压路机往复碾压，一般不少于（　　）遍，其轨迹搭接不小于500mm，边缘和转角处应用人工或机夯补打密实。

A. 二　　　　　　　B. 三　　　　　　　C. 四　　　　　　　D. 五

90. CFG 桩属于人工地基处理方法中（　　）的一种。

A. 换土垫层法　　　B. 挤密法　　　　　C. 深层密实法　　　D. 堆载预压法

91. 泥浆护壁成孔灌注桩施工中有以下步骤：①成孔；②清孔；③水下浇筑混凝土；④埋设护筒；⑤测定桩位；⑥下钢筋笼；⑦制备泥浆。其工艺流程顺序为（　　）。

A. ④⑤⑦①②⑥③　　B. ⑦⑤④①②⑥③　　C. ⑦④⑤①②③⑥　　D. ⑤④⑦①②⑥③

92. 脚手架的安全措施描述正确的是（　　）。

A. 脚手架必须按楼层与结构拉结牢固，拉结点垂直距离不得超过 4m，水平距离不得超过 3m

B. 在脚手架的操作面上必须满铺脚手板，离墙面不得大于 200mm，不得有空隙、探头板和飞跳板

C. 在脚手架的操作面上应设置护身栏杆和挡脚板，防护高度为 0.8m

D. 在同一垂直面内上下交叉时，可设置安全隔板，下方操作人员须戴安全帽

93. 某混凝土梁的受拉钢筋图纸上原设计用 12Φ20 钢筋（HRB335），现准备用 Φ20 钢筋（HRB335）代换，应按（　　）原则进行代换。

A. 钢筋面积相等　　　　　　　　　　B. 钢筋强度相等

C. 钢筋面积不小于代换前的面积　　　D. 钢筋受拉承载力设计值

94. 下列施工方法中（　　）方法不适宜高聚物改性沥青防水卷材放工。

A. 热熔法　　　　　B. 热风焊法　　　　C. 冷粘法　　　　　D. 自粘法

95. 当屋面坡度大于 15% 时，卷材的铺设方向宜（　　）屋脊铺贴。

A. 平行　　　　　　B. 垂直　　　　　　C. 平行或垂直　　　D. 由近到远

96. 抹灰前必须对基层作处理，在砖墙与钢筋混凝土剪力墙相接处，应先铺设金属网并绷紧牢固，金属网与各基体间的搭接宽度每侧不应小于（　　）。

A. 100mm　　　　　B. 150mm　　　　　C. 200mm　　　　　D. 250mm

97. 饰面板的安装工艺有传统湿作业法（灌浆法）、干挂法和（　　）。

A. 铜丝绑扎法　　　B. 螺栓固结法　　　C. 直接粘贴法　　　D. 混凝土固结法

98. 水泥砂浆地面，面层压光应在水泥浆（　　）完成。

A. 初凝前　　　　　B. 初凝后　　　　　C. 终凝前　　　　　D. 终凝后

99. 清扫基层达到（　　），这是保证面层不壳不裂的前提，在操作完毕后，施工员必须亲自检查。

A. 表面干燥　　　　B. 表面湿润　　　　C. 表面干净　　　　D. 表面平整

100. 同一建筑物内的导线，其绝缘层颜色选择应一致，则 N 线用（　　）。

A. 红色　　　　　　B. 黄色　　　　　　C. 淡蓝色　　　　　D. 黄绿色

101. 给水水平管道应有（　　）的坡度坡向泄水装置。

A. 2‰～3‰　　　　B. 1‰～2‰　　　　C. 2‰～5‰　　　　D. 4‰～5‰

102. 风管垂直安装，支、吊架的间距应不大于（　　）m，且每根立管的固定件不应小于2个。

A. 4　　　　　　　B. 3　　　　　　　C. 5　　　　　　　D. 6

103. 电视图像质量的主观评价不低于（　　）分。

A. 1　　　　　　　B. 2　　　　　　　C. 3　　　　　　　D. 4

104. 沥青路面边缘压实时应先留下（　　）左右不压，待初压、复压压实阶段完后再压，并多压1～2遍，靠路缘石处压路机压不到时，用振动夯板补压。经过终压后，由专人检测平整度，发现平整度超过规定时，在表面温度较高时，进行处理，直至符合要求。

A. 10cm　　　　　B. 30cm　　　　　C. 50cm　　　　　D. 70cm

105. 施工项目管理的主要内容可简称为（　　）。

A. 三控制、二管理、一协调　　　　　B. 三控制、三管理、二协调

C. 三控制、三管理、一协调　　　　　D. 三控制、三管理、三协调

106. 我国的建设工程监理属于国际上（　　）项目管理的范畴。

A. 业主方　　　　B. 施工方　　　　C. 建设方　　　　D. 监理方

107. 总结经验，改正缺点，并将遗留问题转入下一轮循环是PDCA中的（　　）阶段。

A. 计划　　　　　B. 执行　　　　　C. 检查　　　　　D. 处置

108. 施工项目质量控制系统的目标是（　　）。

A. 企业的质量管理目标　　　　　　　B. 施工项目的质量标准

C. 项目及企业的质量管理目标　　　　D. 以上说法都不对

109. 为使施工单位熟悉有关的设计图纸，充分了解拟建项目的特点、设计意图和工艺与质量要求，减少图纸的差错，消灭图纸中的质量隐患，要做好（　　）工作。

A. 设计交底和图纸整理　　　　　　　B. 设计修改和图纸审核

C. 设计交底和图纸审核　　　　　　　D. 设计修改和图纸整理

110. 工序质量控制的实质是（　　）。

A. 对影响工序质量因素的控制　　　　B. 对工序本身的控制

C. 对人员的控制　　　　　　　　　　D. 对工序实施方法的控制

111. 安全生产六大纪律中规定，（　　）以上的高处、悬空作业、无安全设施的，必须系好安全带、扣好保险钩。

A. 1m　　　　　　B. 2m　　　　　　C. 3m　　　　　　D. 4m

112. 某工程包括A、B、C、D四个施工过程，无层间流水。根据施工段的划分原则，分为四个施工段，每个施工过程的流水节拍为2d；施工过程C与施工过程D之间存在2d的技术间歇时间，则施工工期为（　　）d。

A. 10　　　　　　B. 15　　　　　　C. 16　　　　　　D. 18

113. 建筑企业按合同规定向分包单位提供必要的（　　）、工具及生活设施、安全设施和防护用品。

A. 生活储备　　　　　　　　　　　　B. 材料储备

C. 生活用品　　　　　　　　　　　　D. 未经验收的机械设备

114. 对施工过程中出现的(　　)问题不需采取的安全防护措施。

A. 洞口　　　　　　　　B. 临边　　　　　　　　C. 门边　　　　　　　　D. 高处作业

二、多项选择题

115. 土方开挖应遵循(　　)原则。

A. 开槽支撑　　　　　　　　　　　B. 先撑后挖

C. 先挖后撑　　　　　　　　　　　D. 分层开挖

E. 严禁超挖

116. 影响填土压实的主要因素有(　　)。

A. 土的含水量　　　　　　　　　　B. 土的孔隙特征

C. 每层铺土厚度　　　　　　　　　D. 压实遍数

E. 压实方法

117. 打桩施工时，应注意观察的事项有(　　)。

A. 打桩架的垂直　　　　　　　　　B. 桩锤的回弹

C. 贯入度变化情况　　　　　　　　D. 桩入土深度

E. 打桩的顺序

118. 灌注柱成孔及清孔时，质量检查包括(　　)等。

A. 孔的中心位置　　　　　　　　　B. 孔深

C. 孔径　　　　　　　　　　　　　D. 垂直度

E. 混凝土强度

119. 同一连接区段内，纵向受拉钢筋绑扎搭接接头面积百分率应符合设计要求；当设计无具体要求时，应符合下列规定(　　)。

A. 对梁类、板类构件不宜大于25%

B. 对墙类构件不宜大于25%

C. 对柱类构件不宜大于25%

D. 当工程中确有必要增大接头面积百分率时，对梁类构件不应大于50%

E. 钢筋绑扎搭接接头连接区段的长度为1.3倍的搭接长度

120. 地下结构变形缝的宽度宜为20～30mm，通常采用(　　)等高分子防水材料和接缝密封材料。

A. 止水带

B. 遇水膨胀橡胶腻子止水带

C. 合成高分子卷材

D. 改性沥青防水卷材

E. 油毡卷材

121. 若顶棚抹灰基层为混凝土，则(　　)。

A. 在抹灰前在基层上用掺5‰108胶的水溶液刷一遍作为结合层

B. 水灰比为0.4的素水泥浆刷一遍作为结合层

C. 抹底灰的方向与楼板及木模板木纹方向平行

D. 抹中层灰后，用木刮尺刮平，再用木抹子搓平

E. 面层灰宜两遍成活，两道抹灰方向垂直，抹完后按同一方向抹压赶光

122. 下列适合石材干挂的基层是（　　）。

A. 钢筋混凝土墙

B. 钢骨架墙

C. 砖墙

D. 加气混凝土墙

E. 灰板条墙

123. 预防地面起砂、裂壳方法有（　　）。

A. 水泥安定性要合格

B. 基层要清理干净，并充分湿润

C. 板缝要灌密实

D. 一定要掌握压光时间，及完工后的养护

E. 泛水按规矩做好

124. 关于电缆敷设施工质量控制，以下描述正确的是（　　）。

A. 直埋电缆敷设时，电缆沟深度一般大于 0.7m，穿越农田时不应小于 1m

B. 直埋电缆应留有余量作波浪形敷设，备用长度为全长的 1.5%～2%

C. 电缆沟内敷设时，电力电缆和控制电缆应分开排列

D. 电力电缆和控制电缆敷设在同一侧支架上时，应将控制电缆放在电力电缆上面

E. 电缆沟内敷设时，1kV 及以下电力电缆应放在 1kV 以上的电力电缆上面

125. 建设部规定必须实行监理的工程是（　　）。

A. 国家重点建设工程

B. 大中型公用事业工程

C. 成片开发建设的住宅小区工程

D. 利用外国政府或者国际组织贷款、援助资金的工程

E. 学校、影剧院、体育场馆项目

126. 施工阶段项目管理的任务，就是通过施工生产要素的优化配置和动态管理，以实现施工项目的（　　）管理目标。

A. 质量

B. 成本

C. 工期

D. 安全

E. 环境

127. 进度监测工作主要包括（　　）。

A. 进度计划执行中的跟踪检查

B. 整理、统计数据

C. 对比分析实际进度与计划进度

D. 编制进度控制报告

E. 分析收集的数据

128. 以下属于工程测量质量控制点的有（　　）。

A. 预留洞孔

B. 标准轴线桩

C. 水平桩

D. 预留控制点

E. 定位轴线

129. 橡皮电缆芯绒中的（　　）线作为接地线使用。

A. 黑色

B. 绿色

C. 黑黄双色   D. 绿黄双色

E. 红色

三、判断题

130. 推土机是在拖拉机上安装推土板等工作装置而成的机械，适用于运距200m以内的推土，效率最高为60m。   （　　）

131. 基坑开挖深度超过1.0m时，必须在坑顶边沿设两道护身栏杆，夜间加设红灯标志。   （　　）

132. 对于混凝土阶梯形基础，每一台阶高度内应整层作为一个浇筑层，每浇灌一台阶应稍停0.5～1h，使其初步获得沉实，再浇筑上层。   （　　）

133. 厚涂型防火涂料涂层的厚度，80%及以上的面积应符合有关耐火极限的设计要求，且最薄处厚度不应低于设计要求的80%。   （　　）

134. 铝合金饰面板的压卡法施工主要适用于高度不大、风压较小的建筑外墙、室内墙面和顶面的铝合金饰面板的安装。   （　　）

135. 需装设冷水和热水龙头的卫生器具应将冷水龙头装在右手侧，热水龙头装在左手侧。   （　　）

136. 在动态控制的工作程序中收集项目目标的实际值，定期（如每两周或每月）进行项目目标的计划值和实际值的比较是必不可少的。   （　　）

137. 组织无节奏专业流水的基本要求是：各施工班组尽可能依次在施工段上连接施工，不允许有些施工段出现空闲，不允许多个施工班组在同一施工交叉作业更不允许发生工艺顺序颠倒现象。   （　　）

138. 建立质量管理体系的基本工作主要有：确定质量管理体系过程，明确和完善体系结构，质量管理体系要文件化，要不定期进行质量管理体系审核与质量管理体系复审。   （　　）

139. 施工措施费包括使用自有施工机械所发生的机械使用费和租用外单位施工机械的租赁费，以及施工机械安装、拆卸和进出场费。   （　　）

四、案例题

（一）某基槽槽底宽度为3.5m，自然地面标高为−0.3m，槽底标高为−4.5m，地下水为−1.0m。基坑放坡开挖，坡度系数为0.5m，采用轻型井点降水，降水深至坑底下0.5m。

140. 轻型井点的平面布置宜采用（　　）。（单选）

A. 单排布置   B. 双排布置   C. 环形布置   D. 三个都可

141. 井点管距离坑顶壁宜为（　　）。（单选）

A. 0.2m   B. 0.8m   C. 1.6m   D. 2.0m

142. 水力坡度I宜取（　　）。（单选）

A. 1/12   B. 1/10   C. 1/8   D. 1/5

143. 井点管的埋设深度宜大于或等于（　　）。（单选）

A. 4.0m   B. 4.5m   C. 5.98m   D. 5.82m

144. 井点管的施工工艺（　　）（单选）

A. 冲孔──→沉设井点管──→填砂滤料、上部填黏土密封──→铺设集水总管──→用弯联

管连接井点管与总管——→安装抽水设备

B. 铺设集水总管——→冲孔——→沉设井点管——→填砂滤料、上部填黏土密封——→用弯联管连接井点管与总管——→安装抽水设备

C. 铺设集水总管——→冲孔——→沉设井点管——→填砂滤料、上部填黏土密封——→铺设集水总管用弯联管——→连接井点管与总管

D. 安装抽水设备——→冲孔——→沉设井点管——→填砂滤料、上部填黏土密封——→用弯联管连接井点管与总管——→铺设集水总管

（二）某地新建住宅小区，全部为砖混结构，建筑层数 3～6 层，部分为砖基础、部分为砌石基础。施工组织设计拟采用现场拌制砂浆，砂浆配合比由当地有资质的试验室出具，现场机械搅拌。

145. 根据皮数杆最下面一层砖或毛石的标高，拉线检查基础垫层表面标高是否合适，如第一层毛石的水平灰缝大于（　　）时，应用细石混凝土找平，不得用砂浆或在砂浆中掺细砖或碎石处理（单选）。

A. 15mm　　　　　B. 20mm　　　　　C. 25mm　　　　　D. 30mm

146. 石基础砌筑时，应双挂线，分层砌筑，每层高度为（　　）（单选）。

A. 25～35cm　　　B. 30～40cm　　　C. 35～45cm　　　D. 40～50cm

147. 施工时，某日气温最高达到 30℃，按相关规范水泥砂浆应在（　　）内使用完毕（单选）。

A. 1.5h　　　　　B. 2h　　　　　C. 2.5h　　　　　D. 3h

148. 以下关于砌筑施工的说法不正确的有（　　）。

A. 砌体砂浆的取样频率为 250m³ 砌体取样一组

B. 常温施工时，砌筑前一天应将砖、石浇水润透

C. 砖基础水平灰缝厚度宜为 10mm

D. 水平灰缝砂浆饱满度不得小于 80%

149. 间隔式大放脚是每砌两皮砖及一皮砖，轮流两边各收进（　　）砖长。（单选）

A. 1/4　　　　　B. 1/2　　　　　C. 3/4　　　　　D. 1

（三）某高架桥工程，其中有三跨为普通钢筋混凝土连续梁，需现场浇筑，跨径组合为 30m+40m+30m，桥宽 18m，桥下净高 9m。在已批准的施工组织设计中有详细的模板支架专项设计。项目经理为节约成本，就地取材，使用了附近工程的支架材料和结构形式，在浇筑主梁混凝土的过程中，承重杆件产生变形、失稳，导致支架坍塌，造成一人死亡、两人重伤的安全事故。（判断题）

150. 变更方案审批程序不正确。　　　　　　　　　　　　　　　　　（　　）

151. 对于支架的验算是全面的。　　　　　　　　　　　　　　　　　（　　）

152. 本案例应满足的技术要求，其支架的强度、刚度、稳定性应符合规范要求。　（　　）

153. 某些操作复杂、工程量较大或要求人与机械密切配合的机械，最好选用机械施工承包的使用方式。　　　　　　　　　　　　　　　　　　　　　（　　）

2011年下半年江苏省建筑专业管理人员统一考试
施工员（建筑工程专业）试卷

第一部分 专业基础知识

一、单项选择题

1. 三面投影视图中 B 点的 H、V 两面上的投影的连线 bb'（   ）OX 轴。
   A. 平行   B. 垂直   C. 交叉   D. 以上都不对

2. 图样及说明中书写的汉字应使用（   ）。
   A. 楷体   B. 手写体   C. 宋体   D. 长仿宋体

3. 楼层建筑平面图表达的主要内容包括（   ）。
   A. 平面形状、内部布置   B. 梁柱等构件的代号
   C. 楼板的布置及配筋   D. 外部造型及材料

4. 当直线平行于投影面时，其投影长度（   ）实际长度。
   A. 大于   B. 等于   C. 小于   D. 小于或等于

5. 下面四种平面图不属于建筑施工图的是（   ）。
   A. 总平面图   B. 基础平面图
   C. 首层平面图   D. 顶层平面图

6. 剖切符号的编号宜采用（   ）。
   A. 罗马数字   B. 阿拉伯数字   C. 中文数字   D. 英语数字

7. 地面上有一点 A，任意取一个水准面，则点 A 到该水准面的铅垂距离为（   ）。
   A. 绝对高程   B. 海拔   C. 高差   D. 相对高程

8. 水准仪的（   ）与仪器竖轴平行。
   A. 视准轴   B. 圆水准器轴   C. 十字丝横丝   D. 水准管轴

9. 在 A（高程为 25.812m）、B 两点间放置水准仪测量，后视 A 点读数为 1.360m，前视 B 点的高程为（   ）。
   A. 25.245m   B. 26.605m   C. 26.379m   D. 27.172m

10. 在水准测量中转点的作用是传递（   ）。
    A. 方向   B. 高程   C. 距离   D. 角度

11. 水准测量中要求前后视距离相等，其目的是为了消除（   ）的误差影响。
    A. 水准管轴不平行于视准轴   B. 圆水准轴不平行于仪器竖轴
    C. 十字丝横丝不水平   D. 圆水准轴不垂直

12. 在民用建筑的施工测量中，下列不属于测设前的准备工作的是（   ）。
    A. 设立龙门桩   B. 平整场地
    C. 绘制测设略图   D. 熟悉图纸

13. 计算砖基础时应扣除（   ）。
    A. 基础大放脚 T 型接头处重叠部分   B. 基础砂浆防潮层
    C. 钢筋混凝土地梁   D. 嵌入基础内的钢筋

14. 预算定额人工耗量的人工幅度差主要指预算定额人工工日消耗量与（　　）之差。

A. 施工定额中劳动定额人工工日消耗量

B. 概算定额人工工日消耗量

C. 测试资料中人工工日消耗量

D. 实际人工工日消耗量

15. 某抹灰班 13 名工人，抹某住宅楼白灰砂浆墙面，施工 25 天完成抹灰任务，个人产量定额为 $10.2m^2/$工日，则该抹灰班应完成的抹灰面积为（　　）。

A. 255m²　　　　　　B. 19.6m²　　　　　　C. 3315m²　　　　　　D. 133m²

16. 下列关于时间定额和产量定额的说法中，正确的是（　　）。

A. 施工定额可以用时间定额表示

B. 时间定额和产量定额是互为倒数的

C. 时间定额和产量定额都是材料定额的表现形式

D. 劳动定额的表现形式是产量定额

17. 工程量清单主要由（　　）等组成。

A. 分部分项工程量清单、措施项目清单

B. 分部分项工程量清单、措施项目清单和其他项目清单、规费项目清单和税金项目清单

C. 分部分项工程量清单、措施项目清单、其他项目清单、施工组织设计

D. 分部分项工程量清单、措施项目清单和其他项目清单和现场情况清单

18. 预算定额是编制（　　），确定工程造价的依据。

A. 施工预算　　　　B. 施工图预算　　　　C. 设计概算　　　　D. 竣工结算

19. 混凝土保护层最小厚度是从保证钢筋与混凝土共同工作，满足对受力钢筋的有效锚固以及（　　）的要求为依据的。

A. 保证受力性能　　　　　　　　　B. 保证施工质量

C. 保证耐久性　　　　　　　　　　D. 保证受力钢筋搭接的基本要求

20. 有两根梁截面尺寸、截面有效高度完全相同，都采用混凝土 C20，HRB335 级钢筋，但跨中控制的截面的配筋不同，梁 1 为 1.1%，梁 2 为 1.2%，其正截面极限弯矩分别为 M_{u1} 和 M_{u2}，则有（　　）。

A. $M_{u1} = M_{u2}$　　　　　　　　　　B. $M_{u1} > 2M_{u1}$

C. $M_{u1} < M_{u2} < 2M_{u1}$　　　　　　D. $M_{u1} > M_{u1}$

21. 对于仅配箍筋的梁，在荷载形式及配箍率 ρ_{sv} 不变时，提高受剪承载力的最有效措施是（　　）。

A. 增大截面高度　　　　　　　　　B. 增大箍筋强度

C. 增大截面宽度　　　　　　　　　D. 增大混凝土强度等级

22. 建筑物抗震设防的目标中的中震可修是指（　　）。

A. 当遭受低于本地区抗震设防烈度（基本烈度）的多遇地震影响时，建筑物一般不受损坏或不需修理仍可继续使用

B. 当遭受低于本地区抗震设防烈度（基本烈度）的多遇地震影响时，建筑物可能损坏，经一般修理或不需修理仍能继续使用

C. 当遭受本地区抗震设防烈度的地震影响时，建筑物可能损坏，经一般修理或不需修理仍能继续使用

D. 当遭受本地区抗震设防烈度的地震影响时，建筑物一般不受损坏或不许修理仍可继续使用

23. 进行基础选型时，一般遵循（　　）的顺序来选择基础的形式，尽量做到经济，合理。

A. 条形基础→独立基础→十字形基础→筏形基础→箱形基础

B. 独立基础→条形基础→十字形基础→筏形基础→箱形基础

C. 独立基础→条形基础→筏形基础→十字形基础→箱形基础

D. 独立基础→条形基础→十字形基础→箱形基础→筏形基础

24. 在对钢筋混凝土偏压构件做大、小偏心受压判断时，下列（　　）判断正确。

A. 轴向力作用在截面核心区以内时为小偏压，反正为大偏压

B. 轴向力作用在截面范围内时为小偏压，反之为大偏心压

C. $\zeta \leqslant \zeta_b$ 为大偏压，反之为小偏压

D. $\eta e_i > 0.3 h_0$ 为大偏压，反之为小偏压

25. 灰土是用（　　）配制而成的。

A. 石灰和混凝土　　　　　　　　　　B. 石灰和土料

C. 石灰、砂和骨料　　　　　　　　　D. 石灰、糯米和骨料

26. 保护层的厚度是指（　　）。

A. 从受力纵筋外边缘到混凝土边缘的距离

B. 结构构件钢筋外边缘至构件表面范围用于保护钢筋的混凝土

C. 纵向受力筋合力点到混凝土外边缘的距离

D. 分布筋外边缘到混凝土边缘的距离

27. 材料的吸水率与含水率之间的关系可能为（　　）。

A. 吸水率小于含水率　　　　　　　　B. 吸水率等于或大于含水率

C. 吸水率即可大于也可小于含水率　　D. 吸水率可等于也可小于含水率

28. 硅酸盐水泥技术性质（　　）不符合国家标准规定为废品水泥。

A. 细度　　　　　　　　　　　　　　B. 初凝时间

C. 终凝时间　　　　　　　　　　　　D. 强度低于该商品强度等级规定

29. 在低碳钢的应力应变图中，有线性关系的是（　　）阶段。

A. 弹性阶段　　　B. 屈服阶段　　　C. 强化阶段　　　D. 颈缩阶段

30. 赋予石油沥青以流动性的组分是（　　）。

A. 油分　　　　　B. 树脂　　　　　C. 沥青脂胶　　　D. 地沥青质

31. （　　）浆体在凝结硬化过程中，其体积发生微小膨胀。

A. 石灰　　　　　B. 石膏　　　　　C. 菱苦土　　　　D. 水泥

32. 水泥的体积安定性即指水泥浆在硬化时（　　）的性质。

A. 体积不变化　　B. 体积均匀变化　C. 不变形　　　　D. 均匀膨胀

33. 建设工程施工合同无效，且建设工程经竣工验收不合格的，修复后的建设工程经竣工验收不合格，承包人请求支付工程价款的，（　　）。

A. 应予支持　　　　　B. 不予支持　　　　　C. 协商解决　　　　　D. 其他

34. 在生产、作业中违反有关安全管理的规定，强令他人违章冒险作业，因而发生重大伤亡事故或者造成其他严重后果，情节特别恶劣的，处（　　　）。

A. 3 年以下有期徒刑或者拘役　　　　　B. 3 年以上 7 年以下有期徒刑

C. 5 年以下有期徒刑或者拘役　　　　　D. 5 年以上有期徒刑

35. 在正常使用条件下，供热与供冷系统，为（　　　）个采暖期、供冷期。

A. 1　　　　　B. 2　　　　　C. 3　　　　　D. 4

36. 在（　　　）地区内建设工程，施工单位应当对施工现场实行封闭围挡。

A. 野外　　　　　B. 城市市区　　　　　C. 郊区　　　　　D. 所有

37. 建设单位将建设工程发包给不具有相应资质等级的勘察、设计、施工单位或者委托不具有相应资质等级的工程监理单位的，责令改正，处（　　　）的罚款。

A. 10 万元以上 30 万元以下　　　　　B. 30 万元以上 50 万元以下

C. 50 万元以上 100 万元以下　　　　　D. 100 万元以上

38. 建设单位在施工中偷工减料的，使用不合格的建筑材料、建筑构配件和设备的，或者有不按照工程设计图纸或者施工技术标准施工的其他行为的，责令改正，处工程合同价款（　　　）的罚款。

A. 1% 以上 3% 以下　　　　　B. 2% 以上 4% 以下

C. 3% 以上 5% 以下　　　　　D. 4% 以上 6% 以下

39. 施工单位应当对（　　　）每年至少进行一次安全生产教育培训，其教育培训情况记入个人工作档案。

A. 管理人员　　　　　B. 作业人员

C. 管理人员和作业人员　　　　　D. 所有人员

40. 职业道德是所有从业人员在职业活动中应该遵循的（　　　）。

A. 行为准则　　　　　B. 思想准则

C. 行为表现　　　　　D. 思想表现

二、多项选择题

41. 建筑平面图主要表示房屋（　　　）。

A. 屋顶的形式　　　　　B. 外墙饰面

C. 房间大小　　　　　D. 内部分隔墙的厚度

E. 外墙的厚度

42. 在钢筋混凝土梁中一般存在有（　　　）。

A. 受力筋　　　　　B. 分布筋

C. 架立筋　　　　　D. 箍筋

E. 拉结筋

43. 房屋施工图一般包括（　　　）。

A. 建筑施工图　　　　　B. 设备施工图

C. 道路施工图　　　　　D. 结构施工图

E. 装饰施工图

44. 水准仪是测量高程、建筑标高用的主要仪器。水准仪主要有（　　　）几部分构成。

A. 望远镜　　　　　　　　　　　B. 水准器

C. 照准部　　　　　　　　　　　D. 基座

E. 刻度盘

45. 水准测量中，使前后视距大致相等，可以消除或削弱（　　　）。

A. 水准管轴不平行视准轴的误差

B. 地球曲率产生的误差

C. 估读数差

D. 阳光照射产生的误差

E. 大气折光产生的误差

46. 砖混结构施工测量放线时，在墙体轴线检查无误后，在（　　　）放出门窗口位置，标出尺寸及型号。

A. 防潮层面上　　　　　　　　　B. 基础垫层面上

C. 基础墙外侧　　　　　　　　　D. 基础墙内侧

E. 基础圈梁外侧

47. 编制竣工结算时，以下属于可以调整的工程量差有（　　　）。

A. 建设单位提出的设计变更

B. 由于某种建筑材料一时供应不上，需要改用其他材料代替

C. 施工中遇到需要处理的问题而引起的设计变更

D. 施工中返工造成的工程量差

E. 施工图预算分项工程量不准确

48. 施工图预算编制的依据有（　　　）。

A. 初步设计或扩大初步设计图纸

B. 施工组织设计

C. 现行的预算定额

D. 基本建设材料预算价格

E. 费用定额

49. 材料预算价格的组成内容有（　　　）。

A. 材料原价　　　　　　　　　　B. 供销部门的手续费

C. 包装费　　　　　　　　　　　D. 场内运输费

E. 采购费及保管费

50. 混凝土结构的耐久性设计主要根据有（　　　）。

A. 结构的环境类别　　　　　　　B. 设计使用年限

C. 建筑物的使用用途　　　　　　D. 混凝土材料的基本性能指标

E. 房屋的重要性类别

51. 预应力钢筋宜采用（　　　）。

A. 碳素钢丝　　　　　　　　　　B. 刻痕钢丝

C. 钢绞线　　　　　　　　　　　D. 热轧钢筋Ⅲ级钢

E. 热处理钢筋

52. 柱中纵向受力钢筋应符合下列规定（　　　）。

A. 纵向受力钢筋直径不宜小于 12mm，全部纵向钢筋配筋率不宜超过 5%

B. 当偏心受压柱的截面高度 $h_0 \geq 600mm$ 时，在侧面应设置直径为 $10 \sim 16mm$ 的纵向构造钢筋，并相应地设置复合箍筋或拉筋

C. 柱内纵向钢筋的净距不应小于 50mm

D. 在偏心受压柱中，垂直于弯矩作用平面的纵向受力钢筋及轴心受压柱中各边的纵向受力钢筋，其间距不应大于 400mm

E. 全部纵向钢筋配筋率不宜小于 2%

53. 浅基础按构造分类有（　　）。

A. 条形基础
B. 桩基础
C. 地下连续墙
D. 箱型基础
E. 独立基础

54. 材料的吸水性与（　　）有关。

A. 亲水性
B. 憎水性
C. 孔隙特征
D. 材料自重
E. 材料孔隙率的大小

55. 混凝土配合比设计的基本要求是（　　）。

A. 和易性良好

B. 强度达到所设计的强度等级要求

C. 耐久性良好

D. 级配满足要求

E. 经济合理

56. 沥青胶的组成包括（　　）。

A. 沥青
B. 基料
C. 填料
D. 分散介质
E. 油分

57. 下列需要设置明显的安全警示标志的是（　　）。

A. 施工现场入口处
B. 楼梯口
C. 基坑边沿
D. 有害危险气体存放处
E. 下水道口

58. 施工起重机和整体提升脚手架、模板等自升式架设设施安装、拆卸单位有下列行（　　），责令限期改正，处 5 万元以上 10 万元以下的罚款；情节严重的，责令停业整顿，降低资质等级，直至吊销资质证书；造成损失的，依法承担赔偿责任。

A. 未编制拆装方案、制定安全施工措施的

B. 未由专业技术人员现场监督的

C. 未出具自检合格证明

D. 未向施工单位进行安全使用说明，办理移交手续的

E. 出具虚假证明的

59. 施工人员对涉及结构安全的试块、试件以及有关材料，可以在（　　）监督下现场取样，并送具有相应资质等级的质量检测单位进行检测。

A. 建设单位
B. 总承包单位
C. 施工单位
D. 工程监理单位
E. 咨询单位

60. 施工单位应当在施工组织设计中编制安全技术措施和施工现场临时用电方案，对达到一定规模的危险性较大的分部分项工程编制专项施工方案，并附具安全验算结果，经（　　）签字后实施。

A. 专职安全生产管理员
B. 施工单位技术负责人
C. 总监理工程师
D. 作业人员
E. 企业负责人

三、判断题

61. 为保证建筑物配件的安装与有关尺寸间的相互协调，在建筑模数协调中把尺寸分为标志尺寸，构造尺寸和实际尺寸。构件的构造尺寸大于构件标志尺寸。（　　）

62. 确定物体各组成部分之间相互位置的尺寸叫定形尺寸。（　　）

63. 精密水准仪主要用于国家三、四等水准测量和高精度的工程测量中，例如建筑物沉降观测，大型精密设备安装等测量工作。（　　）

64. 在某次水准测量过程中，A 测点读数为 1.432m，B 测点读数为 0.832m，则实际地面 A 点高。（　　）

65. 根据建筑总平面图到现场进行草测，草测的目的是为了核对总图上理论尺寸与现场实际是否有出入，现场是否有其他障碍物等。（　　）

66. 作为控制建筑物位置的"红线"是指根据城市规划建筑物只能在此线一侧，一般不能超越线外，特殊情况下可以踏压"红线"。（　　）

67. 施工定额的人工、材料、机械台班消耗量标准低于先进水平，略高于平均水平。（　　）

68. 在多层建筑物各层的建筑面积计算中，如外墙设有保温层时，按保温层表面计算。（　　）

69. 钢筋混凝土梁，配筋率 ρ 越大，其正截面承载力越大。（　　）

70. 配普通箍筋的轴心受压短柱通过引入稳定系数 ϕ 来考虑初始偏心和纵向弯曲对承载力的影响。（　　）

71. 在现行《规范》中，钢筋混凝土结构的极限状态分为承载能力极限状态和正常使用极限状态，结构的裂缝和变形验属于承载能力极限状态。（　　）

72. 只要保证有足够的混凝土保护层厚度和裂缝控制等级，就可以保证混凝土的耐久性。（　　）

73. 冷轧扭钢筋屈服强度大，无需弯钩。（　　）

74. 底层抹灰的作用是使砂浆与基底能牢固地粘结，因此要求底层砂浆具有良好的和易性、保水性和较好的粘结强度。（　　）

75. 屈强比愈小，钢材受力超过屈服点工作时的可靠性愈大，结构的安全性愈高。（　　）

76. 在正常使用条件下，屋面防水工程、有防水要求的卫生间、房间和外墙面的防渗漏，最低保修期限为 3 年。（　　）

四、案例题

（一）某工程基础详图如下图所示，该详图由平面图和剖面图组成。

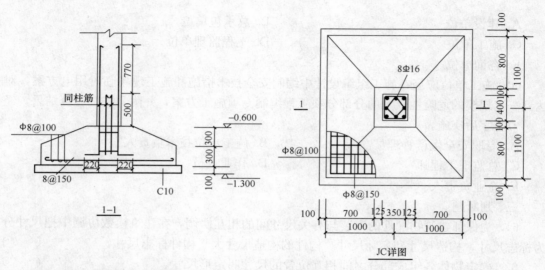

1—1

JC详图

77. 该工程采用的基础形式为（   ）。（单选题，2分）

A. 条形基础　　　　B. 独立基础　　　　　C. 筏板基础　　　　D. 复合基础

78. 剖面图1-1的投影方向为（   ）。（单选题，2分）

A. 从左向右　　　　B. 从右向左　　　　　C. 从后向前　　　　D. 从前向后

79. 基础尺寸为（   ）。（单选题，2分）

A. 2200mm×2000mm×600mm　　　　　B. 2200mm×2400mm×600mm

C. 2200mm×2000mm×700mm　　　　　D. 2200mm×2400mm×700mm

80. 基础底面标高为（   ）。（单选题，2分）

A. −0.600　　　　B. −0.900　　　　C. −1.200　　　　D. −1.300

（二）某高校决定对每幢建筑物进行外表清洁。在对教学楼外墙面砖进行擦洗作业时，在东立面消防楼梯门口两侧部位，工人甲在9层消防楼梯平台北侧靠近护身栏杆处，擦洗距平面地面约2.5m高的墙面砖，因高度不够，工人甲将右脚站在1.2m高的 ϕ18 螺纹钢焊成的护身栏杆横栏处，左脚站在90cm高的马凳上，在探身擦外侧面砖时，由于未系安全带身体失稳，坠于首层门口行车坡道顶部，坠落高度24m，送往附近医院抢救无效死亡。

81. 事故发生的原因不包括（   ）。（单选题，1分）

A. 工人甲违反安全操作规程中有关"高度及危险部位作业，应注意周围环境和必须挂好安全带"的规定

B. 安全教育不够，工人自我保护意识差

C. 安全交底工作欠佳，安全措施不到位

D. 安全检查到位

82. 建筑工程施工现场常见的职工伤亡事故类型不包括有（   ）。（单选题，1分）

A. 高处坠落　　　　B. 物体打击　　　　C. 火灾　　　　　D. 机械伤害

83. 三级安全教育是指（   ）。（单选题，1分）

A. 公司、项目经理部、专职安全员三个层次的安全教育

B. 项目经理、施工班、专职安全员组三个层次的安全教育

C. 公司、项目经理部、施工班组三个层次的安全教育

D. 公司、施工班组、专职安全员三个层次的安全教育

84. 施工单位应当根据（　　），在施工现场采取相应的安全施工措施。

A. 不同施工阶段 B. 周围环境的变化

C. 季节和气候的变化 D. ABC

第二部分　专业管理实务

一、单项选择题

85. 某工程 60 个混凝土独立基础，基坑坑底面积为 2.4m×3.6m，室外自然地面标高为 −0.45m，基底标高为 −2.45m，四边放坡开挖，坡度系数为 0.45，每个基础体积为 6.9m³，试问回填基坑土的预留量（原状土状态）（　　），土的最初可松性系数 $K'_s=$ 1.2，最终可松性系数 $K'_s=1.05$。

A. 1203.76 m³ B. 1333.71 m³ C. 1500.4 m³ D. 1600.46 m³

86. 土质为含薄层粉砂的粉质黏土，若降低水位深度在 2～6m，宜采用（　　）降水。

A. 单层轻型井点 B. 多层轻型井点

C. 喷射井点 D. 管井井点

87. 在下列支护结构中，可以抵抗土和水产生水平压力，即可挡土又可挡水的支护机构是（　　）。

A. 深层搅拌水泥土墙 B. 钢筋混凝土灌注桩

C. H 形钢桩＋混凝土预板 D. 土层锚杆

88. 基坑边缘堆土、堆料或沿挖方边缘移动运输工具和机械，一般应距基坑上部边缘不少于（　　）m。

A. 0.5 B. 1.0 C. 1.5 D. 2.0

89. 水泥土搅拌桩湿喷搅拌法施工中固化剂严格按规定的配合比拌制，拌合时间不得少于（　　），并应有防离析措施。

A. 1min B. 2min C. 3min D. 5min

90. 箱型基础当设置贯通后浇带，缝宽不宜小于 800mm，在后浇带处钢筋应贯通，顶板浇灌后，相隔（　　）d，用比设计强度等级提高一级的微膨胀的细石混凝土浇筑后浇带，并加强养护。

A. 3～7 B. 7～14 C. 14～28 D. 42～60

91. 承重的烧结多孔砖一般分为 P 型和（　　）型。

A. O B. M C. N D. K

92. 混凝土必须养护至其强度达到（　　）时，才能够在其上行人或安装模版支架。

A. 1.2MPa B. 1.8MPa C. 2.4MPa D. 3MPa

93. 金属表面经除锈处理后应及时施涂防锈涂料，一般应在（　　）h 以内施涂完毕。

A. 3 B. 6 C. 12 D. 24

94. 普通细石混凝土防水施工混凝土浇筑 12～24h 后应进行养护，养护时间不应少于（　　），养护初期屋面不得上人。

A. 48h B. 72h C. 7d D. 14d

95. 室内地面防水层应从地面延伸到墙面，高出地面（　　）。

A. 150mm B. 200mm C. 250mm D. 100mm

96. 为保护门洞口墙面转角不易遭碰撞损坏，在室内抹面的门洞口阳角处应做水泥砂浆护角，其护角高度一般不低于（　　）。

A. 0.9m B. 1.5m C. 2m D. 2.5m

97. 合成树脂乳液内墙涂料施工中，下列操作不正确的是（　　）。

A. 填补缝隙，局部刮腻子时，要横平竖直，填实抹平，并将多余腻子收净，即用砂纸磨平，并将浮尘扫净

B. 石膏板面接缝处应用嵌缝腻子填塞满，再上一层玻璃网格布、麻布或绸布条，用乳液或胶贴剂将布条粘在拼缝上

C. 滚、刷第一遍水溶性涂料时应先顶棚后墙面，先上后下顺序进行

D. 喷涂第二遍水溶性涂料时，喷头距墙面宜为 20～30mm，移动速度要平稳，使涂层厚度均匀

98. 饰面板的安装工艺有传统湿作业法，横向钢筋间距视板面尺寸而定，第一道钢筋应高于第一层板的下口（　　）mm 处。

A. 10～20 B. 20～30 C. 40～50 D. 100

99. 水泥砂浆面层压光宜采用钢抹子分三遍成活，逐步加大压力。第三遍压光应在（　　）进行。

A. 随抹随压 B. 砂浆稍收水后 C. 初凝前 D. 终凝前

100. 同一建筑物内的导线，其绝缘层颜色选择应一致，保护线（PE 线）应采用（　　）色。

A. 红色 B. 黄色 C. 淡蓝色 D. 黄绿相间

101. 室内排水主立管及水平干管管道应做通球试验，通球球径不小于排水管道管径的（　　），顺利通过为合格。

A. 3/4 B. 3/5 C. 2/3 D. 4/5

102. 消声器的穿孔板应平整，孔眼排列均匀，不得有（　　），穿孔率应符合设计规定。

A. 穿孔 B. 连体 C. 内凹 D. 毛刺

103. 采暖管道选用焊接钢管时，管径小于或等于 DN32 的宜采用（　　）。

A. 钎焊联接 B. 热熔联接 C. 螺纹联接 D. 挤压紧联接

104. 用两台以上摊铺机成梯队进行联合作业时，相邻两幅摊铺带重叠（　　）cm。

A. 5～10 B. 5～15 C. 10～15 D. 15～20

105. 某混凝土实验室配合比为 1∶2.3∶4.4，水灰比为 0.55，现场砂含水率为 3%、石含水率为 1%，试求施工配合比为（　　）。

A. 1∶2.3∶4.4 B. 1∶2.33∶4.41
C. 1∶2.35∶4.43 D. 1∶2.37∶4.44

106. 进行沥青混合料路面的摊铺作业时，摊铺机必须缓慢、均匀、连续不断地进行摊铺，摊铺过程中（　　）随便变换速度或中途停顿。

A. 允许 B. 不宜 C. 必须 D. 不得

107. 当构件的混凝土强度达到设计强度的（   ）时，便可对构件的预应力筋进行张拉。

A. 75% 　　　　　B. 80% 　　　　　C. 90% 　　　　　D. 60%

108. 矩阵式项目组织适用于（   ）。

A. 小型的、专业性较强的项目

B. 大型项目、工期要求紧迫的项目

C. 平时承担多个需要进行项目管理工程的企业

D. 大型经营性企业的工程承包

109. 工序质量控制的实质是（   ）。

A. 对工序本身的控制 　　　　　B. 对人员的控制

C. 对工序的实施方法的控制 　　　　　D. 对影响工序质量因素的控制

110. 计量控制是保证工程项目质量的重要手段和方法，其主要任务是（   ）。

A. 建立计量管理部门和配置计量人员

B. 建立健全和完善计量管理的规章制度

C. 统计计量单位制度，组织量值传递，保证量值统一

D. 监督计量过程的实施，保证计量的准确

111. 在不影响紧后工作最早开始时间的条件下，允许延误的最长时间是（   ）。

A. 总时差 　　　　　B. 自由时差

C. 最晚开始时间 　　　　　D. 最晚结束时间

112. 在 PDCA 循环中，对计划实施过程进行的各种检查，指的是（   ）。

A. 作业者自检

B. 作业者互检

C. 专职管理者专检

D. 包括作业者自检、互检和专职管理者专检

113. 对合同工程项目的安全生产负领导责任的是（   ）。

A. 项目经理 　　　　　B. 项目技术负责人

C. 安全员 　　　　　D. 班组长

114. 分包成本的目标成本的编制，以预算部门提供的分包项目施工图预算为收入依据，按施工预算编制的分包项目施工预算的工程量，单价按（   ），计算分包项目的目标成本。

A. 指导价 　　　　　B. 市场价

C. 合同约定的下浮率 　　　　　D. 定额站提供的中准价

二、多项选择题

115. 基坑土方开挖应遵守的原则是（   ）。

A. 开槽支撑 　　　　　B. 先撑后挖

C. 分段开挖 　　　　　D. 分层开挖

E. 严禁超挖

116. 管井井点的井点管理设可采用（   ）。

A. 干作业钻孔法 　　　　　B. 打拔管成孔法

C. 钻孔压浆法 　　　　　D. 泥浆护壁钻孔方法

E. 用泥浆护壁冲击钻成孔

117. 钢筋混凝土独立基础上有插筋时，其插筋的（ ）应与柱内纵向受力钢筋相同。

A. 长度 B. 直径

C. 钢筋种类 D. 数量

E. 锚固长度

118. 混凝土预制桩沉桩时，减少和限制沉桩挤土影响的措施有（ ）等。

A. 井点降水 B. 合理安排沉桩顺序

C. 控制沉桩速率 D. 挖防震沟

E. 采用预钻孔打桩工艺

119. 不得在下列墙体或部位中留设脚手眼（ ）。

A. 半砖墙

B. 宽度小于 0.5m 的窗间墙

C. 过梁上与过梁 60° 的三角形范围

D. 梁或梁垫下及其左右各 500mm 的范围内

E. 砖砌体的门窗洞口两侧 150mm（石砌体为 600mm）

120. 卫生间楼地面聚氨酯防水施工，配制聚氨酯涂膜防水涂料方法是（ ）。

A. 将聚氨酯甲、乙组分和二甲苯按 1：1.5：0.3 的比例配合搅拌均匀

B. 用电动搅拌器强力搅拌均匀备用

C. 涂料应随配随用

D. 一般在 24h 内用完

E. 干燥 4h 以上，才能进行下一道工序

121. 顶棚抹灰若基层为混凝土，则需（ ）。

A. 水灰比为 0.4 的素水泥浆刷一遍作为结合层

B. 在抹灰前在基层上用掺 5% 108 胶的水溶液刷一遍作为结合层

C. 抹底灰的方向应与楼板及木模板木纹方向平行

D. 抹中层灰后，用木刮尺刮平，再用木抹子搓平

E. 面层灰宜两遍成活，两道抹灰方向垂直，抹完后按同一方向抹压赶光

122. 涂料工程对混凝土及抹灰（水泥砂浆、混合砂浆或石灰砂浆、石灰纸筋灰浆）基层的要求有（ ）。

A. 基层的 pH 应在 7 以下

B. 对使用水溶型涂料的基层含水率应不大于 6%

C. 含水率对于使用溶剂型涂料的基层应不大于 8%

D. 表面的油污、灰尘、溅沫及砂浆流痕等杂物应彻底清除干净

E. 旧浆皮料可刷清水以溶解旧浆料，然后用铲刀刮去旧浆皮

123. 公用建筑照明系统通电连续试运行时间为（ ）h，民用住宅照明系统通电连续试运行时间为（ ）h。

A. 24 B. 12

C. 8 D. 6

E. 2

124. 火灾自动报警系统除对防火门的控制外，还应对（　　）的控制。

A. 排烟、正压送风机系统　　　　　　B. 消防栓灭火系统

C. 自动喷洒灭火系统　　　　　　　　D. 气体自动灭火系统

E. 防火卷帘门

125. 施工阶段项目管理的任务，就是通过施工生产要素的优化配置和动态管理，以实现施工项目的（　　）管理目标。

A. 质量　　　　　　　　　　　　　　B. 成本

C. 工期　　　　　　　　　　　　　　D. 安全

E. 环境

126. 现场进行质量检查的方法有（　　）。

A. 目测法　　　　　　　　　　　　　B. 实测法

C. 实验检查　　　　　　　　　　　　D. 仪器测量

E. 系统监测

127. 影响施工项目进度的因素有（　　）。

A. 人的干扰因素　　　　　　　　　　B. 材料、机具、设备干扰因素

C. 地基干扰因素　　　　　　　　　　D. 资金干扰因素

E. 设计变更

128. 施工员的成本管理责任有（　　）。

A. 根据项目施工的计划进度、及时组织材料、构件的供应，保证项目施工的顺利进行，防止因停工待料造成的损失

B. 严格执行工程技术规范和以预防为主的方针，确保工程质量，减少零星修补，消灭质量事故，不断降低质量成本

C. 根据工程特点和设计要求，运用自身的技术优势，采取实用、有效的技术组织措施和合理化建议

D. 严格执行安全操作规程，减少一般安全事故，消灭重大人身伤亡事故和设备事故，确保安全生产，将事故减少到最低限度

E. 走技术和经济相结合的道路，为提高项目经济效益开拓新的途径

129. 模板工程安全技术交底包括（　　）。

A. 不得在脚手架上堆放大批模板等材料

B. 禁止使用 2cm×4cm 木料作顶撑

C. 支撑、牵杠等不得搭在门窗框和脚手架上

D. 支模过程中，如需中途停歇应将支撑、搭头、柱头板等钉牢，拆模间歇时应将已活动的弹板、牵杠、支撑等运走或妥善堆放，防止因踏空、扶空而坠入

E. 通路中间的斜撑、拉杆等应设在 1m 高以上

三、判断题

130. 防治流砂应着眼于减小动水压力。　　　　　　　　　　　　　　　　（　　）

131. 深基坑土方开挖主要有分层挖土、分段挖土、盆式挖土、中心岛式挖土等几种，应根据基坑面积大小、开挖深度、支护结构形式、环境条件等因素选用。　　（　　）

132. 基础的底板、内外墙和顶板宜连续浇灌完毕。当基础长度超过 40m 时，为防止出现温

度收缩裂缝，一般应设置贯通后浇带，缝宽不宜小于800mm，在后浇带处钢筋应断开。（　　）

133．梁和板一般同时浇筑，从一端开始向前推进。只有当梁高大于1m时才允许将梁单独浇筑，此时的施工缝留在楼板板面下20～30mm处。（　　）

134．锥螺纹连接特点是连接速度快，对中性好，工期短，安全、工艺简单、连接质量好，受气候影响大，适应性强。（　　）

135．暗龙骨吊顶工程不需进行防腐处理的是木龙骨。（　　）

136．斜插板风阀的安装，阀板必须为向下拉启；水平安装时，阀板还应为顺气流方向插入。（　　）

137．质量管理体系的评审和评价，一般称为管理者评审，它是由总监理工程师组织的，对质量管理体系、质量方针、质量目标等项工作所开展的适合性评价。（　　）

138．等节拍专业流水是指各个施工过程在各施工段上的流水节拍全部相等，并且等于流水步距的一种流水施工。（　　）

139．施工总承包方是工程施工的总执行者和总组织者，它除了完成自己承担的施工任务以外，还负责组织和指挥它自行分包的分包施工单位，但业主指定的分包施工单位的施工不由他们负责。（　　）

四、案例题

（一）某钢筋混凝土梁配筋图如图所示，保护层厚为25mm，钢筋弯起角度均为45°，7度抗震设防。

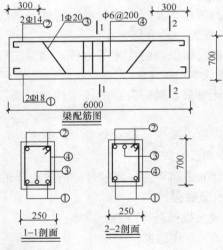

140．③号钢筋的计算简图为（　　）

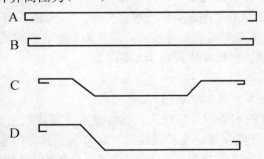

141. ③筋的斜段长度为（　　）mm。

A. 700　　　　　　B. 650　　　　　　C. 919　　　　　　D. 1300

142. ③号钢筋半圆弯钩处弯曲直径应不小于钢筋直径的（　　）倍。

A. 1.0　　　　　　B. 2.5　　　　　　C. 3.0　　　　　　D. 4.5

143. ③号钢筋的下料长度为（　　）。

A. 6000mm　　　　B. 6488mm　　　　C. 6698mm　　　　D. 6980mm

144. ③号钢筋采用焊接接头时，同一连接区段内纵向受力钢筋接头面积百分率应符合设计要求，当设计无具体要求时，下列描述正确的是（　　）。

A. 受拉区不宜大于25%

B. 接头不宜设置在有抗震设防要求的框架梁端

C. 直接承受动力荷载的结构中，宜采用焊接接头

D. 直接承受动力荷载的结构中，当采用机械联接接头时，不应大于25%

（二）某办公楼外装饰装修工程施工，外墙饰面砖贴面。施工前按规范要求做了外墙饰面砖样板件。室内花岗石地坪，大理石湿贴墙面。

145. 饰面板工程采用湿作业施工时，天然石材饰面板应进行（　　）处理。

A. 防碱背涂　　　　　　　　　　B. 防腐背涂

C. 防酸背涂　　　　　　　　　　D. 防裂背涂

146. 饰面板（砖）工程抗震缝、伸缩缝、沉降缝处理应保持（　　）。

A. 缝的宽度和深度　　　　　　　B. 缝的突出性和原样性

C. 缝的密实性和可靠性　　　　　D. 缝的使用功能和饰面完整性

147. 外墙饰面砖粘贴工程应在相同的基层上做样板件，并对样板件的饰面砖粘结强度进行检验，其方法和结果判定应符合（　　）的规定。

A. 设计

B. 《建筑工程饰面砖粘贴强度检验标准》JGJ 110

C. 施工工艺标准

D. 业主与施工单位签订的合同

148. 外墙饰面砖粘贴工程中饰面砖样板件的施工要求是：饰面砖粘贴前和施工过程中，（　　）。

A. 可在不同的基层上做样板件，并对样板件饰面砖的粘结强度进行检验

B. 可在相同的基层上做样板件，并对样板件饰面砖的粘结强度进行检验

C. 可在不同的基层上做样板件，并对样板件饰面砖的接缝宽度进行检验

D. 可在相同的基层上做样板件，并对样板件饰面砖的接缝高低差进行检验

149. 饰面板（砖）应进行复验的材料及其性能指标不包括（　　）。

A. 室内用花岗石的放射性

B. 外墙陶瓷砖的吸水率

C. 防碱背涂的性能

D. 粘贴用水泥的凝结时间、安定性和抗压强度

（三）某市路南区建设一综合楼，结构形式采用现浇框架剪力墙结构体系，地上20层，地下2层，建筑物檐高66.75m，建筑面积5.6万 m²，混凝土强度等级为C35，于

2000年3月12日开工,在工程施工中出现了质量问题:试验测定地上3层和4层混凝土标准养护试块强度未达到设计要求,监理工程师采用回弹法测定,结果仍不能满足设计要求,最后法定检测单位从3层和4层钻取部分芯样,为了进行对比,又在试块强度检验合格的2层钻取部分芯样,检测结果发现,试块强度合格的芯样强度能达到设计要求,而试块强度不合格的芯样强度仍不能达到原设计要求。

150. 针对该工程,施工单位应采取( )质量控制的对策来保证工程质量。

A. 以人的工作质量确保工程质量

B. 严格控制投入品的质量

C. 全面控制施工过程,重点控制工序质量

D. 严把分项工程质量检验评定关

E. 贯彻"预防为主"的方针,预防系统性因素的质量变异

151. 为避免以后施工中出现类似质量问题,施工单位对施工作业过程质量进行控制。施工作业质量控制包括( )。

A. 审核有关技术文件和报告　　　　　B. 施工工序质量控制程序

C. 施工工序质量控制要求　　　　　　D. 施工工序质量检验

E. 工序合格质量检验记录完整

152. 建筑施工项目质量控制的过程包括( )。

A. 施工前期安全控制　　　　　　　　B. 施工准备质量控制

C. 施工过程成本控制　　　　　　　　D. 施工过程质量控制

E. 施工验收质量控制

153. 针对工程项目的质量问题,现场常用的质量检查的方法有目测法、( )。

A. 实测法　　　　　　　　　　　　　B. 图表法

C. 对比法　　　　　　　　　　　　　C. 分析法

D. 试验法

154. 目测法其手段可归纳为( )。

A. 看　　　　　　　　　　　　　　　B. 摸

C. 敲　　　　　　　　　　　　　　　D. 量

E. 照

2012年上半年江苏省建筑专业管理人员统一考试
施工员(建筑工程专业)试卷

第一部分　专业基础知识

一、单项选择题

1. 图纸幅面,即图纸的基本尺寸,《房屋建筑制图统一标准》规定有( )种。

A. 3种　　　　　B. 4种　　　　　C. 5种　　　　　D. 6种

2. 用一水平面截交两个平行的一般位置平面,截交线为( )

A. 两条平行的水平线　　　　　　　　B. 两条平行的一般位置线

C. 两条相交的水平线　　　　　　　　D. 两条相交的一般位置线

3. 投射线互相平行并且( )投影面的方法称为正投影法。

A. 显实　　　　　B. 垂直　　　　　C. 斜交　　　　　D. 定比

4. 房屋施工图按专业分工不同,可分为( )。

A. 建筑施工图,结构施工图,总平面图

B. 配筋图,模板图

C. 建筑施工图,结构施工图,设备施工图

D. 建筑施工图,水电施工图,设备施工图

5. 在土建施工图中有剖切位置符号及编号 $\frac{12}{12}$,其对应图为( )。

A. 剖面图、向左投影　　　　　　　　B. 剖面图、向右投影

C. 断面图、向左投影　　　　　　　　D. 断面图、向右投影

6. 钢筋混凝土构件详图表达的主要内容包括配筋、结构构造以及( )。

A. 建筑装饰构造　　　　　　　　　　B. 预埋件及预留孔

C. 厨卫设施的构造　　　　　　　　　D. 结构构件的布置

7. ( )处与铅垂线垂直。

A. 水平面　　　　　　　　　　　　　B. 参考椭球面

C. 铅垂面　　　　　　　　　　　　　D. 大地水准面

8. 操作中依个人视力将镜转向明亮背景旋动目镜对光螺旋,使十字丝纵丝达到十分清晰为止是( )。

A. 目镜对光　　　B. 物镜对光　　　C. 清除视差　　　D. 精平

9. 有关水准测量注意事项中,下列说法错误的是( )。

A. 仪器应尽可能安置在前后两水准尺的中间部位

B. 每次读数前均应精平

C. 记录错误时,应擦去重写

D. 测量数据不允许记录在草稿纸上

10. 钢尺量距中,定线不准和钢尺未拉直,则( )。

A. 均使得测量结果短于实际值

B. 均使得测量结果长于实际值

C. 定线不准使得测量结果短于实际值,钢尺未拉直使得测量结果长于实际值

D. 定线不准使得测量结果长于实际值,钢尺未拉直使得测量结果短于实际值

11. 经纬仪用光学对中的精度通常为( )mm。

A. 0.05　　　　　B. 1　　　　　　C. 0.5　　　　　　D. 3

12. 测定一点竖直角时,若仪器高不同,但都瞄准目标同一位置,则所测竖直角( )。

A. 一定相同　　　　　　　　　　　　B. 不同

C. 可能相同也可能不同　　　　　　　D. 不一定相同

13. 下列哪种图是撒施工灰线的依据( )。

A. 建筑总平面图　　　　　　　　　　B. 建筑平面图

C. 基础平面图和基础详图　　　　　　　D. 立面图和剖面图

14. 机械操作人员的工资包括在建筑安装工程（　　）之中。

A. 人工费　　　　　　　　　　　　　B. 其他直接费

C. 施工管理费　　　　　　　　　　　D. 机械费

15. 预算定额人工工日消耗量应包括（　　）。

A. 基本用工和人工幅度差用工

B. 辅助用工和基本用工

C. 基本用工和其他用工

D. 基本用工、其他用工和人工幅度差用工

16. 下列属于按定额的编制程序和用途分类的是（　　）。

A. 预算定额　　　　　　　　　　　　B. 建筑工程定额

C. 全国统一定额　　　　　　　　　　D. 行业统一定额

17. （　　）是建设过程的最后一环，是投资转入生产或使用成果的标志。

A. 竣工验收　　　　　　　　　　　　B. 生产准备

C. 建设准备　　　　　　　　　　　　D. 后评价阶段

18. 建筑面积包括使用面积、辅助面积和（　　）。

A. 居住面积　　　　　　　　　　　　B. 结构面积

C. 有效面积　　　　　　　　　　　　D. 生产和生活使用的净面积

19. 《混凝土结构设计规范》中混凝土强度的基本代表值是（　　）。

A. 立方体抗压强度标准值　　　　　　B. 立方体抗压强度设计值

C. 轴心抗压强度标准值　　　　　　　D. 轴心抗压强度设计值

20. 受弯构件斜截面受剪承载力计算公式，要求其截面限制条件 $V \leqslant 0.25\beta_c f_c bh_0$ 的目的是为了防止发生（　　）。

A. 斜拉破坏　　　　B. 剪切破坏　　　　C. 斜压破坏　　　　D. 剪压破坏

21. 受拉钢筋截断后，由于钢筋截面的突然变化，易引起过宽的裂缝，因此规范规定纵向钢筋（　　）。

A. 不宜在受压区截断　　　　　　　　B. 不宜在受拉区截断

C. 不宜在同一截面截断　　　　　　　D. 应在距梁端 1/3 跨度范围内截断

22. 以下（　　）关于混凝土收缩的论述不正确？

A. 混凝土水泥用量越多，水灰比越大，收缩越大

B. 骨料所占体积越大，级配越好，收缩越大

C. 在高温高湿条件下，养护越好，收缩越小

D. 在高温、干燥的使用环境下，收缩大

23. 在一单筋矩形截面梁，截面尺寸为 $b \times h = 200\text{mm} \times 500\text{mm}$，承受弯矩设计值为 $M = 114.93\text{kNm}$，剪力设计值 $V = 280\text{kN}$，采用混凝土的强度等级为 C20，纵筋放置一排，采用 HRB335 级钢，则该梁截面尺寸（　　）。

A. 条件不足，无法判断

B. 不满足正截面抗弯要求

C. 能满足斜截面抗剪要求

D. 能满足正截面抗弯要求，不能满足斜截面抗剪要求

24. 设计使用年限为 100 年且处于一类环境中的混凝土结构，钢筋混凝土结构要求；混凝土强度等级、预应力混凝土结构的混凝土强度等级分别不应低于（   ）。

A. C30、C40　　　　B. C25、C30　　　　C. C30、C30　　　　D. C30、C35

25. 对于无明显屈服点的钢筋，其强度标准值取值的依据是（   ）。

A. 最大应变对应的应力　　　　　　　B. 极限抗拉强度

C. 0.9 倍极限抗拉强度　　　　　　　D. 条件屈服强度

26. 条件相同的无腹筋梁，发生斜压、剪压和斜拉三种破坏形态时，梁的斜截面承载力的大致关系（   ）。

A. 斜压＞斜拉 ＞剪压　　　　　　　B. 剪压＞斜拉＞斜压

C. 剪压＞斜压 ＞斜拉　　　　　　　D. 斜压＞剪压＞斜拉

27. 混凝土用水中，不得含有影响水泥正常（   ）和硬化的有害物质。

A. 变形　　　　　　B. 水化　　　　　　C. 风化　　　　　　D. 凝结

28. 混凝土配合比设计中，对塑性混凝土，计算砂率的原则是使（   ）。

A. 砂子密实体积填满石子空隙体积

B. 砂浆体积正好填满石子空隙体积

C. 砂子密实体积填满石子空隙体积，并略有富余

D. 砂子松散体积填满石子空隙体积，并略有富余

29. 强度等级为 MU15 以上的灰砂砖可用于建筑（   ）。

A. 一层以上　　　　B. 防潮层以上　　　　C. 基础　　　　D. 任何部位

30. （   ）是常用的热塑性塑料。

A. 氨基塑料　　　　B. 三聚氰胺塑料　　　　C. 聚氯乙烯塑料　　　　D. 脲醛塑料

31. 坍落度是表示混凝土（   ）的指标。

A. 强度　　　　　　B. 流动性　　　　　　C. 黏聚性　　　　　　D. 保水性

32. 材料的开口孔隙率越多，则其（   ）。

A. 耐水性越好　　　　B. 耐水性越差　　　　C. 抗渗性越好　　　　D. 抗渗性越差

33. 施工单位在使用施工起重机械和整体提升脚手架、模板等自升式架设设施前，应当组织有关单位进行验收，也可以委托具有相应资质的检验检测机构进行验收；使用承租的机械设备和施工机具及配件的，由（   ）共同进行验收。

A. 施工总承包单位、分包单位和安装单位

B. 施工总承包单位和安装单位

C. 出租单位和安装单位

D. 施工总承包单位、分包单位、出租单位和安装单位

34. 承包人非法转包、违法分包建设工程或者没有资质的实际施工人借用有资质的建筑施工企业与他人签订建设工程施工合同的行为无效。人民法院可以根据民法通则第一百三十四条规定，收缴当事人已经取得的（   ）。

A. 合法所得　　　　B. 非法所得　　　　C. 所有所得　　　　D. 其他

35. 专职安全生产管理人员的配备办法由（   ）制定。

A. 建设单位

B. 施工单位

C. 省建设厅

D. 国务院建设行政主管部门会同国务院其他有关部门

36. 下列属于企业取得安全生产许可证，应具备的安全生产条件有（   ）。

A. 建立、健全安全生产责任制，制定完备的安全生产规章制度和操作规程

B. 安全投入符合安全生产要求

C. 设置安全生产管理机构，配备专职安全生产管理人员

D. ABC

37. 下列说法不正确的是（   ）。

A. 当事人对垫资和垫资利息有约定，承包人请求按照约定返还垫资及其利息的应予支持

B. 当事人对垫资和垫资利息有约定，约定的利息计算标准高于中国人民银行发布的同期同类贷款利率的部分不予支持

C. 当事人对垫资利息没有约定，承包人请求支付利息的应予支持

D. 当事人对垫资没有约定的，按照工程欠款处理

38. 关于施工单位采购、租赁的安全防护用具、机械设备、施工机具及配件，下列说法不正确的有（   ）。

A. 应当具有生产（制造）许可证   B. 应当具有产品合格证

C. 进入施工现场后进行查验   D. ABC

39. 建设单位、设计单位、施工单位、工程监理单位违反国家规定，降低工程质量标准，造成重大安全事故的，后果特别严重的，对直接责任人员处（   ），并处罚金。

A. 3 年以下有期徒刑或者拘役   B. 3 年以上 7 年以下有期徒刑

C. 5 年以下有期徒刑或者拘役   D. 5 年以上 10 年以下有期徒刑

40. （   ）应当向作业人员提供安全防护用具和安全防护服装，并书面告知危险岗位的操作规程和违章操作的危害。

A. 建设单位   B. 施工单位   C. 监理单位   D. 消防单位

二、多项选择题

41. 楼层建筑平面图表达的主要内容包括（   ）。

A. 平面形状   B. 内部布置

C. 楼板配筋   D. 外部造型

E. 梁的布置

42. 常用的建筑材料图例 ▨▨▨▨ ，可以表示下列（   ）材料。

A. 珍珠岩   B. 加气混凝土

C. 胶合板   D. 软木

E. 泡沫塑料

43. 在钢筋混凝土梁中一般存在有（   ）。

A. 受力筋   B. 分布筋

C. 架立筋   D. 箍筋

220

E. 拉结筋

44. 建筑物的定位是根据所给定的条件，经过测量技术的实施，把房屋的空间位置确定下来的过程，常用的房屋定位方法有（   ）。

A. "红线"定位法   B. 方格网定位法

C. 平行线定位法   D. GPS 定位法

E. 轴线定位法

45. 高差是指某两点之间（   ）。

A. 高程之差   B. 高程和建筑标高之间的差

C. 两点之间同一栋房屋建筑标高之差   D. 两栋不同建筑之间的标高之差

E. 两栋建筑高度之差

46. 经纬仪目前主要有光学经纬仪和电子经纬仪两大类，工程建设中常用的光学经纬仪是（   ）几种。

A. DJ07   B. DJ2

C. DJ6   D. DJ15

E. DJ25

47. 建筑工程定额就是在正常的施工条件下，为完成单位合格产品所规定的消耗标准。即建筑产品生产中所消耗的人工、材料、机械台班及其资金的数量标准。建筑工程定额具有以下的性质（   ）。

A. 科学性   B. 指导性

C. 群众性   D. 稳定性

E. 时效性

48. 工程量计算是施工图预算编制的重要环节，一个单位工程预算造价是否正确，主要取决于以下因素（   ）。

A. 工程量   B. 设计图纸

C. 措施项目清单费用   D. 分部分项工程量清单费用

E. 施工方案

49. 审查施工图预算的方法很多，以下（   ）方法正确。

A. 重点审查法   B. 全面审查法

C. 对比审查法   D. 分组计算审查法

E. 利用手册审查法

50. 下列（   ）属于建筑结构应满足的结构功能要求。

A. 安全性   B. 适用性

C. 美观性   D. 耐火性

E. 耐久性

51. 受弯构件正截面承载力计算采用等效矩形应力图形，其正确原则为（   ）。

A. 保证压应力合力的大小和作用点位置不变

B. 等效矩形面积等于曲线围成的面积

C. 由平截面假定

D. 两种应力图形的重心重合

E. 不考虑受拉区混凝土参加工作

52. 下列中（　　）不是砌块的强度等级。

A. MU30

B. MU20

C. MU10

D. MU5

E. MU35

53. 经验算，砌体房屋墙体的高厚比不满足要求，可采用下列（　　）几项措施。

A. 提高块体的强度等级

B. 提高砂浆的强度等级

C. 增加墙体的厚度

D. 减小洞口的面积

E. 增大圈梁的高度

54. 下列性质属于材料力学性质的有（　　）。

A. 强度

B. 硬度

C. 弹性

D. 脆性

E. 徐变

55. 活性混合材料有（　　）。

A. 石灰石

B. 石英砂

C. 粒化高炉矿渣

D. 火山灰

E. 紫英砂

56. 冷轧带肋钢筋与冷拉、冷拔钢筋相比，有（　　）的优点。

A. 握裹力大

B. 强度相近

C. 焊接性能好

D. 强度高

E. 塑性好

57. （　　）就分包工程对建设单位承担连带责任。

A. 建设单位

B. 施工单位

C. 分包单位

D. 总承包单位

E. 监理单位

58. 下列说法正确的有（　　）。

A. 施工单位应当将施工现场的办公、生活区与作业区分开设置，并保持安全距离

B. 办公、生活区的选址应当符合安全性要求

C. 职工的膳食、饮水、休息场所等应当符合卫生标准

D. 施工单位可以在尚未竣工的建筑物内设置员工集体宿舍

E. 施工现场材料的堆放应当符合安全性要求

59. 作业人员有权（　　）。

A. 对作业程序擅自改变

B. 对安全问题提出控告

C. 拒绝违章指挥

D. 拒绝强令冒险作业

E. 对设计不足之处擅自变更

60. 要大力倡导（　　）为主要内容的职业道德，鼓励人们在工作中做一个好建设者。

A. 爱岗敬业

B. 诚实守信

C. 办事公道

D. 服务群众

E. 奉献社会

三、判断题

61. 所有投影线相互平行并垂直投影面的投影法称为正投影法。 （ ）

62. 建筑施工图包括：设计总说明、总平面图、建筑平面图、建筑立面图、建筑剖面图以及建筑详图等。 （ ）

63. 水准仪的视准轴应平行于水准器轴。 （ ）

64. 观测值与真值之差称为观测误差。 （ ）

65. 作为控制建筑物位置的"红线"是指根据城市规划建筑物只能在此线一侧，一般不能超越线外，特殊情况下可以踩压"红线"。 （ ）

66. 利润率的确定应根据工程性质和工程类别，与企业资质没关系。 （ ）

67. 工程量清单计价包括招标文件规定的完成工程量清单所列项目的全部费用。 （ ）

68. 室外楼梯的建筑面积按其水平投影的 1/2 计算。 （ ）

69. 梁内的纵向受力钢筋，是根据梁的最大弯矩确定的，如果纵向受力钢筋沿梁全长不变，则梁的每一截面抗弯承载力都有充分的保证。 （ ）

70. 同一楼层的柱混凝土强度等级不宜高于梁板混凝土强度太多。 （ ）

71. T 形截面受弯构件受压翼缘压应力的分布是不均匀的，离开肋部越远压应力越小。 （ ）

72. 钢筋的基本锚固长度取决于钢筋强度及混凝土抗拉强度，并与钢筋的外形无关。 （ ）

73. 空隙率是指散粒材料在某堆积体积中，颗粒之间的空隙体积占总体积的比例。 （ ）

74. 混凝土、玻璃、砖、石属于脆性材料。 （ ）

75. 材料的渗透系数越大，表明材料渗透的水量越多，抗渗性则越差。 （ ）

76. 监理单位对施工中出现质量问题的建设工程或者竣工验收不合格的建设工程，应当负责返修。 （ ）

四、案例题

（一）矩形截面简支梁截面尺寸 200×500mm，计算跨度 $l_0 = 4.24$m（净跨 $l_n = 4$m）承受均布荷载设计值（包括自重）$q = 100$kN/m，混凝土强度等级采用 C20（$f_c = 9.6$N/mm^2），箍筋采用 HPB235 级钢筋（$f_{yv} = 210$N/mm^2），两边砖墙厚 240mm。

77. 计算剪力设计值最接近的数值是（   ）。（单选）

   A. 140kN   B. 170kN   C. 200kN   D. 230kN

78. 复核梁截面尺寸是否满足上限值的要求时，公式右侧的限值最接近（   ）。（单选）

   A. 140kN   B. 170kN   C. 200kN   D. 223kN

79. 当取箍筋间距为 100mm 时，梁应该设置的抗剪箍筋面积为（　　）。mm² （单选）

A. 52 B. 78 C. 89 D. 92

80. 进行正截面受弯承载力计算时，采用的弯矩设计值最接近（　　）。

A. 195KNm B. 225KNm C. 245KNm D. 270KNm

（二）下图中为建筑工程施工图常用符号：

81. 在工程施工图中用于标注标高的图例为（　　）。（单选）

A. ② B. ③ C. ④ D. ⑤

82. 关于图例 1 的含义说法不正确的为（　　）。

A. 这种表示方法叫做详图索引标志

B. 图中圆圈中的"分子"数"5"表示画详图的编号

C. 图中圆圈中的"分子"数"5"表示画详图的那张图纸的编号

D. 图中圆圈中的"分子"数"3"表示画详图的那张图纸的编号

83. 上述图例中能够表达两种功能含义图例的为（　　）。（单选）

A. ② B. ③ C. ④ D. ⑤

84. 完全对称的施工图纸，可在构件中心线上画上图例（　　）。（单选）

A. ② B. ③ C. ④ D. ⑤

第二部分　专业管理实务

一、单项选择题

85. 现场开挖时需主要用镐，少许用锹、锄头挖掘，部分用撬棍的土可能是（　　）类土。

A. 砂砾坚土 B. 坚土 C. 普通土 D. 松软土

86. 基坑边缘堆置土方和建筑材料，或沿挖方边缘移动运输工具和机械，一般应距基坑上部边缘不少于（　　）。

A. 2m B. 2.5m C. 3.0m D. 3.5m

87. 轻型井点施工工艺流程中，放线定位后，安装井点管、填砂砾滤料、上部填黏土密封前所进行的工作是（　　）。

A. 铺设总管、冲孔 B. 安装抽水设备与总管连通

C. 安装集水箱和排水管 D. 开动真空泵排气、再开动离心水泵抽水

88. 填方所用土料应符合设计要求。若设计无要求时，可用作各层填料的土是（　　）。

A. 碎石类土 B. 含水量符合压实要求的黏性土

C. 砂土 D. 爆破石渣

89. 水泥粉煤灰碎石桩的施工，若为砂土，以及对噪声或泥浆污染要求严格的场地，应根据现场条件选用下列搅拌工艺（　　）

A. 长螺旋钻孔灌注成桩

B. 长螺旋钻孔、管内泵压混合料灌注成桩

C. 振动沉管灌注成桩

D. 泥浆护壁钻孔灌注柱

90. 混凝土预制长桩一般分节制作，在现场接桩，分节沉入，只适用于软土层接桩方法为（   ）。

    A. 焊接接桩   B. 法兰接桩

    C. 套筒接桩   D. 硫磺胶泥锚接接桩

91. 人工挖孔灌注桩施工桩孔开挖深度超过（   ）m 时，应有专门向井送风的设备。

    A. 5   B. 10   C. 15   D. 20

92. 改善砂浆和易性，砖应隔夜浇水，严禁干砖砌筑，铺灰长度不得超过 500mm，采用"三一"砌砖法进行砌筑是预防（   ）有效措施。

    A. 砂浆强度偏低、不稳定   B. 砂浆和易性差，沉底结硬

    C. 砌体组砌方法错误   D. 灰缝砂浆不饱满

93. 钢结构构件涂装施工环境的湿度一般宜在相对湿度小于（   ）的条件下进行。

    A. 50%   B. 60%   C. 70%   D. 80%

94. 细石混凝土防水层与基层之间宜设置隔离层，隔离层可采（   ）等。

    A. 干铺卷材   B. 水泥砂浆   C. 沥青砂浆   D. 细石混凝土

95. 设有钢筋混凝土构造柱的抗震多层砖房，240 厚的砖墙与钢筋混凝土构造柱应沿高度方向每（   ）设 2Φ6 钢筋。

    A. 五皮砖   B. 500mm   C. 300mm   D. 三皮砖

96. 抹灰层的平均总厚度要求为：内墙普通抹灰不得大于（   ）mm。

    A. 15   B. 18   C. 20   D. 25

97. 内墙镶贴前应在水泥砂浆基层上弹线分格，弹出水平、垂直控制线。在同一墙面上的横、竖排列中，不宜有一行以上的非整砖，非整砖行应安排在次要部位或（   ）。

    A. 阳角处   B. 转弯处   C. 阴角处   D. 阳台下口

98. 当铺贴连续多跨的屋面卷材时，应按（   ）的次序施工。

    A. 先高跨后低跨，先远后近   B. 先低跨后高跨，先远后近

    C. 先低跨后高跨，先近后远   D. 先高跨后低跨，先近后远

99. 用大理石、花岗石镶贴墙面，直接粘贴的顺序是（   ）。

    A. 有中间向两边粘贴   B. 由下往上逐排粘贴

    C. 由两边向中间粘贴   D. 由上往下逐排粘贴

100. 不间断电源输出端的中性线（N 极），（   ）由接地装置直接引来的接地干线相连接，做重复接地。

    A. 必须与   B. 不必与   C. 严禁与   D. 可以与

101. 使用塑料管及复合管的热水采暖系统，应以系统顶点工作压力加（   ）做水压试验。

    A. 0.05MPa   B. 0.1MPa   C. 0.3MPa   D. 0.2MPa

102. 在风管穿过需要封闭的防火、防爆的墙体或楼板时，应设预埋管或防护套管，

其钢板厚度不应小于（　　　）。风管与防护套管之间，应用不燃且对人体无危害的柔性材料封堵。

A. 1.0mm　　　　　B. 1.5mm　　　　　C. 1.6mm　　　　　D. 2.0mm

103. 综合布线系统施工时，弯管布管每隔（　　　）处，应设暗拉线盒或接线盒。

A. 5m　　　　　B. 10m　　　　　C. 12m　　　　　D. 15m

104. 细粒式沥青混凝土具有足够的（　　　），可以防止产生推挤、波浪。

A. 抗压稳定性　　B. 密实稳定性　　C. 抗氧化稳定性　　D. 抗剪切稳定性

105. 卫生间的防水基层必须用1：3的水泥砂浆找平，凡遇到阴、阳角处，要抹成半径不小于（　　　）mm的小圆弧。

A. 10　　　　　B. 20　　　　　C. 30　　　　　D. 40

106. 张拉完毕后，将预应力筋临时锚固在台座横梁上的夹具称为（　　　）。

A. 张拉夹具　　　B. 工作夹具　　　C. 接受夹具　　　D. 锚固夹具

107. 稳管高程应以（　　　）为准。

A. 管道内底高程　　　　　　　　　　B. 轴线位置

C. 管顶高程　　　　　　　　　　　　D. 管底高程

108. 项目目标动态控制的核心是在项目实施的过程中定期进行（　　　）比较。

A. 项目目标当期值和上一期值　　　　B. 项目目标实际值和偏差值

C. 项目目标计划值和实际值　　　　　D. 项目目标计划值和偏差值

109. 质量管理的核心是（　　　）。

A. 确保质量方针、目标的实施和实现

B. 建立有效的质量管理体系

C. 质量策划、质量控制、质量保证和质量改进

D. 确定质量方针、目标和职责

110. 成品保护的措施包括（　　　）。

A. 护、包、盖、封　　　　　　　　　B. 护、包、盖、遮

C. 防、包、盖、封　　　　　　　　　D. 护、包、看、封

111. 施工进度目标的确定，施工组织设计编制，投入的人力及施工设备的规模，施工管理水平等影响进度管理的因素属于（　　　）。

A. 业主　　　　　　　　　　　　　　B. 勘察设计单位

C. 承包人　　　　　　　　　　　　　D. 建设环境

112. 理想的项目成本管理结果应该是（　　　）。

A. 承包成本＞实际成本＞计划成本

B. 计划成本＞承包成本＞实际成本

C. 计划成本＞实际成本＞承包成本

D. 承包成本＞计划成本＞实际成本

113. 在PDCA循环中，对计划实施过程进行的各种检查，指的是（　　　）。

A. 作业者自检

B. 作业者互检

C. 专职管理者专检

D. 包括作业者自检、互检和专职管理者专检

114. 塔吊的防护，以下说法错误的是（　　）。

A. 轨道横拉杆两端各设一组，中间杆距不大于 6m

B. 路轨接地两端各设一组，中间间距不大于 25m，电阻不大于 4Ω

C. "三保险"、"五限位"齐全有效，夹轨器要齐全

D. 轨道中间严禁堆杂物，路轨两侧和两端外堆物应离塔吊回转台尾部 35cm 以上

二、多项选择题

115. 管井井点的井点管埋设可采用（　　）。

A. 干作业钻孔法　　　　　　　　　B. 打拔管成孔法

C. 钻孔压浆法　　　　　　　　　　D. 泥浆护壁钻孔方法

E. 用泥浆护壁冲击钻成孔

116. 土方的开挖应遵循（　　）的原则。

A. 开槽支撑　　　　　　　　　　　B. 先撑后挖

C. 先挖后撑　　　　　　　　　　　D. 分层开挖

E. 严禁超挖

117. 预制桩的制作时要求（　　）。

A. 桩身混凝土强度等级不应低于 C20

B. 混凝土宜用机械搅拌，机械振捣

C. 浇筑时应由桩顶向桩尖连续浇筑捣实

D. 一次完成，严禁中断

E. 养护时间不少于 14d

118. 干式成孔的钻孔灌注桩成桩的方法有（　　）等。

A. 大芯管、小叶片的螺旋钻机成桩法

B. 冲击式钻孔机成孔

C. 钻孔压浆成桩法

D. 斗式钻头成孔机成孔法

E. 回转钻机成孔法

119. 电渣压力焊的工艺参数为（　　），根据钢筋直径选择，钢筋直径不同时，根据较小直径的钢筋选择参数。

A. 焊接电流　　　　　　　　　　　B. 渣池电压

C. 造渣时间　　　　　　　　　　　D. 通电时间

E. 变压器的级数

120. 防水混凝土墙体一般只允许留水平施工缝，其形式有（　　）施工缝。

A. 平缝　　　　　　　　　　　　　B. 企口缝

C. 高低缝　　　　　　　　　　　　D. 止水片

E. 防水空腔

121. 抹灰前必须对基层进行处理，对于光滑的混凝土基体表面，处理方法有（　　）。

A. 刮腻子　　　　　　　　　　　　B. 凿毛

C. 用砂纸打磨　　　　　　　　　　D. 刷一道素水泥浆

E. 铺钢丝网

122. 水泥地面的质量通病主要有（　　）。

A. 起砂　　　　　　　　　　　　B. 空鼓

C. 色差　　　　　　　　　　　　D. 倒泛水

E. 裂缝

123. 以下（　　）等几部分不属于安全防范系统。

A. 入侵报警系统　　　　　　　　B. 公用广播及紧急广播系统

C. 出入口控制系统　　　　　　　D. 巡更系统

E. 消防报警系统

124. 接地装置可分为（　　）。

A. 接地体　　　　　　　　　　　B. 扁导线

C. 接地线　　　　　　　　　　　D. 金属线

E. 绝缘线

125. 项目组织结构图应反映项目经理（　　）主管工作部门或主管人员之间的组织关系。

A. 费用（投资或成本）控制、进度控制

B. 材料采购

C. 合同管理

D. 信息管理和组织与协调等

E. 质量控制

126. 属于工程测量质量控制点的有（　　）。

A. 标准轴线桩　　　　　　　　　B. 水平桩

C. 预留洞孔　　　　　　　　　　D. 定位轴线

E. 预留控制点

127. 根据施工组织设计编制的广度、深度和作用的不同，可分为（　　）。

A. 施工组织总设计

B. 单位工程施工组织设计

C. 单项工程施工组织设计

D. 分部（分项）工程施工组织设计

E. 分部（分项）工程作业设计

128. 索赔费用的组成包括（　　）。

A. 人工费　　　　　　　　　　　B. 材料费

C. 施工机械使用费　　　　　　　D. 利润

E. 工程预付款

129. 模板工程安全技术交底包括（　　）。

A. 不得在脚手架上堆放大批模板等材料

B. 禁止使用 2cm×4cm 木料作顶撑

C. 支撑、牵杠等不得搭在门窗框和脚手架上

D. 支模过程中，如需中途停歇应将支撑、搭头、柱头板等钉牢，拆模间歇时应将已

活动的挑板、牵杠、支撑等运走或妥善堆放，防止因踏空、扶空而坠落

　E. 通路中间的斜撑、拉杆等应设在 1m 高以上

三、判断题

130. 泥炭现场鉴别时呈：深灰或黑色，夹杂有半腐朽的动植物遗体，其含量超过20%，夹杂物有事可见，构造无规律。　　　　　　　　　　　　　　　　（　　）

131. 土层锚杆适用于一般黏土、砂土地区，不可配合灌注桩、H 型钢桩、地下连续墙等挡土结构拉结支护。　　　　　　　　　　　　　　　　　　　　　（　　）

132. 人工挖孔灌注桩施工挖出的土石方应及时运离孔口，不得堆放在孔口四周 2m 范围内，机动车辆的通行不得对井壁的安全造成影响。　　　　　　　　　　（　　）

133. 高强度螺栓丝扣外露应为 2～3 扣，其中允许有 10% 的螺栓扣外露 1 扣或 4 扣。
　　　　　　　　　　　　　　　　　　　　　　　　　　　　　　　　　　（　　）

134. 对同一坡面，则应先铺好屋面的防水层，然后顺序铺设水落漏斗、天沟、女儿墙、沉降缝部位。　　　　　　　　　　　　　　　　　　　　　　　　　　（　　）

135. 后张法施工预应力筋张拉时，构件的混凝土强度应符合设计要求；如设计无要求时，混凝土强度不应低于设计强度等级的 100%。　　　　　　　　　　　（　　）

136. 卫星与有线电视系统中选用的设备和部件的输入、输出标准阻抗、电缆的标准阻抗均应为 75Ω。　　　　　　　　　　　　　　　　　　　　　　　　　　（　　）

137. 单位工程质量监督报告，应当在竣工验收之日起 4 天内提交竣工验收备案部门。
　　　　　　　　　　　　　　　　　　　　　　　　　　　　　　　　　　（　　）

138. 在进度计划的调整中通过改变某些工作的逻辑关系可以达到缩短工作持续时间的作用。　　　　　　　　　　　　　　　　　　　　　　　　　　　　　（　　）

139. 施工成本控制可分为事先控制、过程控制、事后控制。　　　　　　　（　　）

四、案例题

（一）工人甲在某工程上剔凿保护层上的裂缝，由于没有将剔凿所用的工具带到工作面，便回去取工具，行走途中，不小心踏上通道口盖板上（通道口为 1.3m×1.3m，盖板为 1.4m×1.4m、厚 1mm 的镀锌铁皮），铁皮在甲的踩踏作用下，迅速变形塌落，甲随塌落的盖板掉到首层地面（落差 12.35m），经抢救无效与当日死亡。这是一起由于"四口"防护不到位所引起的伤亡事故。

140. "三宝""四口"防护中的三宝指（　　　）。（多选）

　A. 安全帽　　　　　　　　　　　　B. 安全防护镜

　C. 安全带　　　　　　　　　　　　D. 安全鞋

　E. 安全网

141. 安全防护的"四口"是指（　　　）。（多选）

　A. 通风口　　　　　　　　　　　　B. 楼梯口

　C. 电梯井口　　　　　　　　　　　D. 预留洞口

　E. 通道口

142. 建筑工程安全生产管理必须坚持（　　　）的方针，建立健全安全生产责任制等制度。（多选）

　A. 安全生产人人有责　　　　　　　B. 安全第一

C. 预防为主   D. 安全教育

E. 以人为本

143. 建筑安全生产监督管理，应当根据（　　）的原则，依靠科学管理和技术进步，推动建筑安全生产工作的开展，控制人身伤亡事故的发生。（多选）

A. 安全责任重于泰山   B. 管生产必须管安全

C. 安全第一   D. 加强安全管理

E. 安全生产人人有责

144. 三级安全教育是企业必须坚持的安全生产基本教育制度，对新员工都必须进行三级安全教育，三级安全教育指的是（　　）。（多选）

A. 公司主要负责人教育   B. 进公司教育

C. 进项目经理部教育   D. 进班组教育

E. 安全员教育

（二）某钢筋混凝土条形基础，长 100m，混凝土等级为 C20。基槽开挖中，上槽口自然地面标高为 −0.45m，槽底标高为 −2.45m，槽底宽为 2.6m，侧壁采用二边放坡，坡度为 1：0.5，两端部直壁开挖。土的最初可松性系数 K_s＝1.10，最终可松性系数 K'_s＝1.03。

145. 基础施工程序正确的是（　　）。

A. ⑤定位放线⑦验槽②开挖土方④浇垫层①立模、扎钢筋⑥浇混凝土、养护③回土

B. ⑤定位放线④浇垫层②开挖土方⑦验槽⑥浇混凝土、养护①立模、扎钢筋③回土

C. ⑤定位放线②开挖土方⑦验槽④浇垫层①立模、扎钢筋⑥浇混凝土、养护③回土

D. ⑤定位放线②开挖土方⑦验槽①立模、扎钢筋④浇垫层⑥浇混凝土、养护③回土

146. 定位放线时，基槽上口白灰线宽度为（　　）。（单选）

A. 2.6m   B. 3.05m   C. 4.6m   D. 5.05m

147. 基槽土方开挖量（　　）。（单选）

A. 520.00m³   B. 565.00m³   C. 720.00m³   D. 765.00m³

148. 若基础体积为 400 m³，基坑回填需土（松散状态）量（　　）。（单选）

A. 401.50m³   B. 341.74m³   C. 181.50m³   D. 132.00m³

149. 回填土可采用（　　）。（单选）

A. 含水量趋于饱和的黏性土   B. 爆破石渣做表层土

C. 有机质含量为 2% 的土   D. 淤泥和淤泥质土

（三）某框架—剪力墙结构，框架柱间距 9m，楼盖为梁板结构。第三层楼板施工当天气温为 35℃，没有雨。施工单位制定了完整的施工方案，采用商品混凝土 C30。钢筋现场加工，采用木模板，由木工制作好后直接拼装。

150. 对跨度为 9m 的现浇钢筋混凝土梁、板，当设计无具体要求时，其跨中起拱高度可为（　　）。（单选）

A. 5mm   B. 15mm   C. 38mm   D. 40mm

151. 施工现场没有设计图纸上的 HPB235 级钢筋（Φ6@200），用 HRB335 级钢筋代表，应按钢筋代换前后（　　）相等的原则进行代换。（单选）

A. 强度   B. 刚度   C. 面积   D. 根数

152. 当梁的高度超过（   ）时，梁和板可分开浇筑。（单选）

A. 0.2m   B. 0.4m   C. 0.8m   D. 1.0m

153. 对跨度为 9m 的现浇钢筋混凝土梁，底模及支架拆除时的混凝土强度应达到（   ）。（单选）

A. C10   B. C20   C. C30   D. C35

154. 按施工组织设计，混凝土施工缝应留设在（   ）。（单选）

A. 柱中 1/2 处   B. 主梁跨度中 1/3 处
C. 单向板平行于板的短边处   D. 纵横剪力墙交界处

2010 年下半年江苏省建设专业管理人员统一考试
施工员（市政公用工程专业）试卷

第一部分   专业基础知识

一、单项选择题

1. 建筑工程施工图中，必要时允许使用规定的加长幅面，加长幅面的尺寸是（   ）。
A. 按基本幅面长边的整数倍增加而得
B. 按基本幅面短边的任意倍数增加而得
C. 按基本幅面短边的 2 倍增加而得
D. 按基本幅面短边的整数倍增加而得

2. 建筑工程施工图中，图形上标注的尺寸数字表示（   ）。
A. 画图的尺寸   B. 物体的实际尺寸
C. 随比例变化的尺寸   D. 图线的长度尺寸

3. 当直线与投影面垂直时，其在该投影面上的投影具有（   ）。
A. 积聚性   B. 真实性   C. 类似收缩性   D. 收缩性

4. 在三面投影图中，（   ）投影与水平投影长对正；正立投影与侧立投影高平齐；水平投影与侧立投影宽相等。
A. 正立   B. 底面   C. 背立   D. 左侧

5. 正面斜二测轴测图中，三向变形系数 p、q、r 分别为（   ）。
A. 1、1、1   B. 0.5、1、1   C. 1、0.5、1   D. 1、1、0.5

6. 在施工图中索引符号是由（   ）的圆和水平直线组成，用细实线绘制。
A. 直径为 10mm   B. 半径为 12mm
C. 周长为 14cm   D. 周长为 6cm

7. 建筑工程施工测量的基本工作是（   ）。
A. 测图   B. 测设   C. 用图   D. 识图

8. 地面点到高程基准面的垂直距离称为该点的（   ）。
A. 相对高程   B. 绝对高程   C. 高差   D. 标高

9. 在水准仪上（   ）。

A. 没有圆水准器   B. 水准管精度低于圆水准器

C. 水准管用于精确整平   C. 每次读数时必须整平圆水准器

10. DJ6 经纬仪的测量精度通常要（   ）DJ2 经纬仪的测量精度。

A. 等于   B. 高于   C. 接近于   D. 低于

11. 在水准仪上，圆水准器轴是圆水准器内壁圆弧零点的（   ）。

A. 切线   B. 法线   C. 垂线   D. 水平线

12. 在距离丈量中衡量精度的方法是用（   ）。

A. 往返较差   B. 相对误差   C. 绝对误差   D. 闭合差

13. 确定人工定额消耗的过程中，不属于技术测定法的是（   ）。

A. 测时法   B. 写实记录法

C. 工作日写实法   D. 统计分析法

14. 土方开挖计算一律以（   ）标高为准。

A. 室外设计地坪   B. 室内设计地坪

C. 室外自然地坪   D. 基础上表面

15. 下列不属于计算材料摊销量参数的是（   ）。

A. 一次使用量   B. 摊销系数

C. 周转使用系数   D. 工作班延续时间

16. 下列不属于工程量计算依据的是（   ）。

A. 工程量计算规划   B. 施工设计图纸及其说明

C. 施工组织设计或施工方案   D. 施工定额

17. 下列不属于按定额的编制程序和用途来分类内容分类的定额的是（   ）。

A. 施工定额   B. 劳动定额

C. 预算定额   D. 概算定额

18. 工程类别标准中，有三个指标控制的，必须满足（   ）个指标才可该指标确定工程类别。

A. 一   B. 二

C. 三   D. 二个及二个以上

19. 混凝土保护层最小厚度是从保证钢筋与混凝土共同工作，满足对受力钢筋的有效锚固以及（   ）的要求为依据的。

A. 保证受力性能   B. 保证施工质量

C. 保证耐久性   D. 保证受力钢筋搭接的基本要求

20. 适筋梁从加载到破坏经历了 3 个阶段，其中（   ）是进行受弯构件正截面抗弯能力的依据。

A. I_a 阶段   B. II_a 阶段

C. III_a 阶段   D. II 阶段

21. 对于仅配箍筋的梁，在荷载形式及配筋率 ρ_{sv} 不变时，提高受剪承载力的最有效措施是（   ）。

A. 增大构件截面高度   B. 增大箍筋强度

C. 增大构件截面宽度   D. 增大混凝土强度的等级

22. 当建筑物的功能变化较多，开间布置比较灵活，如教学楼、办公楼、医院等建筑，若采用砌体结构，常采用（　　　）。

A. 横墙承重体系
B. 纵墙承重体系
C. 横墙刚性承重体系
D. 纵横墙承重体系

23. 表示一次地震释放能量的多少应采用（　　　）。

A. 地震烈度
B. 设防烈度
C. 震级
D. 抗震设防目标

24. 进行基础选型时，一般遵循（　　　）的顺序来选择基础形式，尽量做到经济、合理。

A. 条形基础 →独立基础→十字形基础→筏形基础→箱形基础
B. 独立基础 →条形基础→十字形基础→筏形基础→箱形基础
C. 独立基础 →条形基础→筏形基础→十字形基础→箱形基础
D. 独立基础 →条形基础→十字形基础→箱形基础→筏形基础

25. （　　　）是使钢筋锈蚀的充分条件。

A. 钢筋表面氧化膜的破坏
B. 混凝土构件裂缝的产生
C. 含氧水分侵入
D. 混凝土的碳化进程

26. 人群、设备、风、雪、构件自重等，可称为（　　　）。

A. 直接作用
B. 间接作用
C. 地震作用
D. 动力作用

27. 材料的耐水性常用（　　　）表示。

A. 渗透系数
B. 抗渗等级
C. 耐水系数
D. 软化系数

28. 选择混凝土骨料时，应使其（　　　）。

A. 总表面积大，空隙率大
B. 总表面积小，空隙率大
C. 总表面积小，空隙率小
D. 总表面积大，空隙率小

29. 在施工中，采用（　　　）方法以改善混凝土拌和物的和易性是合理、可行的一种方法。

A. 采用合理砂率
B. 增加用水量
C. 掺早强剂
D. 改用较大粒径的粗骨料

30. 喷射混凝土必须加入的外加剂是（　　　）。

A. 早强剂
B. 减水剂
C. 引气剂
D. 速凝剂

31. 大体积混凝土工程最适宜选择（　　　）。

A. 普通硅酸盐水泥
B. 中、低热水泥
C. 砌筑水泥
D. 硅酸盐水泥

32. 墙体砖按工艺不同可分为（　　　）。

A. 烧结砖和非烧结砖
B. 蒸压灰砂砖和粉煤灰砖
C. 黏土砖和粉煤灰砖
D. 多孔砖和实心砖

33. 建设单位将建设工程发包给不具有相应资质等级的勘察、设计、施工单位或者委托给不具有相应资质等级的工程监理单位的，责令改正，处（　　　）的罚款。

A. 10 万元以上 30 万元以下
B. 30 万元以上 50 万元以下
C. 50 万元以上 100 万元以下
D. 100 万元以上

34. 注册建筑师、注册结构工程师、监理工程师等注册执业人员因过错造成重大质量事故的，吊销执业资格证书，（　　）年以内不予注册。

    A. 1   B. 2   C. 3   D. 5

35. 在施工中发生危及（　　）的紧急情况时，作业人员有权立即停止作业或者在采取必要的应急措施后撤离危险区域。

    A. 人身安全   B. 财产安全   C. 设备安全   D. 以上三者都是

36. 施工起重机械和整体提升脚手架、模板等自升式架设设施安装、未由专业技术人员现场监督的，责令限期改正，处（　　）的罚款。

    A. 1 万元以上 2 万元以下   B. 2 万元以上 5 万元以下

    C. 5 万元以上 10 万元以下   D. 10 万元以上 20 万元以下

37. 建设工程施工合同无效，但建设工程竣工验收合格，承包人请求参照合同约定支付工程价款的，应（　　）。

    A. 协商解决   B. 予以支持   C. 不予支持   D. 作延迟处理

38. 在生产、作业中违反有关安全管理的规定，因而发生重大伤亡事故或者造成其他严重后果的，处（　　）。

    A. 3 年以下有期徒刑或者拘役   B. 3 年以上 5 年以下有期徒刑

    C. 5 年以下有期徒刑或者拘役   D. 7 年以上有期徒刑

39. （　　）应当建立健全安全生产责任制度和安全生产教育培训制度，制定安全生产规章制度和操作规程，保证本单位安全生产条件所需资金的投入，对所承担的建设工程进行定期和专项安全检查，并做好安全检查记录。

    A. 建设单位   B. 施工单位   C. 监理单位   D. 总承包单位

40. 专职安全生产管理人员负责对安全生产进行现场监督检查。发现安全事故隐患，应当及时向项目负责人和安全生产管理机构报告；对违章指挥、违章操作的，应当（　　）。

    A. 及时上报   B. 立即制止   C. 协商处理   D. 马上处罚

二、多项选择题

41. 工程图用细实线表示的是（　　）。

    A. 尺寸界线   B. 尺寸线

    C. 引出线   D. 轮廓线

    E. 轴线

42. 下列关于标高描述正确的是（　　）。

    A. 标高是用来标注建筑各部分竖向高程的一种符号

    B. 标高分绝对标高和相对标高，以米为单位

    C. 建筑上一般把建筑室外地面的高程定为相对标高的基准点

    D. 绝对标高以我国青岛附近黄海海平面的平均高度为基准点

    E. 零点标高注为±0.000，正数标高数字一律不加正号

43. 结构构件详图主要由（　　）等组成。

    A. 梁、板、柱构件详图   B. 基础详图

    C. 屋架详图   D. 楼梯详图

E. 其他详图

44. 我国国家规定以山东青岛市验潮站所确定黄海的常年平均的海平面，作为我国计算高程的基准面。陆地上任何一点到此大地水准面的铅垂距离，就称为（　　　）。

A. 高程
B. 标高
C. 海拔
D. 高差
E. 高度

45. 经纬仪的安置主要包括（　　）几项内容。

A. 初平
B. 定平
C. 精平
D. 对中
E. 复核

46. 水准尺是水准测量时使用的标尺，常用的水准尺有（　　）几种。

A. 整尺
B. 折尺
C. 塔尺
D. 直尺
E. 曲尺

47. 施工定额是建筑企业用于工程施工管理的定额，它由（　　）组成。

A. 时间定额
B. 劳动定额
C. 产量定额
D. 材料消耗定额
E. 机械台班使用定额

48. 施工图预算的作用主要表现在以下几个方面（　　　）。

A. 是建设单位与施工企业进行"招标"、"投标"签订承包合同的依据

B. 是支付工程价款及工程结算的依据

C. 是施工企业编制施工计划、统计工作量和实物量、考核工程技术、进行经济核算的依据

D. 是控制投资、加强施工企业管理的基础

E. 是确定工程造价的依据

49. 施工图预算编制完以后，需要进行认真的审核，审核施工图预算的内容有（　　　）。

A. 计算项目数
B. 工程量
C. 综合单价的套用
D. 其他有关费用
E. 工程利润

50. 混凝土结构的耐久性设计主要根据有（　　　）。

A. 结构的环境类别
B. 设计使用年限
C. 建筑物的使用用途
D. 混凝土材料的基本性能指标
E. 房屋的重要性类别

51. 下列影响混凝土梁斜面截面受剪承载力的主要因素有（　　　）。

A. 剪跨比
B. 混凝土强度
C. 箍筋配筋率
D. 箍筋抗拉强度
E. 纵筋配筋率和纵筋抗拉强度

52. 轴心受压砌体在总体上虽然是均匀受压状态，但砖在砌体内则不仅受压，同时还

受弯、弯剪和受拉，处于复杂的受力状态。产生这种现象的原因是（　　）。

A. 砂浆铺砌不匀，有薄有厚

B. 砂浆层本身不均匀，砂子较多的部分收缩小，凝固后的砂浆层就会出现突起点

C. 砖表面不平整，砖与砂浆层不能全面接触

D. 因砂浆的横向变形比砖大，受粘结力和摩擦力的影响

E. 砖的弹性模量大于砂浆的弹性模量

53. 横墙承重体系的特点不包括是（　　）。

A. 门、窗洞口的开设不太灵活

B. 大面积开窗，门窗布置灵活

C. 抗震性能与抵抗地基不均匀变形的能力较差

D. 墙体材料用量较大

E. 抗侧刚度大

54. 对石灰的技术要求主要有（　　）。

A. 细度　　　　　　　　　　　B. 强度

C. 有效 CaO、MgO 含量　　　　D. 产浆量

E. 湿度

55. 在混凝土拌合物中，如果水灰比过大，会造成（　　）。

A. 拌合物的黏聚性不良　　　　B. 产生流浆

C. 有离析现象　　　　　　　　D. 严重影响混凝土的强度

E. 拌合物的保水性不良

56. 现行规范对硅酸盐水泥的技术要求有（　　）。

A. 细度　　　　　　　　　　　B. 凝结时间

C. 体积安定性　　　　　　　　D. 强度

E. 石膏掺量

57. 施工单位未对（　　）进行检验，或者未对涉及结构安全的试块、试件以及有关材料取样检测的，责令改正，处 10 万元以上 20 万元以下的罚款。

A. 建筑材料　　　　　　　　　B. 设备

C. 建筑构配件　　　　　　　　D. 商品混凝土

E. 建筑机械

58. 施工单位应当在施工组织设计中编制安全技术措施和施工现场临时用电方案，对达到一定规模的危险性较大的分部分项工程编制专项施工方案，并附具安全验算结果，经（　　）签字后实施。

A. 专职安全生产管理员　　　　B. 施工单位技术负责人

C. 总监理工程师　　　　　　　D. 作业人员

E. 企业负责人

59. 施工单位在使用施工起重机械和整体提升脚手架、模板等自升式架设设施前，应当组织有关单位进行验收，也可以委托具有相应资质的检验检测机构进行验收；使用承租的机械设备和施工机具及配件的，由（　　）共同进行验收，验收合格的方可使用。

A. 出租单位　　　　　　　　　B. 安装单位

C. 监理单位   D. 施工总承包单位

E. 设计单位

60. 要大力倡导以（   ）为主要内容的职业道德，鼓励人们在工作中做一个好建设者。

A. 爱岗敬业   B. 诚实守信

C. 办事公道   D. 服务群众

E. 奉献社会

三、判断题

61. 两框一斜线，定是垂直面；斜线在哪面，垂直哪个面。   （   ）

62. 建筑工程图中，定位轴线应用细点画线绘制，横向定位轴线用阿拉伯数字从左至右顺序编写，纵向定位轴线的编号用大写拉丁字母从上到下为顺序编写。   （   ）

63. 起重机械、施工用电梯由安装单位和项目经理牵头，会同有关部门检查验收。

                                                                      （   ）

64. 工业厂房安装柱子时，柱子垂直校正应先瞄准柱子中心线的底部，然后固定照准部，再仰视柱子中心线顶部。   （   ）

65. 爱岗敬业、忠于职守是建筑行业人员最基本的职业道德规范，是对人们工作态度的一种普遍要求。   （   ）

66. 根据建筑总平面图到现场进行草测，草测的目的是为核对总图上理论尺寸与现场实际是否有出入，现场是否有其他障碍物等。   （   ）

67. 施工单位不履行保修义务或者拖延履行保修义务的，责令改正，处 10 万元以上30 万以下的罚款，并对在保修期内因质量缺陷造成的损失承担赔偿责任。   （   ）

68. 按工程量清单结算方式进行结算，由建设方承担"价"的风险，而施工方则承担"量"的风险。   （   ）

69. 对于暴露在侵蚀性环境中的结构构件，其受力钢筋可采用带肋环氧涂层钢筋，预应力筋应有防护措施。在此情况下宜采用高强度等级的混凝土。   （   ）

70. 当梁支座处允许弯起的受力纵筋不满足斜截面抗剪承载力的要求时，应加大纵筋配筋率。   （   ）

71. 在工程中，独立基础一般用于上部荷载较小，而且地基承载力较高的情况。

                                                                      （   ）

72. 梁剪切破坏的主要原因是梁端屈服后产生的剪力较大，超过了梁的受剪承载力，梁内箍筋配置较稀，以及反复荷载作用下混凝土抗剪强度降低等因素所引起的。   （   ）

73. 建筑石膏是突出的技术性质是凝结硬化快，且在硬化时体积略有膨胀。   （   ）

74. 施工单位法人依法对本单位的安全生产工作全面负责。   （   ）

75. 砌筑砂浆可视为无粗骨料的混凝土，影响其强度的主要因素与混凝土的基本相同，即水泥强度和水灰比。   （   ）

76. 注册建筑师、注册结构工程师、监理工程师等注册执业人员因过错造成重大质量事故的，吊销执业资格证书终身不予注册。   （   ）

四、案例题

（一）矩形截面简支梁截面尺寸 200×500mm，计算跨度 $L_0=4.24m$（净跨 $L_n=4m$），

237

承受均布荷载设计值（包括自重）$q = 100$kN/m，混凝土强度等级采用 C20（$f_c = 10$N/mm^2）箍筋采用 HPB235 级钢筋（$f_{yv} = 210$N/mm^2）。两边砖墙厚 240mm。

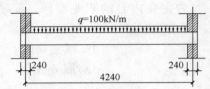

77. 计算剪力设计值最接近的数值是（　　）。

A. 140kN　　　　B. 170kN　　　　C. 200kN　　　　D. 230kN

78. 复核梁截面尺寸是否满足上限值的要求时，公式右侧的限制最接近（　　）。

A. 140kN　　　　B. 170kN　　　　C. 200kN　　　　D. 230kN

79. 当取箍筋间距为 100mm 时，梁应该设置的抗剪箍筋面积为（　　）。

A. 72mm^2　　　　B. 78mm^2　　　　C. 89mm^2　　　　D. 92mm^2

80. 进行正截面受弯计算的时候，采用的弯矩设计值最接近（　　）kN·m。

A. 195　　　　B. 225　　　　C. 245　　　　D. 270

（二）某工厂综合楼建筑面积 2900m^2，总长 41.3m，总宽 13.4m，高 23.65m，5 层现浇框架结构，柱距 4m×9m，4m×5m，共两跨，首层标高为 8.5m，其余为 4m，采用梁式满堂钢筋混凝土基础，在现浇 9m 跨度 2 层肋梁楼板时，因模板支撑系统失稳，使 2 层楼板全部倒塌，造成直接经济损失 20 万元。

81. 该事故属于（　　）。

A. 一般事故　　B. 重大事故　　C. 特大事故　　D. 较大事故

82. 事故处理程序是：（　　）。

①进行事故调查，了解事故情况，并确定是否需要采取防护措施

②分析调查结果，找出事故的主要原因

③确定是否需要处理，若需处理，施工单位确定处理方案

④事故处理

A. ①②③④　　　B. ③②①④　　　C. ②①③④　　　D. ④③①②

83. 在施工中发生危及（　　）的紧急情况时，作业人员有权立即停止作业或者在采取必要的应急措施后撤离危险区域。

A. 人身安全　　B. 财产安全　　C. 设备安全　　D. ABC

84. 关于施工单位采购、租赁的安全防护用具、设施设备、施工机具及配件，下列说法不正确的有（　　）。

A. 应当具有生产（制造）许可证　　B. 应当具有产品合格证

C. 进入施工现场后进行查验　　D. 应当具备甲级资质

第二部分　专业管理实务

一、单项选择题

85. 填筑路堤的材料，以采用强度高，（　　）好，压缩性小，便于施工压实以及运距短的土、石材料为宜。

A. 高温稳定性 B. 材料质量 C. 水稳定性 D. 低温稳定性

86. 推土机按发动机功率分类，发动机功率在（　）kW以上，称为大型推土机。

A.88 B.120 C.144 D.160

87. 水泥混凝土面层需要设置缩缝、胀缝和施工缝等各种形式的接缝，这些接缝可以沿路面纵向或横向布设。其中（　）保证面层因温度降低而收缩，从而避免产生不规则裂缝。

A. 胀缝 B. 传力杆 C. 施工缝 D. 缩缝

88. 路堤水平分层填筑是路堤填筑的基本方法，每层虚厚随（　）和土质而定，一般压路机碾压虚厚不大于0.3m。

A. 含水量 B. 含灰量 C. 位置 D. 压实方法

89. 混凝土板养生时间应根据混凝土强度增长情况而定，一般宜为14d～（　）d，养生期满方可将覆盖物清除，板面不得留有痕迹。

A.21 B.28 C.60 D.90

90. 用锤击沉桩时，为了防止桩受冲击应力过大而损坏，其锤击方式应为（　）。

A. 轻锤重击 B. 轻锤低击 C. 重锤低击 D. 重锤重击

91. 墩台施工工艺流程依次为（　）。

A. 开挖工作面→凿除桩头及清理基项→测量放样→浇注垫层混凝土→绑扎桥台钢筋（钢筋加工）→支桥台模板（同时模板加工）→浇注桥台混凝土→养护

B. 测量放样→开挖工作面→凿除桩头及清理基项→浇注垫层混凝土→绑扎桥台钢筋（钢筋加工）→支桥台模板（同时模板加工）→浇注桥台混凝土→养护

C. 开挖工作面→测量放样→凿除桩头及清理基项→浇注垫层混凝土→绑扎桥台钢筋（钢筋加工）→支桥台模板（同时模板加工）→浇注桥台混凝土→养护

D. 测量放样→开挖工作面→凿除桩头及清理基项→浇注垫层混凝土→支桥台模板（同时模板加工→绑扎桥台钢筋（钢筋加工）→浇注桥台混凝土→养护

92. 封锚混凝土的强度应符合设计规定，一般不宜低于构件混凝土强度等级值的（　），且不得低于30MPa。

A.80% B.60% C.70% D.50%

93. 梁、板落位时，横桥向位置应以梁的纵向（　）为准。

A. 左边线 B. 右边线 C. 中心线 D. 间距均匀

94. 人工开挖沟槽的槽深超过3m时应分层开挖，每层的深度（　）。

A. 不超过1m B. 不超过2m C. 不超过2.5m D. 不超过3m

95. 根据挖土机的开挖路线与运输工具的相对位置不同，可分为（　）和正向挖土、后方卸土两种。

A. 正向挖土、侧向卸土 B. 侧向挖土、正向卸土
C. 侧向挖土、后方卸土 D. 上面挖土、下面卸土

96. 采用轻型压实设备时，应夯夯相连；采用压路机时，碾压的重叠宽度不得小于（　）。

A.100m B.200m C.300m D.≤400m

97. 刚性界面的钢筋混凝土管道，钢筋网水泥砂浆抹带接口应选用的（　）洁净砂。

A. 粒径 0.1～0.5mm，含泥量不大于 3%

B. 粒径 0.1～0.5mm，含泥量不大于 5%

C. 粒径 0.5～1.5mm，含泥量不大于 3%

D. 粒径 0.5～1.5mm，含泥量不大于 5%

98. 砌砖之前的砖砌体施工顺序为（　　）。（①放线；②立皮数杆；③摆砖；④抄平）

A. ①②③④　　　　　　　　　　　B. ①③④②

C. ④①②③　　　　　　　　　　　D. ④①③②

99. 泵送混凝土工艺要求混凝土的配合比中水泥用量不宜过少，否则泵送阻力增大，最小水泥用量（　　）kg/m³。

A. 200　　　　　　B. 250　　　　　　C. 275　　　　　　D. 300

100. 钢结构安装中需设置垫板时，每组垫板板叠不宜超过（　　）块，同时宜外露出柱底板 10～30mm。

A. 2　　　　　　　B. 5　　　　　　　C. 7　　　　　　　D. 10

101. 加大截面加固的施工工艺流程为（　　）。（①种植（焊接）钢筋连接；②基层凿毛；③浇水湿润；④支模；⑤浇筑混凝土养护；⑥拆膜、外粉刷保护）

A. ①③⑥⑤④②　　　　　　　　　B. ①②③④⑤⑥

C. ②①③⑤④⑥　　　　　　　　　D. ②①③④⑤⑥

102. 单位工程施工组织设计是以单位工程为对象，具体指导其施工全过程各项活动的技术、经济文件，是施工单位编制季度、月度施工作业计划、（　　）及劳动力、材料构件、机具等供应计划的主要依据。

A. 技术交底方案　　　　　　　　　B. 分部分项工程施工方案

C. 周施工作业计划　　　　　　　　D. 施工进度

103. 工程概况是对（　　）、结构形式、施工条件和特点等所作的简要介绍。

A. 施工进度　　　B. 工程规模　　　C. 现场安全生产　　　D. 质量安全

104. （　　）可用来确定建筑工地的临时设备，并按计划供应材料，调配劳动力，以保证施工按计划顺利进行。

A. 机械设备需要量计划　　　　　　B. 各项资源需要量计划

C. 劳动力需要计划　　　　　　　　D. 构件和半成品需要量计划

105. 在编制项目管理任务分工表前，应结合项目的特点，对项目实施各阶段的费用控制、进度控制、质量控制、（　　）、信息管理和组织与协调等管理任务进行详细分解。

A. 合同管理　　　B. 人员管理　　　C. 财务管理　　　D. 材料管理

106. 施工组织总设计的技术经济指标不包括（　　）。

A. 劳动生产率　　　　　　　　　　B. 投资利润率

C. 项目施工成本　　　　　　　　　D. 机械化程度

107. 施工项目质量控制系统按实施主体分（　　）。

A. 勘察设计质量控制子系统、材料设备质量控制子系统、施工项目安装质量控制子系统、施工项目竣工验收质量控制子系统

B. 建设单位项目质量控制系统、施工项目总承包企业质量控制系统、勘察设计单位勘察设计质量控制子系统、施工企业（分包商）施工安装质量子系统

C. 质量控制计划系统、质量控制网络系统、质量控制措施系统、质量控制信息系统

D. 质量控制网络系统、建设单位项目质量控制系统、材料设备质量控制子系统

108. 图纸审核的主要内容不包括（　　　）。

A. 该图纸的设计时间和地点

B. 对设计者的资质进行认定

C. 图纸和说明是否齐全

D. 图纸中有无遗漏、差错或相互矛盾之处，图纸表示方法是否清楚并符合标准要求

109. 施工进度目标的确定、施工组织设计编制、投入的人力及施工设备的规模，以及施工管理水平等是（　　　）影响进度管理的因素。

A. 业主　　　　　　B. 勘察设计单位　　C. 承包人　　　　D. 建设环境

110. 在不影响总工期的条件下可以延误的最长时间是（　　　）。

A. 自由时差　　　　　　　　　　B. 总时差

C. 最早开始时间　　　　　　　　D. 最晚开始时间

111. 施工项目的成本管理的最终目标是（　　　）。

A. 低成本　　　　B. 高质量　　　　C. 短工期　　　　D. ABC

112. 塔吊的防护，以下说法正确的是（　　　）。

A. "三保险"、"五限位"齐全有效，夹轨器要齐全

B. 路轨接地两端各设一组，中间间距不大于 20m，电阻不大于 5Ω

C. 轨道横拉杆两端各设一组，中间杆距不大于 3m

D. 轨道中间严禁堆杂物，路轨两侧和两侧外堆物应离塔吊回转台尾部 35cm 以上

113. 施工生产使用的机具和附件等，采购时必须有出厂合格证明，发放时必须符合安全要求，回收后必须检修，这属于（　　　）的安全生产责任。

A. 生产计划部门　　　　　　　　B. 机械动力部门

C. 物资供应部门　　　　　　　　D. 安全管理部门

114. 安全生产任务时要认真进行安全技术交底，严格执行本工种安全操作规程，有权拒绝违章指挥，这是（　　　）的安全生产责任。

A. 项目经理　　　　B. 工程师　　　　C. 安全员　　　　D. 班组长

二、多项选择题

115. 压实度检测方法有（　　　）方法。

A. 环刀法　　　　　　　　　　　B. 灌砂法

C. 灌水法　　　　　　　　　　　D. 核子密度仪检测

E. 燃烧法

116. 城市道路附属构筑物，一般包括（　　　）涵洞、护底、排水沟及挡土墙等。

A. 路缘石　　　　　　　　　　　B. 人行道

C. 雨水口　　　　　　　　　　　D. 护坡

E. 路基

117. 热拌沥青混合料碾压应当遵循的原则是（　　　）。

A. 少量喷水，保持高温，梯形重叠，分段碾压

B. 由路中央向两侧方面碾压

C. 每个碾道与相邻碾道重叠 1/2 轮宽

D. 压路机不得在未压完或刚压完的路面上急刹车、急弯、调头、转向，严禁在未压完的沥青层上停机

E. 振动压路机用振动压实，需停驶、前进或后返时，应先换挡，再停振

118. 脚手架搭设完成后，应组织（　　）对整个架体结构进行全面的检查和验收，经验收合格后，方可使用。

A. 技术人员　　　　　　　　　　B. 施工人员

C. 安全人员　　　　　　　　　　D. 后勤人员

E. 外来人员

119. 先张法预应力混凝土施工中，张拉台座具备足够的（　　）。

A. 承载力　　　　　　　　　　　B. 灵活性

C. 刚度　　　　　　　　　　　　D. 稳定性

E. 可行性

120. 一般构件常用起吊方法有（　　）。

A. 三角拔杆起吊法　　　　　　　B. 横向滚移法

C. 千斤顶起吊法　　　　　　　　D. 龙门起吊法

D. 人工起吊法

121. 轻型井点系统由（　　）和抽水设备等组成。

A. 滤管　　　　　　　　　　　　B. 井点管

C. 弯联管　　　　　　　　　　　D. 集水总管

E. 泄水管

122. 普通螺栓按照形式可分为双头螺栓、（　　）等。

A. 六角头螺栓　　　　　　　　　B. 膨胀螺栓

C. 沉头螺栓　　　　　　　　　　D. 地脚螺栓

E. 拉力螺栓

123. 沟槽回填管道应符合以下规定（　　）。

A. 压力管道水压试验前，包括接口，管道两侧及管顶以上回填高度不应小于 0.5m

B. 压力管道水压试验前，除界面外，管道两侧及管顶以上回填高度不应小于 0.5m

C. 无压管道在闭水或闭气试验合格前应及时回填

D. 无压管道在闭水或闭气试验合格后应及时回填

E. 应充分晾晒再回填

124. 在编制施工组织设计时，根据工程的（　　），结合相关安全生产法律法规制定相应的安全技术措施；认真执行国家及地方有关安全规章制度，应切实采取措施，贯彻"安全第一，预防为主，综合治理"的方针。

A. 特点　　　　　　　　　　　　B. 工程目标

C. 施工方案　　　　　　　　　　D. 施工区域

E. 监理意见

125. 根据施工组织设计编制的广度、深度和作用的不同，可分为（　　）。

A. 施工组织总设计

B. 单位工程施工组织设计

C. 单项工程施工组织设计

D. 分部（分项）工程施工组织设计

E. 分部（分项）工程作业设计

126. 施工项目的质量难以控制，主要表现在（　　）。

A. 影响质量的因素多

B. 容易产生质量变异

C. 质量隐蔽性

D. 评价方法的特殊性

E. 质量检查不能解体、拆卸

127. 与传统的横道图计划相比，网络计划的优点主要表现在（　　）。

A. 网络计划能够表示施工过程中各个环节之间互相依赖、相互制约的关系

B. 可以分辨出对全局具有决定性影响的工作

C. 可以从计划总工期的角度来计算各工序的时间参数

D. 网络计划可以使用计算机进行计算

E. 使得在组织实施计划时，能够分清主次，把有限的人力、物力首先用来保证这些关键工作的完成

128. 成本偏差的控制，分析是关键，纠偏是核心。成本纠偏的措施包括（　　）。

A. 组织措施　　　　　　　　　　B. 合同措施

C. 环境措施　　　　　　　　　　D. 技术措施

E. 经济措施

129. 悬空作业的安全防护要求正确的有（　　）。

A. 严禁在同一垂直上装、拆模板

B. 高处绑扎钢筋和安装钢筋骨架时，必须搭设平台和挂安全网。不得站在钢筋钢骨架上或攀登骨架上下

C. 浇注离地 2m 以上框架、过梁、雨篷和小平台混凝土时，应站在模板或支撑件上操作

D. 悬空进行门窗作业时，操作人员可以站在樘上、阳台栏板上操作，操作人员的重心应位于市内，不得在窗台上站立

E. 支设高度在 3m 以上的注模板四周应设斜撑，并设立操作平台

三、判断题

130. 填方中使用房渣土、工业废渣等经建设单位、设计单位同意后方可使用。

（　　）

131. 压路机相邻两次压实，后轮应重叠 1/3 轮宽，三轮压路机后轮应重叠 1/4 轮宽。

（　　）

132. 模板结构形式应简单，制造与装拆应方便，具有足够的承载力、刚度和稳定性。

（　　）

133. 浇注大体积高强混凝土结构，应优先考虑使用低水化热品种的水泥。　（　　）

134. 在沟槽开挖施工中，由于人工降低地下水位常会导致发生边坡坍方。　（　　）

135. 实行施工总承包的，工程施工专项方案应当由专业分包项目技术负责人及相关专业承包单位技术负责人签字。 （　　）

136. 合同管理的任务既要密切注视对方合同执行的情况，以寻求向对方索赔的机会，也要密切注意我方是否履行合同的规定，以防被对方索赔。 （　　）

137. 调整进度管理的方法和手段，改变施工管理和强化合同管理等属于纠偏措施里的组织措施。 （　　）

138. 等节拍专业流水是指各个施工过程在各施工段上的流水节拍全部相等，并且等于间接时间的一种流水施工。 （　　）

139. 单位工程质量监督报告，应当在竣工验收之日起 7d 内提交竣工验收备案部门。 （　　）

四、案例题

（一）某市政桥梁工程承台采用 C25 混凝土，属大体积混凝土，按规定频率留置试块。混凝土试块试压后，某组三个试块的强度分别为 26.5MPa、30.5MPa、35.2MPa，施工后早期出现裂缝。

140. 请分析该裂缝产生的原因是（　　）。

A. 温度变形和收缩变形　　　　　　B. 水泥太少

C. 水泥太多　　　　　　　　　　　D. 骨料太大

141. 防止大体积混凝土出现裂缝的措施不包括（　　）。

A. 选择低水化热水泥、减少水泥用量

B. 合理的分段施工、分块施工

C. 掺加减水剂和粉煤灰

D. 增加水泥用量

142. 该组试块的混凝土强度代表值为（　　）。

A. 30.73MPa　　　B. 26.5MPa　　　C. 30.5MPa　　　D. 35.2MPa

143. 按非统计方法，评定该构筑物强度为（　　）。

A. 不合格　　　B. 合格　　　C. 基本合格　　　D. 无法判断

144. 若该承台共用 180m³ 混凝土，两个班组施工，至少应该留试块（　　）组。

A. 1　　　　B. 2　　　　C. 3　　　　D. 4

（二）某公司承接某市政管道工程，该工程穿过一片空地，管外径为 1000mm 钢筋混凝土管道，柔性接口，壁厚 100mm，长为 100m，工程地质条件良好，土质为中密的砂土，坡顶有动载，开挖深度 4m 以内。

145. 在施工中宜采用的沟槽底宽是（　　）。

A. 1500mm　　　B. 1800mm　　　C. 2500mm　　　D. 3000mm

146. 在地质条件良好、中密的砂土、地下水位低于沟槽底面高程，坡顶有静载时，边坡最陡坡度为（　　）。

A. 1：1.00　　　B. 1：1.25　　　C. 1：1.50　　　D. 1：2.00

147. 起点管内底标高 10.000m。管底基础采用 C20 混凝土厚度 200mm。起点沟槽底部标高为（　　）。

A. 10.000m　　　B. 10.200m　　　C. 9.700m　　　D. 9.800m

148. 管道设计坡度为 0.2%，终点沟槽底部标高为（　　　）。

　　A. 10.000m　　　　B. 12.200m　　　　C. 8.000m　　　　D. 7.700m

149. 机械开挖时槽底预留（　　　）土层由人工开挖至设计高程，人工整平。

　　A. 无规定　　　　B. 100～200mm　　　C. 200～300mm　　　D. 300～400mm

（三）某安装公司承接一高层住宅楼工程设备安装工程的施工任务，为了降低成本，项目经理通过关系购进廉价暖气管道，并隐瞒了工地甲方和监理人员，工程完工后，通过验收交付使用，过了保修期后的某一冬季，大批用户暖气漏水。

150. 影响施工项目的质量因素主要有人、材料、机械等。　　　　　　　（　　　）

151. 人作为控制的动力，要充分调动人是积极性，发挥人是主导作用的主体。（　　　）

152. 该工程暖气漏水时，已过保修期，施工单位可以不对该质量问题负责。（　　　）

153. 施工项目质量控制的评价需要进行第三方认证。　　　　　　　　　（　　　）

2011年上半年江苏省建设专业管理人员统一考试
施工员（市政公用工程专业）试卷

第一部分　专业基础知识

一、单项选择题

1. 三面投影图中，B 点在 H、V 两面上投影的连线 bb'（　　　）OX 轴。

　　A. 平行　　　　　B. 垂直　　　　　C. 交叉　　　　　D. 以上都不对

2. 横向定位轴线编号用阿拉伯数字，（　　　）依次编号。

　　A. 从右向左　　　B. 从中间向两侧　　C. 从左至右　　　D. 从前向后

3. 楼层建筑平面图表达的主要内容是（　　　）。

　　A. 平面状况和内部布置　　　　　　B. 梁柱等构件的代号

　　C. 楼板的布置和配筋　　　　　　　D. 外部造型和材料

4. 风玫瑰图中的虚线表示（　　　）。

　　A. 全年的风向　　B. 春季的风向　　C. 夏季的风向　　D. 冬季的风向

5. 下面四种平面图不属于建筑施工图的是（　　　）。

　　A. 总平面图　　　B. 基础平面图　　C. 首层平面图　　D. 顶层平面图

6. 在结构平面中，构建代号"TL"表示（　　　）。

　　A. 预制梁　　　　B. 楼梯梁　　　　C. 雨篷梁　　　　D. 阳台梁

7. 地面上有一个点 A，任意取一个水准面，则点 A 到该水准面的铅垂距离为（　　　）。

　　A. 绝对高程　　　B. 海拔　　　　　C. 高差　　　　　D. 相对高程

8. 水准仪的（　　　）与仪器竖轴平行。

　　A. 视准轴　　　　B. 圆水准器轴　　C. 十字丝横丝　　D. 水准管轴

9. 在 A（高程为 25.812m）、B 两点间放置水准仪测量，后视 A 点的读数为 1.360m，前视 B 点的读数为 0.793m，则 B 点的高程为（　　　）。

　　A. 25.245m　　　B. 26.605m　　　C. 26.379m　　　D. 27.172m

10. 进行经纬仪测量时，测回法适用于观测（　　　）间的夹角。

A. 三个方向
B. 两个方向
C. 三个以上的方向
D. 一个方向

11. 水准测量中要求前后视距相等，其目的是为了消除（　　）的误差影响。

A. 水准管轴不平行于视准轴
B. 圆水准轴不平行于仪器竖轴
C. 十字丝横丝不水平
D. 圆水准轴不垂直

12. 转动水准仪的微倾螺旋，使水准管气泡严格居中，从而使望远镜的视线处于水平位置叫（　　）。

A. 粗平
B. 对光
C. 消除视差
D. 精平

13. 计算砖基础时应扣除（　　）。

A. 基础打放脚 T 形接头处的重叠部分
B. 基础砂浆防潮层
C. 钢筋混凝土地梁
D. 嵌入基础内的钢筋

14. 企业内部使用的定额是（　　）。

A. 施工定额
B. 预算定额
C. 概算定额
D. 概算指标

15. 某抹灰班 13 名工人，抹某住宅楼白灰砂浆墙面，施工 25d 完成抹灰任务，个人产量定额为 10.2m²/工日，则该抹灰班应完成的抹灰面积为（　　）。

A. 255m²
B. 19.6m²
C. 3315m²
D. 133m²

16. （　　）是指具有独立设计文件，可以独立组织施工，但完成后不能独立发挥效益的工程。

A. 分部工程
B. 分项工程
C. 单位工程
D. 单项工程

17. 工程量清单主要由（　　）等组成。

A. 分部分项工程量清单、措施项目清单
B. 分部分项工程量清单、措施项目清单和其他项目清单
C. 分部分项工程量清单、措施项目清单、其他项目清单、施工组织设计
D. 分部分项工程量清单、措施项目清单和其他项目清单和现场情况清单

18. 关于多层建筑的建筑面积，下列说法正确的是（　　）。

A. 多层建筑物的建筑面积＝其首层建筑面积×层数
B. 同一建筑物不论结构如何，按其层数的不同应分别计算建筑面积
C. 外墙设有保温层时，计算至保温层内表面
D. 首层建筑面积按外墙勒脚以上结构外围水平面积计算

19. 结构用材料的性能均具有变异性，例如按同一标准生产的钢材，不同时生产的各批钢筋的强度并不完全相同，即使是用同一炉钢轧成的钢筋，其强度也有差异，故结构设计时就需要确定一个材料强度的基本代表值，即材料的（　　）。

A. 强度组合值
B. 强度设计值
C. 强度代表值
D. 强度标准值

20. 当受弯构件剪刀力设计值 $V < 0.7 f_t b h_o$ 时（　　）。

A. 可直接按最小配筋率 $\rho_{sv,min}$ 配箍筋
B. 可直接按构造要求的箍筋最小直径及最大间距配箍筋
C. 按构造要求的箍筋最小直径及最大间距配箍筋，并验算最小配筋率
D. 按受剪承载力公式计算配箍筋

246

21. ( )是门窗洞口上用以承受上部墙体和楼盖传来的荷载的常用构件。

A. 地梁   B. 圈梁   C. 拱梁   D. 过梁

22. 抗震概念设计和抗震构造措施主要是为了满足( )的要求。

A. 小震不坏   B. 中震不坏   C. 中震可修   D. 大震不倒

23. 梁中受力纵筋的保护层厚度主要由( )决定。

A. 纵筋级别   B. 纵筋的直径大小

C. 周围环境和混凝土的强度等级   D. 箍筋的直径大小

24. 受压构件正截面界限相对受压区高度有关的因素是( )。

A. 钢筋强度   B. 混凝土的强度

C. 钢筋及混凝土的强度   D. 钢筋、混凝土强度及截面高度

25. 在结构使用期间，其值不随时间变化，或其变化与平均值相比可以忽略不计，或其变化是单调的并能趋向于限值的荷载称为( )。

A. 可变荷载   B. 准永久荷载   C. 偶然荷载   D. 永久荷载

26. 为了减少混凝土收缩对结构的影响，可采取的措施是( )。

A. 加大构件尺寸   B. 增大水泥用量

C. 减少荷载值   D. 改善构件的养护条件

27. 生产硅酸盐水泥时加适量石膏主要起( )作用。

A. 促凝   B. 缓凝   C. 助磨   D. 膨胀

28. 用沸煮法检验水泥体积安定性，只能检查出( )的影响。

A. 游离 CaO B. 游离 MgO C. 石膏   D. $Ca(OH)_2$

29. 可用( )的方法来改善混凝土拌和物的和易性。

a. 在水灰比不变条件下增加水泥浆的用量   b. 采用合理砂率

c. 改善砂石级配   d. 加入减水剂   e. 增加用水量

A. a、b、c、e   B. a、b、c、d

C. a、c、d、e   D. b、c、d、e

30. 黏土空心砖与普通黏土砖相比，对黏土的要求是( )。

A. 可塑性高   B. 可塑性低   C. 耐火度高   D. 耐火度低

31. 配制混凝土用砂的要求是尽量采用( )的砂。

A. 孔隙率小   B. 总表面积小

C. 总表面积大   D. 孔隙率和总表面积均较小

32. ( )是木材最大的缺点。

A. 易燃   B. 易腐朽

C. 易开裂和翘曲   D. 易吸潮

33. 在正常使用条件下，电线管线、给排水管道、设备安装和装修工程，最低保修期限为( )年。

A. 1   B. 2   C. 3   D. 5

34. 房屋建筑使用者在装修过程中擅自变动房屋建筑主体和承重结构的，责令改正，并处( )的罚款。

A. 5 万元以上 10 万元以下   B. 10 万元以上 20 万元以下

C. 20万元以上50万元以下　　　　　　　　D. 50万元以上100万元以下

35. 在（　　）地区内的建筑工程，施工单位应当对施工现场实行封闭围挡。

A. 野外　　　　　　　B. 城市市区　　　　　C. 郊区　　　　　　　D. 所有

36. 下列属于企业取得安全生产许可证，应当具备的安全生产的有（　　）。

A. 建立、健全安全生产责任制，制定完备的安全生产规章制度和操作规程

B. 安全投入符合安全生产要求

C. 设置安全生产管理机构，配备专职安全生产管理员

D. 以上三者都是

37. 施工单位应当为施工现场从事危险工作的人员办理意外伤害保险，意外伤害保险费由（　　）支付。

A. 建设单位　　　　　B. 监理单位　　　　　C. 设计单位　　　　　D. 施工单位

38. 下列应予以支持的是（　　）。

A. 当事人对垫资利息没有约定，承包人请求支付利息的

B. 当事人对垫资和垫资利息有约定，约定的利息计算标准高于中国人民银行发布的同期同类贷款利率的部分

C. 当事人对垫资和垫资利息有约定，承包人请求按照约定返还垫资及利息的

D. 以上三者都是

39. 施工现场暂时停止施工的，施工单位应当做好现场防护，所需费用由（　　）承担，或者按照合同约定执行。

A. 建设单位　　　　　　　　　　　　　B. 施工单位

C. 总承包单位　　　　　　　　　　　　D. 责任方

40. 施工单位应当在施工现场建立消防安全责任制度，确定（　　），制定用火、用电、使用易燃易爆材料等各项消防安全管理制度和操作规程，设置消防通道、消防水源，配备消防设施和灭火器材，并在施工现场入口处设置明显标志。

A. 专职安全生产管理员　　　　　　　　B. 专门作业员

C. 消防安全责任人　　　　　　　　　　D. 专门监理人

二、多项选择题

41. 建筑平面图主要表示房屋（　　）。

A. 屋顶的形式　　　　　　　　　　　　B. 外墙饰面

C. 房间大小　　　　　　　　　　　　　D. 内部分隔

E. 墙的厚度

42. 在土建施工图中有剖切位置符号及编号 $\boxed{\dfrac{12}{}\,\dfrac{}{12}}$ ，其对应图为（　　）。

A. 剖面图　　　　　　　　　　　　　　B. 向右投影

C. 断面图　　　　　　　　　　　　　　D. 向左投影

E. 大样图

43. 房屋施工图一般包括（　　）。

A. 建筑施工图　　　　　　　　　　　　B. 设备施工图

C. 道路施工图　　　　　　　　　　　　D. 结构施工图

E. 装饰施工图

44. 经纬仪的安置主要包括（　　）内容。

A. 照准
B. 定平
C. 观测
D. 对中
E. 读数

45. 水准测量中，使前后视距大致相等，可以消除或削弱（　　）。

A. 水准管轴不平行视准轴的误差

B. 地球曲率产生的误差

C. 估读数差

D. 阳光照射产生的误差

E. 大气折光产生的误差

46. 电子水准测量采用的测量原理有（　　）几种。

A. 相关法
B. 几何法
C. 相位法
D. 光电法
E. 数学法

47. 编制竣工结算时，以下属于可以调整的工程量差有（　　）。

A. 建设单位提出的设计变更

B. 由于某种建筑材料一时供应不上，需要改用其他材料代替

C. 施工中遇到需要处理的问题而引起的设计变更

D. 施工中返工造成的工程量差

E. 施工图预算分项工程量不准确

48. 下列费用属于建筑安装工程其他直接费范围的有（　　）。

A. 生产工具、用具使用费
B. 构成工程实体的材料费
C. 材料二次搬运费
D. 场地清理费
E. 施工现场办公费

49. 材料预算价格的组成内容包括（　　）。

A. 材料原价
B. 供销部门的手续费
C. 包装费
D. 场内运输费
E. 采购费及保管费

50. 当结构或结构构件出现（　　）时，可认为超过了承载能力极限状态。

A. 整个结构或结构构件的一部分作为刚体失去平衡

B. 结构构件或连接部分因过度的塑性变形而不适于继续承载

C. 影响正常使用的振动

D. 结构转变为机动体系

E. 影响耐久性能的局部损坏

51. 高层建筑可能采用的结构形式是（　　）。

A. 砌体结构体系
B. 剪力墙结构体系
C. 框架-剪力墙结构体系
D. 筒体结构形式
E. 框支剪力墙体系

52. 保证钢筋与混凝土间良好粘结的构造措施包括（　　）等。

A. 最小搭接长度和锚固长度

B. 钢筋最小间距和混凝土保护层最小厚度

C. 搭接接头范围内应加密箍筋

D. 钢筋端部尽量设置弯钩

E. 对高度较大的混凝土构件应分层浇筑或二次浇捣

53. 下列与确定结构重要性系数 γ_0 无关的因素是（　　）。

A. 建筑物的环境类别　　　　　　B. 结构构件的安全等级

C. 设计使用年限　　　　　　　　D. 结构的设计基准期

E. 工程经验

54. 混凝土配合比设计的基本要求是（　　）。

A. 和易性良好　　　　　　　　　B. 强度达到所设计的强度等级要求

C. 耐久性良好　　　　　　　　　D. 级配满足要求

E. 经济合理

55. 砌筑砂浆为改善其和易性和节约水泥用量，常掺入（　　）。

A. 石灰膏　　　　　　　　　　　B. 麻刀

C. 石膏　　　　　　　　　　　　D. 黏土膏

E. 电石膏

56. 与传统的沥青防水材料相比较，改性沥青防水材料的突出优点有（　　）。

A. 拉伸强度和抗撕裂强度高　　　B. 低温柔性

C. 较强的耐热性　　　　　　　　D. 耐腐蚀

E. 耐疲劳

57. 施工人员对涉及结构安全的试块、试件以及有关材料，可以在（　　）监督下现场取样，并送具有相应资质等级的质量检测单位进行检测。

A. 建设单位　　　　　　　　　　B. 总承包单位

C. 施工单位　　　　　　　　　　D. 工程监理单位

E. 咨询单位

58. 施工单位的项目负责人的任务有（　　）。

A. 落实安全生产责任制度、安全生产规章制度和操作规程

B. 确保安全生产费用的有效使用

C. 根据工程的特点组织制定安全施工措施，消除安全事故隐患

D. 及时、如实报告生产安全事故

E. 配合监理单位对工程质量进行全程监控

59. 职业道德修养的方法包括（　　）。

A. 学习职业道德规范、掌握职业道德知识

B. 树立正确的人生观、价值观和世界观

C. 学习现代科学文化知识和专业技能，提高文化修养

D. 经常自我反省，增强自律性

E. 提高精神境界，努力做到"慎独"

60. 施工单位有以下行为（　　　），责令限期改正；逾期未改正的，责令停业整顿，并处 10 万元以上 30 万元以下的罚款；情节严重的，降低资质等级，直至吊销资质证书；造成重大安全事故，构成犯罪的，对直接负责人员，依照刑法有关规定追究刑事责任；造成损失的，依法承担赔偿责任。

A. 安全防护用具、机械设备、施工机具及配件在进入施工现场前未经查验

B. 使用未经验收或者验收不合格的施工起重机械和整体提升脚手架、模板等自升式架设设施的

C. 委托不具有相应资质的单位承担施工现场安装、拆卸施工起重机械和整体提升式脚手架、模板等自升式架设设施的

D. 在施工组织设计中未编制安全技术措施、施工现场临时用电方案或者专项方案的

E. 安全防护用具、机械设备、施工机具及配件在进入施工现场前查验不合格即投入使用的

三、判断题

61. 为保证建筑物配件的安装与有关尺寸间的相互协调，在建筑模数协调中把尺寸分为标志尺寸、构造尺寸和实际尺寸。构件的构造尺寸大于构件的标志尺寸。（　　　）

62. 引出线主要用于标注和说明建筑图中一些特定部位及构造层次复杂部位的细部做法，加注文字说明只是为了表示清楚，为施工提供参考。（　　　）

63. 精密水准仪主要用于国家三、四等水准测量和高精度的工程测量，例如建筑物沉降观测，大型精密设备安装等测量工作。（　　　）

64. 高层建筑由于层数较多、高度较高、施工场地狭窄，故在施工过程中，对于垂直偏差、水平偏差及轴线尺寸偏差都必须严格控制。（　　　）

65. 根据建筑总平面图到现场进行草测，草测的目的是为核对总图上理论尺寸与现场实际是否有出入，现场是否有其他障碍物等。（　　　）

66. 分包单位应当服从总承包单位的安全生产管理，分包单位不服从管理导致生产安全事故的，分包单位承担全部责任。（　　　）

67. 施工定额低于先进水平、略高于平均水平。（　　　）

68. 临时设施费属于其他直接费。（　　　）

69. 凡正截面受弯时，由于受压区边缘的压应变达到混凝土极限应变值，是混凝土压碎而产生破坏的梁，都称为超筋梁。（　　　）

70. 配普通箍筋的轴心受压短柱通过引入稳定系数来考虑初始偏心和纵向弯曲对承载力的影响。（　　　）

71. 爱岗敬业、忠于职守是建筑行业人员最基本的职业道德规范，是对人们工作态度的一种普遍要求。（　　　）

72. 木材的持久强度等于其极限强度。（　　　）

73. 表观密度是指材料在绝对密实状态下，单位体积的质量。（　　　）

74. 建设工程实行总承包的，总承包单位应当对全部建设工程质量负责。（　　　）

75. 降低资质等级和吊销资质证书的行政处罚，由颁发资质证书的机关决定；其他行政处罚，由建设行政主管部门或者其他有关部门依照法定职权决定。（　　　）

76. 在正常使用情况下，电气管线、给排水管道、设置安装和装修工程，最低保修期

限为 4 年。 （   ）

四、案例题

（一）下图是某商住楼基础详图，该基础是十字交叉梁基础，基础梁用代号"DL"表示。认真阅读该基础详图，回答以下问题。

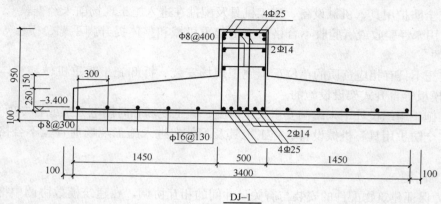

DJ—1

77. 该商住楼基础详图采用的绘图比例最可能为（   ）。（单选题，1分）

A. 1：1   B. 1：25   C. 1：100   D. 1：200

78. 基础底部配置的分布钢筋为（   ）。（单选题，2分）

A. 直径为 16 的二级钢筋，间距 130mm

B. 直径为 14 的二级钢筋，间距 130mm

C. 直径为 8 的一级钢筋，间距 400mm

D. 直径为 8 的一级钢筋，间距 300mm

79. DL1 的尺寸为（   ）。（单选题，2分）

A. 3600mm×1050mm   B. 3400mm×950mm

C. 500mm×950mm   D. 500mm×1050mm

80. 基础底面标高为（   ）m。（单选题，1分）

A. −0. 950   B. −2. 450   C. −3. 400   D. −3. 500

（二）某工程在施工放线测量时，水准基点由于提供的水准基点距离工地较远，达到 2.158km，引测到工地中间转折了 18 次。A 点高程为 48.812，测量时在两点中间放置水准仪，后视 A 点的读数为 1.562m，前视 B 点的读数为 0.995m。

81. 水准仪的操作步骤为（   ）。（单选题，2分）

A. 安置仪器→粗平→瞄准→精平→读数

B. 安置仪器→瞄准→粗平→精平→读数

C. 安置仪器→粗平→精平→瞄准→读数

D. 安置仪器→粗平→瞄准→读数→精平

82. 此次测量的允许误差是（   ）。（单选题，2分）

A. 4mm   B. 8mm   C. 27mm   D. 29mm

83. 在水准测量中，通过 A 和 B 两点的读数可知（   ）m。（单选题，1分）

A. A 点比 B 点低   B. A 点比 B 点高

C. A 点与 B 点可能同高   D. A 和 B 点的高低取决于仪器高度

84. B 点高程为（　　）m。（单选题，1分）

A. 48.245　　　　　　　　　　　　　B. 49.379

C. 49.807　　　　　　　　　　　　　D. 50.374

第二部分　专业管理实务

一、单项选择题

85. 桥涵、挡土墙等结构的回填上，宜采用（　　），以防止产生不均匀沉陷。

A. 素填土　　　　B. 砂性土　　　　C. 粉性土　　　　D. 原状土

86. 沥青混凝土路面属于柔性路面结构，路面刚度小，在荷载作用下产生的（　　）变形大，路面本身抗弯拉强度低。

A. 平整度　　　　B. 密实度　　　　C. 弯沉　　　　D. 车辙

87. 路缘石包括侧缘石和平缘石。侧缘石是设在道路两侧，用于区分车道、人行道、绿化带、分隔带的界石，一般高出路面（　　）cm。

A. 3～5　　　　B. 5～7　　　　C. 7～12　　　　D. 12～15

88. 石砌重力式挡土墙使用料石作为材料的（　　）允许偏差≤10mm。

A. 基底高程　　　B. 轴线偏拉　　　C. 平整度　　　D. 墙面垂直度

89. 沥青路面边缘压实时应先留下（　　）左右不压，待两个压实阶段完后再压，并多压1～2遍，靠路缘石处压路机压不到时，用振动夯板补压。

A. 10cm　　　　B. 30cm　　　　C. 50cm　　　　D. 80cm

90. 静力压桩的施工，一般都采用分段压入，逐段接长的方法。施工程序为（　　）和终止压桩等（①测量定位②压桩机就位③桩身对中调直④吊桩插桩⑤静压沉桩）。

A. ②①④⑤③　　　　　　　　　　B. ①②③④⑤

C. ②④①⑤③　　　　　　　　　　D. ①②④③⑤

91. 每根钻孔灌注桩首批混凝土浇筑后，导管在混凝土中的埋置深度不得小于（　　）m，2m 直径桩首批混凝土至少（　　）m³。

A. 1、5　　　　B. 2、3　　　　C. 3、4　　　　D. 4、5

92. 石砌墩台施工，砌石的顺序是（　　）。

A. 先角石，再镶面，后填腹　　　　B. 先角石，再填腹，后镶面

C. 先填腹，再角石，后镶面　　　　D. 先镶面，再角石，后填腹

93. 张拉过程中，应使活动横梁与固定横梁始终保持平行，并检查力筋的预应力值，其偏差的绝对值不得超过按一个构件全部力筋预应力总值的（　　）。

A. 15%　　　　B. 10%　　　　C. 6%　　　　D. 5%

94. 构件的起吊是指把构件从预制的底座上移出来。当混凝土强度达到设计强度（　　）以上时，即可进行起吊。

A. 65%　　　　B. 75%　　　　C. 60%　　　　D. 50%

95. 采用梯形槽，在地质条件良好、老黄土、地下水位低于沟槽地面高程，且开挖深度在 5m 以内、沟槽不设支撑、坡顶无荷载时，边坡的最陡坡度为（　　）。

A. 1∶1.00　　　B. 1∶0.75　　　C. 1∶0.67　　　D. 1∶0.10

96. 钢板桩的轴线位移和垂直度分别不得（　　）。

A. 大于 50mm；大于 1.0％　　　　B. 大于 50mm；大于 1.5％

C. 大于 100mm；大于 1.5％　　　D. 大于 100mm；大于 1.0％

97. 柔性管道的沟槽回填，作业的现场试验段长度应为一个井段或不少于（　　）。

A. 20m　　　　B. 30m　　　　C. 40m　　　　D. 50m

98. 排水检查井所用的混凝土强度一般不宜低于（　　）。

A. C10　　　　B. C20　　　　C. C25　　　　D. C15

99. 组合模板是一种工具式模板，是工程施工用得最多的一种模板。它由具有一定模数的若干类型的板块、（　　）、支撑和连接件组成。

A. 围圈　　　　B. 井架　　　　C. 角模　　　　D. 立柱

100. 后张法施加预应力时，若设计未做规范，混凝土强度不应低于设计强度的（　　）。

A. 70％　　　　B. 75％　　　　C. 80％　　　　D. 85％

101. 钢结构焊接连接，焊缝同一部位返修次数，不宜超过（　　）次。

A. 2　　　　B. 3　　　　C. 4　　　　D. 5

102. 碳纤维片材与混凝土之间的粘结质量，可用小锤轻轻敲击或手压碳纤维片材表面的方法检查，总有效粘结面积不应低于（　　）％。

A. 80　　　　B. 85　　　　C. 95　　　　D. 100

103. 工程目标主要依据（　　）、建设单位及相关主管部门要求制定。

A. 施工合同　　　　　　　　　　B. 工程进度

C. 安全生产　　　　　　　　　　D. 工程规模

104. （　　）是单位工程施工组织设计的主要组成部分，是进行施工现场布置的依据。

A. 临时用电平面图　　　　　　　B. 施工平面图

C. 交通疏散平面图　　　　　　　D. 施工运输平面图

105. 下列不属于运用动态控制原理控制进度的步骤之一的是（　　）。

A. 施工进度目标的逐层分解

B. 对施工进度目标的分析和比较

C. 在施工过程中对施工进度目标进行动态跟踪和控制

D. 调整施工进度目标

106. 反映一个组织系统中各子系统之间或各元素（各工作部门）之间的指令关系的是（　　）。

A. 组织结构模式　　　　　　　　B. 组织分工

C. 工作流程结构　　　　　　　　D. 工作分解结构

107. 施工项目质量控制系统按控制原理分，系统有（　　）。

A. 勘察设计质量控制子系统、材料设备质量控制子系统、施工项目安装质量控制子系统、施工项目竣工验收质量控制子系统

B. 建设单位项目质量控制系统、施工项目总承包企业质量控制系统、勘察设计单位勘察设计质量控制子系统、施工企业（分包商）施工安装质量子系统

C. 质量控制计划系统、质量控制网络系统、质量控制措施系统、质量控制信息系统

D. 质量控制网络系统、建设单位项目质量控制系统、材料设备质量控制子系统

108. 下列属于民用建筑的测量复核的内容是（　　）。

A. 控制网测量 　　　　　　　　　B. 楼层轴线检测

C. 柱基础工测量 　　　　　　　　D. 设备基础与预埋螺栓检测

109. 在不影响紧后工作最早开始时间的条件下，允许延误的最长时间是（　　）。

A. 总时差 　　　　B. 自由时差 　　　　C. 最晚开始时间 　　　D. 最晚结束时间

110. 建立进度控制小组，将进度控制任务落实到个人，属于施工项目进度控制措施中的（　　）。

A. 合同措施 　　　　B. 组织措施 　　　　C. 技术措施 　　　　D. 经济措施

111. 施工项目成本计划是项目经理部在（　　）编制的对项目施工成本进行计划管理的指导性文件。

A. 施工开始阶段 　　　　　　　　B. 施工准备阶段

C. 施工进行阶段 　　　　　　　　D. 施工结束阶段

112. 工地行驶的斗车、小平车的轨道坡度不得大于（　　），铁轨终点应有车挡，车辆的制动闸和挂钩要完好可靠。

A. 3% 　　　　B. 4% 　　　　C. 5% 　　　　D. 6%

113. 项目要制定安全生产目标管理计划，经项目分管领导审查同意，由主管部门与实行安全生产目标管理的单位签订责任书，将安全生产目标管理纳入各分单位的生产经营目标管理计划，（　　）应对安全生产目标管理计划的制订与实施负第一责任。

A. 项目分管领导 　　　　　　　　B. 主要负责人

C. 主管单位 　　　　　　　　　　D. 安全生产目标管理的单位

114. 雨期进行作业需要重点注意的安全技术措施不包括（　　）。

A. 防坍方 　　　　B. 防滑 　　　　C. 防触电、防雷 　　　　D. 防台风、防洪

二、多项选择题

115. 路基填挖方接近路床标高时，应按设计要求检测路床（　　），并进行整修，路基压实不合格处应处理至合格。

A. 宽度 　　　　　　　　　　　　B. 标高

C. 压实度 　　　　　　　　　　　D. 厚度

E. 含水量

116. 按道路在道路网中的地位、交通功能和服务功能，城市道路分为快速路、（　　）四个等级。

A. 主干道 　　　　　　　　　　　B. 街道

C. 次干道 　　　　　　　　　　　D. 支路

E. 辅道

117. 水泥混凝土路面的优点有（　　）。

A. 强度高 　　　　　　　　　　　B. 刚度大

C. 使用耐久 　　　　　　　　　　D. 养护工作量小

E. 造价低

118. 沉入桩的打桩顺序有（　　），遇有多方向桩应设法减少变更桩基斜度或方向的作业次数，并避免桩顶干扰。

A. 一般是由一端向另一端打   B. 密集群桩由中心向四边打

C. 先打浅桩，后打深桩   D. 先打坡顶，后打坡脚

E. 按方便打设

119. 孔道压浆时操作方法正确的有（   ）。

A. 曲线孔道和竖向孔道应从最低点的压浆孔压入，由最高点的排气孔排气和泌水

B. 压浆应缓慢均匀地进行，不得中断

C. 压浆应采用活塞式压浆泵，不得使用压缩空气

D. 压浆的最大压力宜为 0.5～0.7MPa；当孔道较长或采用一次压浆时，最大压力宜为 1.0MPa

E. 压浆和压力都保持一致

120. 根据挖土机的开挖路线与运输工具的相对位置不同，可分为（   ）。

A. 正向挖土、侧向卸土   B. 正向挖土、后方卸土

C. 侧向挖土、后方卸土   D. 上面挖土、下面卸土

E. 下面挖土、上面卸土

121. 施工排水包括排除（   ）。

A. 地下自由水   B. 地下结合水

C. 地表水   D. 雨水

E. 工业废水

122. 混凝土浇筑应注意的问题有（   ）等。

A. 防止离析   B. 正确留置施工缝

C. 养护   D. 凿除

E. 制备

123. 单位工程施工组织主要包括（   ）。

A. 施工段落划分   B. 施工顺序的确定

C. 施工机具选择   D. 施工组织设计

E. 施工方案编写

124. 自然条件包括（   ）、风力风向、台风、潮汐等。

A. 地形地物   B. 水文地质条件

C. 气象气候、冬雨期起止时间   D. 冻结时间与冻结厚度

E. 地方风俗节日

125. 下列属于工作队式项目组织缺点的是（   ）。

A. 各类人员来自不同部门，相互不熟悉

B. 不能适应大型项目管理需要，而真正需要进行施工项目管理的工程正是大型项目

C. 各类人员在同一时期内所担负的管理工作任务可能有很大差别，因此很容易产生忙闲不均，可能导致人员浪费

D. 职能部门的优势无法发挥作用

E. 具有不同的专业背景，难免配合不力

126. 属于施工项目质量控制系统的建立程序的有（   ）。

A. 确定控制系统各层面组织的工程质量负责人及其管理职责，形成控制系统网络

架构

    B. 确定控制系统组织的领导关系、报告审批及信息流转程序

    C. 制定质量控制工作制度

    D. 部署各质量主体编制相关质量计划

    E. 按规定程序完成质量计划的审批，形成质量控制依据

127. 定额工期是指在平均的（   ）水平及正常的建设条件（自然的、社会经济的）下，工程从开工到竣工所经历的时间。

    A. 建设管理水平   B. 施工工艺

    C. 机械装备   D. 工人收入水平

    E. 工人工作时间

128. 施工员的成本管理责任有（   ）。

    A. 根据项目施工的计划进度，及时组织材料、构件的供应，保证项目施工的顺利进行，防止因停工待料造成的损失

    B. 严格执行工程技术规范和预防为主的方针，确保工程质量，减少零星修补，消灭质量事故，不断降低质量成本

    C. 根据工程特点和设计要求，运用自身的技术优势，采取实用、有效的技术组织措施和合理化建议

    D. 严格执行安全操作规程，减少一半安全事故，消灭重大人身伤亡事故和设备事故，确保安全生产，将事故减少到最低限度

    E. 走技术和经济相结合的道路，为提高项目经济效益开拓新的途径

129. 对施工供电设施的布置，说法不正确的有（   ）。

    A. 架空线路与路面的垂直距离应不小于 5m

    B. 施工现场开挖非热管道的边缘与埋地外电缆沟槽边缘的距离不得小于 1m

    C. 变压器应布置在现场边缘高压线接入处，四周设有高度大于 1.7m 的铁丝网防护栏，并设有明显的标志。不应把变压器布置在交通道口处

    D. 线路应架设在道路一侧，距建筑物应大于 1.5m，垂直距离应在 2m 以上

    E. 木杆间距一般为 25～40m，分支线及引入线均应由杆上横担处连接

三、判断题

130. 桥涵、挡土墙等结构物的回填土，宜采用原状土，以防止产生不均匀沉陷，并按有关操作规程回填并夯实。   （   ）

131. 沉降缝和伸缩缝在挡土墙中同设于一处称之为沉降伸缩缝。对于非岩石地基，挡土墙每隔 5～10m 设置一道沉降伸缩缝。   （   ）

132. 在冲击和正循环回转钻进中，钻渣随泥浆流入泥浆沉淀池沉淀。   （   ）

133. 墩台应分段砌筑，两相邻工作段的砌筑高度不宜超过 1.2m，分段位置宜尽量设置在沉降缝或伸缩缝处。   （   ）

134. 支护结构是施工期间的临时支挡结构，没有必要按永久结构来施工。   （   ）

135. 采用地下水人工回灌方法，不是用于流砂防治的措施。   （   ）

136. 主要技术组织措施主要包括各项技术措施、质量措施、安全措施、降低成本措施和现场文明施工措施等内容。   （   ）

137. 项目的整体利益和施工方本身的利益是对立统一关系，两者有其统一的一面，也有其对立的一面。（　　）

138. 在房屋高差较大活荷载差异较大的情况下，当未留设沉降缝时，容易在交接部位产生较大的不均匀的沉降裂缝。（　　）

139. 网络图是有方向的，按习惯从第一个节点开始，各工作按其相互关系从右向左顺序连接，一般不允许箭线箭头从左方向指向右方向。（　　）

四、案例题

（一）某市政工程立柱和顶棚均为钢结构，并委托给有相应资质的加工单位制作，钢构件加工制作完成后，应按照施工图和国家标准《钢结构工程施工质量验收规范》GB 50205—2001 的规定进行验收。

140. 钢构件出厂时，应提供下列（　　）等资料。（多选题，2分）

A. 产品合格证及技术文件

B. 施工图和设计变更文件

C. 钢材、连接材料、涂装材料的质量证明或试验报告

D. 焊接工艺评定报告

E. 施工人员级别

141. 该钢结构构件安装前的准备工作有（　　）等。（多选题，2分）

A. 钢结构安装前，仅按构件明细表核对进场的构件

B. 相关图纸自审和会审

C. 确定现场焊接的保护措施

D. 应掌握安装前后外界环境，如风力、温度、风雪、日照等资料，做到胸中有数

E. 基础验收

142. 钢结构中，施拧高强度螺栓时，采用原则是（　　）。（多选题，2分）

A. 先中间向两边或四周对称　　　　　B. 先拧板束刚度大的螺栓

C. 先两边后中间　　　　　　　　　　D. 好拧的先拧

E. 就近施拧

143. 技术交底按工程的实施阶段可分为（　　）两个层次。（多选题，2分）

A. 开工前的技术交底会　　　　　　　B. 投料加工前

C. 施工过程中　　　　　　　　　　　D. 竣工后

E. 使用后

（二）某公司承接某市政管道工程，该工程穿过一片空地，管外径为1500mm 钢筋混凝土管道，刚性接口，壁厚100mm，长为1000m，工程地质条件良好土质为中密的砂土，坡顶有动载，开挖深度 4m 以内。

144. 在施工中宜采用的沟槽底宽是（　　）。（单选题，2分）

A. 2100mm　　　　　　　　　　　　B. 2700mm

C. 2800mm　　　　　　　　　　　　D. 3000mm

145. 在地质条件良好、中密的碎石类土、地下水位低于沟槽地面高程，坡顶无荷载时，边坡最大坡度为（　　）。（单选题，1分）

A. 1：0.50　　　B. 1：1.00　　　C. 1：1.50　　　D. 1：2.00

146. 起点管内底标高 11.000m，管底基础采用 C20 混凝土厚度 100mm，起点沟槽底部标高为（   ）。（单选题，2 分）

A. 11.000m

B. 11.200m

C. 10.800m

D. 10.700m

147. 机械开挖时槽底预留（   ）土层由人工开挖至设计高度。（单选题，1 分）

A. 无规定

B. 100～200

C. 200～300

D. 300～400

148. 管道设计坡度为 0.2%，终点沟槽底部标高为（   ）。（单选题，2 分）

A. 9.700m

B. 9.200m

C. 9.000m

D. 8.800m

（三）某网球馆工程采用筏形基础，按流水施工方案组织施工，在第一段施工过程中，材料已送检，为了在雨期来临之前完成基础工程施工，施工单位负责人未经监理许可，在材料送检时，擅自施工，待筏基浇筑完毕后，发现水泥实验报告中某些检验项目质量不合格，如果返工重做，工期将拖延 15d，经济损失达 1.32 万元。

149. 施工单位质量检验的内容为：开工前检查、工序交接检查、隐蔽工程检查和（   ）。（单选题，1 分）

A. 使用功能检查

B. 关键部位检查

C. 安装工程检查

D. 成品保护检查

150. 为了保证该网球馆工程质量达到设计和规范要求，材料质量控制方法主要是严格检查验收，正确合理的使用，建立管理台账，进行（   ）等环节的技术管理，避免混料和将不合格的原材料使用到工程上。（单选题，1 分）

A. 发、收、储、运

B. 收、发、储、运

C. 收、发、运、储

D. 收、储、发、运

151. 下列不属于材料质量控制的要点是（   ）。（单选题，1 分）

A. 合理组织材料供应，确保施工正常进行

B. 合理组织材料使用，减少材料损失

C. 加强材料检查验收，严把材料价格关

D. 要重视材料的使用认证，以防错用或使用不合格的材料

152. 下列不属于材料质量控制内容是（   ）。（单选题，1 分）

A. 材料的安全标准

B. 材料的性能

C. 材料取样、试验方法

D. 材料的适用范围和施工要求等

2011 年下半年江苏省建设专业管理人员统一考试
施工员（市政公用工程专业）试卷

第一部分　专业基础知识

一、单项选择题

1. 在三面投影图中，（   ）投影同时反映了物体的长度。

A. W 面和 H 面　　　　B. V 面和 H 面　　　　C. H 面和 K 面　　　　D. V 面和 W 投影

2. 下列（　　）是三棱柱体的三面投影。

A.

B.

C.

D.

3. 标高投影是采用（　　）绘制的。

A. 斜投影　　　　B. 多面正投影　　　　C. 平行投影　　　　D. 单面正投影

4. 平面与圆球相交，截交线的空间形状是（　　）。

A. 椭圆　　　　B. 双曲线　　　　C. 圆　　　　D. 直线

5. 两等直径圆柱轴线正交相贯，其相贯线是（　　）。

A. 空间曲线　　　　B. 椭圆　　　　C. 直线　　　　D. 圆

6. 请选择形体正确的 W 面投影为（　　）。

A.　　　　B.　　　　C.　　　　D.

7. 绝对高程的起算面是（　　）。

A. 水平面　　　　B. 大地水准面　　　　C. 假定水准面　　　　D. 底层室内地面

8. 水准仪精平是调节（　　）使水准管氧泡居中。

A. 微动螺旋　　　　B. 制动螺旋　　　　C. 微倾螺旋　　　　D. 脚螺旋

9. 望远镜的视准轴是（　　）。

A. 十字丝交点与目镜光心连线　　　　B. 目镜光心与物镜光心的连线

C. 人眼与目标的连线　　　　D. 十字丝交点与物镜光心的连线

10. 测定建筑物构件受力后产生弯曲变形的工作叫（　　）。

A. 位移观测　　　　B. 沉降观测　　　　C. 倾斜观测　　　　D. 挠度观测

11. 用水平面代替水准面，下列描述正确的是（　　）。

A. 对距离的影响大　　　　B. 对高差的影响大

C. 对距离和高差的影响均较大　　　　D. 对距离和高差的影响均较小

12. 现行建筑安装工程费用由（　　）构成。

A. 直接费、间接费、计划利润和税金

B. 直接费、间接费、法定利润和税金

C. 直接工程费、间接费、法定利润和税金

D. 直接费、间接费、利润和税金

13. 预算文件的编制工作是从（　　）开始的。

A. 分部工程　　　　B. 分项工程　　　　C. 单位工程　　　　D. 单项工程

14. 预算定额编制的基础是（　　）。

A. 施工定额　　　　B. 估算定额　　　　C. 机械定额　　　　D. 材料定额

15. 在建筑安装工程施工中，模板制作、安装拆除等费用应计入（　　）。

A. 机械使用费　　　　　　　　　　B. 措施费

C. 现场管理费　　　　　　　　　　D. 材料费

16. 建筑物平整场地的工程量按建筑物外墙外边线每边各加（　　）计算面积。

A. 1.5m　　　　B. 2.0m　　　　C. 2.5m　　　　D. 3.0m

17. 关于多层建筑物的建筑面积，下列说法正确的是（　　）。

A. 多层建筑物的建筑面积＝其首层建筑面积×层数

B. 同一建筑物不论结构如何，按其层数的不同应分别计算建筑面积

C. 外墙设有保温层时，计算至保温层内表面

D. 首层建筑面积按外墙勒脚以上结构外围水平面积计算

18. 结构用材料的性能均具有变异性，例如按同一标准生产的钢材，不同时生产的各批钢筋的强度并不完全相同，即使是用同一炉钢轧成的钢筋，其强度也有差异，故结构设计时就需要确定一个材料强度的基本代表值，且材料的强度（　　）。

A. 组合值　　　　B. 设计值　　　　C. 代表值　　　　D. 标准值

19. 层高为 25～30 层的高层住宅、旅馆常采用（　　）结构体系。

A. 框架结构体系　　　　　　　　　B. 剪力墙结构体系

C. 框架—剪力墙结构体系　　　　　D. 筒体结构体系

20. 通常把埋置深度在 3～5m 以内，只需经过挖槽、排水等普通施工程序就可以建造起来的基础称作（　　）。

A. 浅基础　　　　B. 砖基础　　　　C. 深基础　　　　D. 毛石基础

21. 抗震性能最差的剪力墙结构体系是（　　）。

A. 框支剪力墙　　　　　　　　　　B. 整体墙和小开口整体墙

C. 联肢剪力墙　　　　　　　　　　D. 短肢剪力墙

22. 当受压构件处于（　　）时，受拉区混凝土开裂，受拉钢筋达到屈服强度；受压区混凝土达到极限压应变被压碎，受压钢筋也达到其屈服强度。

A. 大偏心受压　　　B. 小偏心受压　　　C. 界限破坏　　　D. 轴心受压

23. 在正常使用极限状态设计中 φ_{ci} 含义是（　　）。

A. 恒载的组合系数　　　　　　　　B. 可变荷载的分项系数

C. 可变荷载的组合值系数　　　　　D. 可变荷载的准永系数

24. 同一强度等级的混凝土，它的强度 f_{cu}、f_c、f_t 的大小关系是（　　　）。

A. $f_{cu} < f_c < f_t$ 　　　B. $f_{cu} > f_c > f_t$ 　　　C. $f_{cu} > f_t > f_c$ 　　　D. $f_{cu} < f_t < f_c$

25. 在下列表述中，错误的选项是（　　　）。

A. 少筋梁在受弯时，钢筋应力过早超过屈服点引起梁的脆性破坏，因此不安全

B. 适筋梁破坏前有明显的预兆，经济性、安全性均较好

C. 超筋梁过于安全，不经济

D. 在截面高度受限制时，可采用双筋梁

26. 硅酸盐水泥根据（　　　）d 和 28d 的抗压强度、抗折强度划分强度等级。

A. 3 　　　　　　B. 7 　　　　　　C. 9 　　　　　　D. 14

27. 宜采用蒸汽养护的水泥品种为（　　　）。

A. 矿渣水泥 　　　B. 硅酸盐水泥 　　　C. 快硬水泥 　　　D. 高铝水泥

28. 某构件截面最小尺寸为 240mm，钢筋间净距为 45mm，宜选用粒径为（　　　）mm 的石子。

A. 5～10 　　　　B. 5～31.5 　　　　C. 5～40 　　　　D. 5～60

29. 硅酸盐水泥熟料矿物中水化硬化速度最快的是（　　　）。

A. C_3S 　　　　B. C_2S 　　　　C. C_3A 　　　　D. C_4AF

30. 决定混凝土拌合物流动性的最主要因素是（　　　）。

A. 水泥品种 　　　B. 骨料条件 　　　C. 砂率 　　　D. 用水量

31. 某材料试验室有一张混凝土用量配方，数字清晰为 1：0.61：2.50：4.45，而文字模糊，根据经验判别正确的选项是（　　　）。

A. 水：水泥：砂：石 　　　　　　　B. 水泥：水：砂：石

C. 砂：水泥：水：石 　　　　　　　D. 水泥：砂：水：石

32. 划拨土地使用权只能由（　　　）人民政府依法批准。

A. 县级以上 　　　B. 镇级以上 　　　C. 中央 　　　D. 省级以上

33. 在施工单位人员中，不必经建设主管部门考核合格即可任职的是（　　　）。

A. 项目安全生产管理人员 　　　　　B. 技术员

C. 企业主要负责人 　　　　　　　　D. 项目经理

34. 停建、缓建建设工程的档案，暂由（　　　）保管。

A. 当地质监部门 　　B. 建设单位 　　C. 施工单位 　　D. 城建档案馆

35. 关于代位权行使的说法，正确的是（　　　）。

A. 债权人可选择以自己的名义或债务人的名义起诉债务人

B. 债权人可以代位行使的权利必须不是专属于债务人自身的债权

C. 代位权是债权人行使的抗辩权

D. 债权人自己负担行使代位权的必要费用

36. 下列与工程建设有关的规范性文件中，由国务院制定的是（　　　）。

A. 安全生产法

B. 建筑业企业资质管理规定

C. 工程建设项目施工招标投标办法

D. 安全生产许可证条例

262

37. 根据《民事诉讼法》及相关规定，人民法院依法可要求对败诉方负有到期债务的第三人协助向（   ）履行债务。

    A. 胜诉方   B. 金融机构   C. 败诉方   D. 执行法院

38. 施工单位与建设单位签订施工合同，约定施工单位垫资 20%，但没有约定垫资利息。后施工单位向人民法院提起诉讼，请求建设单位支付垫资利息。对施工单位的请求，人民法院正确的做法是（   ）。

    A. 尽管未约定利息，施工单位要求按照中国人民银行发布的同期、同类贷款利率支付垫资利息，应予支持

    B. 由于垫资行为违法，施工单位要求返还垫资，不予支持

    C. 尽管未约定利息，施工单位要求低于中国人民银行发布的同期、同类贷款利率支付垫资利息，应予支持

    D. 由于未约定利息，施工单位要求支付垫资利息，不予支持

39. 根据《建筑法》规定，有权对建设工程实施强制监理的范围进行规定的机构是（   ）。

    A. 国家安全生产监督管理行政主部门   B. 国务院

    C. 省级建设行政主管部门   D. 住房和城乡建设部

40. 职业道德是指所有从业人员在职业活动中应该遵循的（   ）。

    A. 行为准则   B. 思想准则   C. 行为表现   D. 思想表现

二、多项选择题

41. 投影分为（   ）两类。

    A. 中心投影   B. 斜投影

    C. 平行投影   D. 轴测投影

    E. 等轴投影

42. 下列关于积聚性说法正确的是（   ）。

    A. 在空间平行的两直线，它们的同面投影也平行

    B. 当直线垂直于投影面时，其投影积聚为一点

    C. 点的投影仍旧是点

    D. 当平面垂直于投影面时，其投影积聚为一直线

    E. 当直线倾斜于投影面时，其投影小于实长

43. 下列对绘图工具及作图方法描述正确的是（   ）。

    A. 三角板画铅垂线应该从上到下

    B. 三角板画铅垂线应该从下到上

    C. 丁字尺画水平线应该从左到右

    D. 圆规作圆应该从左下角开始

    E. 分规的两条腿必须等长，两针尖合拢时应会合成一点

44. 水准测量中误差校核的方法有（   ）。

    A. 返测法   B. 闭合法

    C. 测回法   D. 附合法

    E. 逆测法

45. 全站型电子速测仪简称全站仪，它是一种可以同时进行（　　）和数据处理，由机械、光学、电子元件组合而成的测量仪器。

A. 水平角测量　　　　　　　　　　　B. 竖直角测量

C. 高差测量　　　　　　　　　　　　D. 斜距测量

E. 平距测量

46. 坐标在测量中是用来确定地面上物体所在位置的准线，坐标分为（　　）。

A. 平面直角坐标　　　　　　　　　　B. 笛卡尔坐标

C. 世界坐标　　　　　　　　　　　　D. 空间直角坐标

E. 局部坐标

47. 建筑工程定额种类很多，按定额编制程序和用途分类的有（　　）。

A. 施工定额　　　　　　　　　　　　B. 建筑工程定额

C. 概算定额　　　　　　　　　　　　D. 预算定额

E. 安装工程定额

48. 关于工料分析的重要意义说法正确的有（　　）。

A. 是调配人工、准备材料、开展班组经济核算的基础

B. 是下达施工任务单和考核人工、材料节约情况、进行两算对比的依据

C. 是工程结算、调整材料差价的依据

D. 主要材料指标是投标书的重要内容之一

E. 是工程招标的依据

49. 材料预算价格的组成内容有（　　）。

A. 材料原价　　　　　　　　　　　　B. 供销部门的手续费

C. 包装费　　　　　　　　　　　　　D. 场内运输费

E. 采购费及保管费

50. 关于选用刚性和刚弹性方案时，房屋的横墙应符合的要求有（　　）。

A. 墙的厚度不宜小于 180mm

B. 横墙中开有洞口时，洞口的水平截面面积不应超过横墙截面面积 25%

C. 单层房屋的横墙长度不宜小于其高度

D. 多层房屋的横墙长度不小于横墙总高度的 1/2

E. 横墙的最大水平位移不能超过横墙高度的 1/3000

51. 轴心受压构件中配有纵向受力钢筋和箍筋，正确的要求有（　　）。

A. 纵向受力钢筋应由计算确定

B. 箍筋由抗剪计算确定，并满足构造要求

C. 箍筋不进行计算，其间距和直径按构造要求确定

D. 为了施工方便，不设弯起钢筋

E. 钢筋直径不宜小于 12mm，全部纵向钢筋配筋率不宜超过 5%

52. 当结构或结构构件出现（　　）时，可认为超过了承载能力极限状态。

A. 整个结构或结构的一部分作为刚体失去平衡

B. 结构构件或连接部位因过度的塑性变形而不适于继续承载

C. 影响正常使用的振动

D. 结构转变为机动体系

E. 影响耐久性能的局部损坏

53. 下列属于横墙承重体系的特点有（   ）。

A. 门、窗洞口的开设不太灵活

B. 大面积开窗，门窗布置灵活

C. 抗震性能与抵抗地基不均匀变形的能力较差

D. 墙体材料用量较大

E. 抗侧刚度大

54. 随着建筑材料孔隙率的增大，关于材料的性质变化说法正确的有（   ）。

A. 表观密度减小   B. 密度减小

C. 强度降低   D. 吸水性降低

E. 保温、隔热效果差

55. 大体积混凝土施工应优先选用（   ）。

A. 矿渣水泥   B. 硅酸盐水泥

C. 粉煤灰水泥   D. 普通水泥

E. 火山灰水泥

56. 混凝土的耐久性通常包括（   ）。

A. 抗冻性   B. 抗渗性

C. 抗侵蚀性   D. 抗老化性

E. 抗碱—集料反应

57. 根据《建设工程质量管理条例》规定，下列分包情形中，属于违法分包的有（   ）。

A. 施工总承包单位将建设工程的土方工程分包给其他单位

B. 总承包单位将建设工程分包给不具备相应资质条件的单位

C. 未经建设单位许可，承包单位将其承包的部分建设工程交由其他单位完成

D. 施工总承包单位将建设工程主体结构的施工分包给其他单位

E. 分包单位将其承包的建设工程再分包给具备相应资质条件的其他单位

58. 关于招标代理机构的说法，正确的有（   ）。

A. 招标代理机构是社会中介组织

B. 未经招标人同意，招标代理机构不得向他人转让代理业务

C. 工程招标代理机构可以参与同一招标工程的投标

D. 工程招标代理机构不得与招标工程的投标人有利益关系

E. 由评标委员会指定招标代理机构

59. 根据《环境保护法》规定，建设项目中防治污染的设施与主体工程应当（   ）。

A. 同时招标   B. 同时设计

C. 同时竣工   D. 同时施工

E. 同时投产使用

60. 下列伤害情形中，属于建筑意外伤害保险常见除外责任的有（   ）。

A. 在保险合同成立前，被保险人发生伤害

B. 被保险人在施工现场外发生伤害

C. 被保险人在施工现场斗殴而发生伤害

D. 被保险人因过失而在施工作业中坠落受伤

E. 被保险人因涉嫌犯罪逃避追捕而被击伤

三、判断题

61. 正立图和侧立图必须上下对齐，这种关系叫"长对正"。 （ ）

62. 在结构平面图中配置双层钢筋时，底层的钢筋弯钩向下和向右，顶层钢筋的弯钩向上或向左。 （ ）

63. 工程设计分为三个阶段：即方案设计阶段、技术设计阶段和施工图设计阶段，对于较小的建筑工程，方案设计后可直接进入施工图设计阶段。 （ ）

64. 在多层建筑物的施工过程中，各层墙体的轴线一般用吊垂球方法测设。 （ ）

65. 建筑总平面图是施工测设和建筑物总体定位的依据。 （ ）

66. 室外楼梯的建筑面积按其水平投影的 1/2 计算。 （ ）

67. 建筑安装费用计算时脚手架费属于措施费。 （ ）

68. 建筑安装费用计算时材料二次搬运费属于现场经费。 （ ）

69. 对于暴露在侵蚀性环境中的结构构件，其受力钢筋可采用带肋环氧涂层钢筋，预应力筋应有防护措施。在此情况下宜采用高强度等级的混凝土。 （ ）

70. 梁内设置箍筋的主要作用是保证形成良好的钢筋骨架，使钢筋的位置正确。

（ ）

71. 规范将砌体受压构件的轴向力偏心距和构件高厚比对承载力的影响采用同一系数来考虑。 （ ）

72. 单一结构体系只有一道防线，一旦破坏就会造成建筑物倒塌，故框架—剪力墙结构体系需加强构造设计。 （ ）

73. 过火石灰易产生较大的体积膨胀，致使硬化后的石灰表面局部产生鼓包、崩裂的现象，叫陈伏。 （ ）

74. 高铝水泥具有早期强度增长快、强度高等优点，适用于重要工程。 （ ）

75. 混凝土的冻融破坏主要是由于混凝土孔隙内的水结冰造成的。 （ ）

76. 施工单位不履行保修义务或者拖延履行保修义务的，责令改正，处 10 万元以上 20 万元以下的罚款，并对在保修期内因质量缺陷造成的损失承担赔偿责任。 （ ）

四、案例题

（一）某拟建工程与周边建筑甲、乙、丙的相互关系如下图所示。

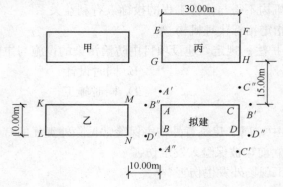

77. 进行该建筑物的定位时，采用的方法为（　　）。（单选题，2分）

A. "红线"定位法　　　　　　　　　　B. 平行线定位法

C. 方格网定位法　　　　　　　　　　D. GPS定位法

78. 进行该建筑物的平面位置定位时，可不需要使用的工具为（　　）。（单选题，2分）

A. 小线　　　　　　　　　　　　　　B. 钢卷尺

C. 水准仪　　　　　　　　　　　　　D. 大的直角三角尺

79. 关于该建筑物的测量定位方法错误的是（　　）。（单选题，2分）

A. 测量定位的校核采用量对角线 AD、BC 的方法进行，一般误差不得超过长度的 1/4000

B. 在确定建筑物的纵向、横向轴线后，应把轴线引到房屋灰线挖槽之外 2～4m，建立控制桩

C. 定位完成后还应从水准基点引进水准点

D. 建筑物的水准标高可根据周围房屋确定

80. 该建筑物的控制桩点为（　　）。（单选题，2分）

A. A、B、C、D　　　　　　　　　　B. B′、B″、D′、D″

C. E、F、G、H　　　　　　　　　　D. K、L、M、N

（二）某工厂综合楼建筑面积 2900m²，总长 41.3 m，总宽 13.4m，高 23.65m，五层现浇框架结构，柱距 4m×9m，4m×5 m，共两跨，首层标高为 8.5m，其余为 4m，采用梁式满堂钢筋混凝土基础，在浇筑 9m 跨度二层肋梁楼板时，因模板支撑系统失稳，使二层楼板全部倒塌，造成 3 人死亡，2 人重伤，直接经济损失 800 万元。

81. 该事故属于（　　）。（单选题，1分）

A. 一般事故　　　　B. 较大事故　　　　C. 重大事故　　　　D. 特别重大事故

82. 事故处理程序是（　　）。（单选题，1分）

①分析调查结果，找出事故的主要原因

②进行事故调查，了解事故情况，并确定是否需要采取防护措施

③确定是否需要处理，若需处理，施工单位确定处理方案

④事故处理

A. ①②③④　　　　B. ③②①④　　　　C. ②①③④　　　　D. ④③①②

83 在施工中发生危及（　　）的紧急情况时，作业人员有权立即停止作业或者在采取必要的应急措施后撤离危险区域。（单选题，1分）

A. 人身安全　　　　B. 财产安全　　　　C. 设备安全　　　　D. 牲畜安全

84. 关于施工单位采购租赁的安全防护用具、机械设备、施工机具及配件，下列说法不正确的是（　　）。（单选题，1分）

A. 应当具有生产（制造）许可证　　　　B. 应当具有产品合格证

C. 进入施工现场后进行查验　　　　　　D. 进入施工现场后组织验收

第二部分　专业管理实务

一、单项选择题

85. 路基边坡的土体，沿着一定的滑动面整体向下滑动，称为（　　）。

A. 剥落   B. 碎落   C. 滑坡   D. 崩坍

86. （ ）不是挡土墙的作用。

A. 稳定路堤和路堑边坡   B. 减少土方开挖和占地面积

C. 防止水流冲刷及避免山体滑坡   D. 提高土体承载力

87. 刚性挡土墙与土相互作用的最大土压力是（ ）土压力。

A. 静止   B. 被动   C. 平衡   D. 主动

88. 提高（ ）的强度和稳定性，可以适当减薄路面的结构层，从而降低造价。

A. 路面   B. 路基   C. 面层   D. 灰土

89. 沥青混凝土路面结构中的承重层是（ ）。

A. 基层   B. 上面层   C. 下面层   D. 垫层

90. 胀缝缝隙宽约 20mm，对于交通繁忙的道路，为保证混凝土板有效地传递载荷，防止形成错台，可在胀缝处板厚中央设置（ ）。

A. 钢丝网   B. 钢筋   C. 传力杆   D. PVC 管

91. 关于沥青碎石（AM）混合料和沥青混凝土（AC）区别的说法，错误的是（ ）。

A. 沥青混凝土的沥青含量较高   B. 沥青混凝土掺加矿质填料

C. 沥青混凝土级配比例严格   D. 形成路面的孔隙率不同

92. 普通混凝土路面施工完毕并经养护后，在混凝土达到设计（ ）强度的 40% 以后，允许行人通过。

A. 抗压   B. 弯拉   C. 抗拉   D. 剪切

93. 在行车荷载作用下水泥混凝土路面的力学特性为（ ）。

A. 弯沉变形较大，抗弯拉强度大   B. 弯沉变形较大，抗弯拉强度小

C. 弯沉变形很小，抗弯拉强度大   D. 弯沉变形很小，抗弯拉强度小

94. 桥梁总跨径长度的选择要求保证桥下有足够的（ ）。

A. 过水断面   B. 最低水位   C. 通航水位   D. 通航净空高度

95. 锤击法沉桩时，锤击过程宜采用（ ）。

A. 重锤高击   B. 重锤低击   C. 轻锤高击   D. 轻锤低击

96. 矩形橡胶支座的短边应（ ）。

A. 垂直顺桥向   B. 平行顺桥向

C. 任意方向   D. 与桥轴线成 45°

97. 人工开挖沟槽的槽深超过 3m 时应分层开挖，每层的深度（ ）。

A. 不超过 1m   B. 不超过 2m   C. 不超过 2.5m   D. 不超过 3m

98. 关于排水管道闭水试验的条件中，错误的是（ ）。

A. 管道及检查井外观质量已验收合格

B. 管道与检查井接口处已回填

C. 全部预留口已封堵，不渗漏

D. 管道两端堵板密封且承载力满足要求

99. 当降水深度更大，在管井内用一般的水泵降水不能满足要求时，可采用（ ）降水。

A. 轻型井点   B. 深井泵法   C. 管井法   D. 喷射井点

100. 下列基坑围护结构中，主要结构材料可以回收反复使用的是（   ）。

A. 地下连续墙   B. 灌注桩   C. 水泥挡土墙   D. SMW 桩

101. 设计强度为 C50 的预应力混凝土连续梁张拉时；混凝土强度最低应达到（   ）MPa。

A. 35.0   B. 37.5   C. 40.0   D. 45.0

102. 后张法预应力筋张拉后孔道压浆采用的水泥浆强度在设计无要求时，不得低于（   ）MPa。

A. 15   B. 20   C. 30   D. 35

103. 现浇混凝土水池的外观和内在质量的设计要求中，没有（   ）要求。

A. 抗冻   B. 抗碳化   C. 抗裂   D. 抗渗

104. 埋地排水用硬聚氯乙烯双壁波纹管的管道一般采用（   ）。

A. 素土基础   B. 素混凝土基础

C. 砂砾石垫层基础   D. 钢筋混凝土基础

105. 工程目标主要包括工期目标、（   ）、安全文明创建目标、技术创新目标等。

A. 施工目标   B. 生产目标   C. 进度目标   D. 质量目标

106. （   ）是施工中必不可少的一项重要工作，在工程施工期间应遵循"服从指挥、合理安排、科学疏导、适当分流、专人负责、确保畅通"的原则，切实做好交通组织工作，保证施工期间的交通通畅。

A. 安全生产   B. 交通管理保障

C. 交通组织方案   D. 现场保护

107. 《房屋建筑工程和市政基础设施工程竣工验收备案管理暂行办法》规定，工程竣工验收备案的工程质量评估报告应由（   ）提出。

A. 施工单位   B. 监理单位   C. 质量监督站   D. 建设单位

108. 根据《建设工程工程量清单计价规范》GB 50500，分部分项工程量清单综合单价由（   ）组成。

A. 人工费、材料费、机械费、管理费和利润

B. 直接费、间接费、措施费、管理费和利润

C. 直接费、间接费、规费、管理费和利润

D. 直接费、安全文明施工费、规费、管理费和利润

109. 业主确定的工程项目设计变更工作流程，属于工作流程组织中的（   ）。

A. 管理工作流程   B. 物质流程

C. 信息处理工作流程   D. 设计工作流程

110. 为明确混凝土工程施工中钢筋制安、混凝土浇筑等工作之间的逻辑关系，施工项目部应当编制（   ）。

A. 组织结构图   B. 任务分工表   C. 工作流程图   D. 工作一览表

111. 在项目的组织工具中，用以反映项目所有工作任务及其层次关系的是（   ）。

A. 管理职能分工表   B. 工作任务分工表

C. 项目结构图   D. 组织结构图

112. 建设工程项目实施阶段策划的主要任务是确定（　　　）。

A. 项目建设的总目标
B. 如何实现项目的目标
C. 项目建设的指导思想
D. 如何组织项目的建设

113. 在施工总承包管理模式下，施工项目总体管理和目标控制的责任由（　　　）承担。

A. 业主
B. 分包单位
C. 施工总承包管理单位
D. 监理单位

114. 根据《建设工程施工合同（示范文本）》，合同实施工程中工程师同意采用承包人的合理化建议，由此所发生的费用或获得的收益应由（　　　）。

A. 发包人与承包人另行约定分担或分享

B. 发包人承担或享有

C. 发包人、承包人和工程师根据约定分担或分享

D. 承包人承担或享有

二、多项选择题

115. 路基放样是把路基设计横断面的主要特征点，根据路线中桩，把（　　　）具体位置标定在地面上，以便定出路基轮廓，作为施工的依据。

A. 路基边缘
B. 路堤坡脚
C. 路堑坡顶
D. 边沟
E. 路面标高

116. 城市道路土质路基压实的原则有（　　　）。

A. 先轻后重
B. 先慢后快
C. 先静后振
D. 轨迹重叠
E. 先高后低

117. 路基填方施工中，经过水田、池塘或洼地时，应根据具体情况采取（　　　）等措施，将基底加固后再行填筑。

A. 排水疏干
B. 挖除淤泥
C. 打沙桩
D. 抛填片石
E. 石灰水泥处理土

118. 钻孔灌注桩施工中，制备泥浆的主要作用有（　　　）。

A. 冷却钻头
B. 润滑钻具
C. 浮悬钻渣
D. 防止坍孔
E. 减小孔内静水压力

119. 在钻孔灌注桩施工中，埋设护筒的主要作用有（　　　）。

A. 提高桩基承载力
B. 保护孔口地面
C. 钻头导向
D. 防止坍孔
E. 隔离地表水

120. 造成钻孔灌注桩坍孔的主要原因有（　　　）。

A. 地层自立性差
B. 钻孔时进尺过快
C. 护壁泥浆性能差
D. 成孔后没有及时灌注混凝土
E. 孔底沉渣过厚

121. 关于给排水柔性管道沟槽回填质量控制的说法，正确的有(　　)。

A. 管基有效支承角范围内用黏性土填充并夯实

B. 管基有效支承角范围内用中粗砂填充密实

C. 管道两侧采用人工回填

D. 管顶以上 0.5m 范围内采用机械回填

E. 大口径柔性管道，回填施工中在管内设竖向支撑

122. 采用顶管法施工时，应在工作坑内安装的设备有(　　)。

A. 导轨　　　　　　　　　　　B. 油泵

C. 顶铁　　　　　　　　　　　D. 起重机

E. 千斤顶

123. 大体积混凝土施工中，为防止混凝土开裂，可采取的做法有(　　)。

A. 采用低水化热品种的水泥

B. 适当增加水泥用量

C. 降低混凝土入仓温度

D. 在混凝土结构中布设冷却水管，终凝后通水降温

E. 一次连续浇筑完成，掺入质量符合要求的速凝剂

124. 张拉完成后要尽快进行孔道压浆和封锚，压浆所用灰浆的(　　)膨胀剂剂量按施工技术规范及试验标准中要求控制。

A. 强度　　　　　　　　　　　B. 稠度

C. 水灰比　　　　　　　　　　D. 泌水率

E. 密度

125. 流水参数是在组织流水施工时，用以表达(　　)方面状态的参数。

A. 流水施工工艺流程　　　　　B. 空间布置

C. 时间排列　　　　　　　　　D. 资金投入

E. 施工人员数量

126. 下列环境管理体系的构成要素中，属于核心要素的有(　　)。

A. 信息交流　　　　　　　　　B. 环境方针

C. 环境因素　　　　　　　　　D. 运行控制

E. 内部审核

127. 建设工程项目中防止污染的设施，必须与主体工程 (　　)。

A. 同时设计　　　　　　　　　B. 同时申报

C. 同时验收　　　　　　　　　D. 同时施工

E. 同时投产使用

128. 某建设工程项目采用施工总承包方式，其中的幕墙工程和设备安装工程分别进行了专业分包，对幕墙工程施工质量实施监督控制的主体有(　　)等。

A. 工程质量监督机构　　　　　B. 幕墙监理单位

C. 设备安装单位　　　　　　　D. 建设单位

E. 幕墙玻璃供应商

129. 承包人向发包人索赔时，所提交索赔文件的主要内容包括(　　)。

A. 索赔证据   B. 索赔事件总述

C. 索赔合理性论述   D. 索赔要求计算书

E. 索赔意向通知

三、判断题

130. 推土机适用于高度在 3m 以内，运距 10～100m 以内的路堤和路堑土方施工；也可用以平整场地、挖基坑、填埋沟槽，配合其他机械进行辅助工作，如堆集、整平、碾压等。 （ ）

131. 板式橡胶支座由多层橡胶与薄钢板经加压、硫化而成，能提供足够的竖向刚度和剪切变形。 （ ）

132. 在沟槽开挖施工中，由于人工降低地下水位常会导致发生边坡坍方。 （ ）

133. 浇注大体积高强混凝土结构，应优先考虑使用高水化热水泥。 （ ）

134. 工程量的计算应根据施工图和工程量的计算规则，针对所划分的每一个工作项目进行。 （ ）

135. 质量的主体是产品、体系、项目或过程，质量的客体是顾客和其他相关方。 （ ）

136. 等节拍专业流水是指各个施工过程在各施工段上的流水节拍全部相等，并且等于间歇时间的一种流水施工。 （ ）

137. 项目的账表和管理台账不仅可以用于项目成本的核算，还可以用于对项目成本管理工作的分析、评价和考核。 （ ）

138. "工程管理"的范围比"项目管理"宽广。 （ ）

139. 工程发生延期事件时，施工单位在合同约定的期限内，向项目监理部提交《工程暂停令》，在项目监理部最终评估出延期天数并与建设单位协商一致后，总监理工程师才给予批复。 （ ）

四、案例题

（一）某市政道路的路基工程为填方路基，原地面平坦，路基设计压实度为 95%，每层虚铺厚度为 30cm，采用三轮压路机压实。其上的水泥混凝土路面，设计混凝土板厚 24cm，双层钢筋网片，混凝土采用商品混凝土，用人工小型机具摊铺。

根据以上案例，请回答以下问题：

140. 该土质路堤应采用（   ）方法填筑。（单选题，2 分）

A. 水平分层填筑法   B. 纵向分层填筑法

C. 横向填筑法   D. 联合填筑法

141. 为达到密实度 95%，应使用（   ）以上的三轮压路机。（单选题，2 分）

A. 10t 或 10t   B. 12t 或 12t

C. 15t 或 15t   D. 21t 或 21t

142. 根据施工经验和验算，路面混凝土的板长宜采用（   ）m。（单选题，2 分）

A. 5   B. 8   C. 10   D. 15

143. 混凝土摊铺时，松铺系数宜控制在（   ）。（单选题，2 分）

A. 1.0～1.25   B. 1.1～1.25   C. 1.1～1.35   D. 1.25～1.5

144. 我国目前采用的水泥混凝土路面摊铺机具与摊铺方式包括（   ）。（多选题，2

分）

A. 小型机具铺筑　　　　　　　B. 轨道摊铺机铺筑

C. 滑模机械铺筑　　　　　　　D. 三辊轴机组铺筑

E. 碾压混凝土

（二）某基础工程由挖地槽、做垫层、砌基础和回填土四个分项工程组成。该工程在平面上划分为五个施工段组织流水施工。各分项工程在各个施工段上的持续时间均为5d。

根据以上案例，请回答以下问题：

145. 流水施工中的空间参数是指（　　　）。（单选题，2分）

A. 搭接时间　　　B. 施工过程数　　　C. 施工段数　　　D. 流水强度

146. 根据该工程持续时间的特点，可按（　　　）流水施工方式组织施工。（单选题，2分）

A. 等节奏　　　　B. 异节奏　　　　C. 成倍节拍　　　D. 无节奏

147. 该工程项目流水施工的工期应为（　　　）d。（单选题，2分）

A. 25　　　　　　B. 30　　　　　　C. 40　　　　　　D. 50

148. 若工作面允许，每一段砌基础均提前一天进入施工，该流水施工的工期为（　　　）d。（单选题，2分）

A. 24　　　　　　B. 29　　　　　　C. 39　　　　　　D. 49

149. 下列关于无节奏流水施工的说法，正确的是（　　　）。（多选题，2分）

A. 流水节拍没有规律

B. 流水步距没有规律

C. 施工队数目大于施工过程数目

D. 施工过程数大于施工段数目

E. 相邻作业队之间没有搭接

2012年上半年江苏省建设专业管理人员统一考试
施工员（市政公用工程专业）试卷

第一部分　专业基础知识

一、单项选择题

1. 当直线与投影面垂直时，其在该投影面上的投影具有（　　　）。

A. 积聚性　　　B. 真实性　　　C. 类似收缩性　　　D. 收缩性

2. 正面斜二测轴测图中，三向变形系数 p、q、r 分别为（　　　）。

A. 1、1、1　　　B. 0.5、1、1　　　C. 1.0、5、1　　　D. 1、1、0.5

3. 读左边三视图，选择右边对应的物体编号填入本题括号中（　　　）。

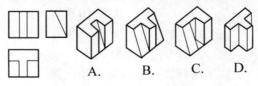

A.　　　B.　　　C.　　　D.

4. 在土建施工图中有剖切位置符号及编号 ⌐¹²⌐¹² ，其对应图为（   ）。

A. 剖面图、向左投影 B. 剖面图、向右投影

C. 断面图、向左投影 D. 断面图、向右投影

5. 直线 AB 的 W 面投影反映实长，该直线为（   ）。

A. 水平线 B. 正平线 C. 侧平线 D. 铅垂线

6. 平面与正圆锥面截交，当平面与锥面上所有素线都相交时截交线为（   ）。

A. 椭圆 B. 抛物线 C. 双曲线 D. 直线

7. 建筑工程施工测量的基本工作是（   ）。

A. 测图 B. 测设 C. 用图 D. 识图

8. 已知点 A、B 绝对高程是 $H_A = 13.000m$、$H_B = 14.000m$，则 h_{AB} 和 h_{BA} 分别是（   ）。

A. 1.000m，−1.000m B. −1.000m，1.000m

C. 1.000m，1.000m D. −1.000m，−1.000m

9. 关于水准仪操作说法正确的是（   ）。

A. 不用圆水准器 B. 水准管精度低于圆水准器

C. 水准管用于精确整平 D. 每次读数时必须整平圆水准器

10. 用经纬仪观测水平角时，尽量照准目标的底部，其目的是为了消除（   ）误差对测角的影响。

A. 对中 B. 照准 C. 目标偏离中心 D. 指标差

11. 圆水准器轴是圆水准器内壁圆弧零点的（   ）。

A. 切线 B. 法线 C. 垂线 D. 水平线

12. 下列说法错误的是（   ）。

A. 建筑物的定位是将建筑物的各轴线交点测设于地面上

B. 建筑物的定位方法包括原有建筑物定位、建筑方格网定位、规划道路红线定位和测量控制点定位

C. 建筑物的放线是根据已定位的外墙轴线交点桩详细测设出其他各轴线交点的位置

D. 为便于在施工中恢复各轴线的位置，可用轴线控制桩和龙门板方法将各轴线延长至槽外

13. 确定人工定额消耗的过程中，不属于技术测定法的是（   ）。

A. 测时法 B. 写实记录法 C. 工作日写实法 D. 统计分析法

14. 建筑安装工程造价中土建工程的利润计算基础为（   ）。

A. 材料费＋机械费 B. 人工费＋材料费

C. 人工费＋机械费 D. 人工费＋措施费

15. 下列不属于计算材料摊销量参数的是（   ）。

A. 一次使用量 B. 摊销系数

C. 周转使用系数 D. 工作班延续时间

16. 结算工程价款＝（   ）×（1＋包干系数）。

A. 施工预算 B. 施工图预算 C. 设计概算 D. 竣工结算

17. 下列不属于按定额的编制程序和用途分类的定额是（　　）。

A. 施工定额　　　　B. 劳动定额　　　　C. 预算定额　　　　D. 概算定额

18. 下列各项中按其顶盖水平投影面积的一半计算建筑面积的是（　　）。

A. 有柱的雨篷　　　　　　　　　B. 单排柱的车棚

C. 建筑物外有围护结构的门斗　　　D. 室外楼梯

19. 钢筋混凝土受弯构件纵向受拉钢筋屈服与受压混凝土边缘达到极限压应变同时发生的破坏属于（　　）。

A. 适筋破坏　　　B. 超筋破坏　　　C. 界限破坏　　　D. 少筋破坏

20. 砌体结构的刚性方案、刚弹性方案以及弹性方案的判别因素是（　　）。

A. 砌体的材料和强度

B. 砌体的高厚比

C. 屋盖、楼盖的类别与横墙的刚度及间距。

D. 屋盖、楼盖的类别与横墙的间距，和横墙本身条件无关

21. 下列关于地基的说法正确的有（　　）。

A. 是房屋建筑的一部分

B. 不是房屋建筑的一部分

C. 有可能是房屋建筑的一部分，但也可能不是

D. 和基础一起成为下部结构

22. 梁中受力纵向受钢筋的保护层厚度主要由（　　）决定

A. 纵向受力钢筋级别　　　　　　B. 纵向受力钢筋的直径大小

C. 周围环境和混凝土的强度等级　　D. 箍筋的直径大小

23. 使钢筋锈蚀的充分条件是（　　）。

A. 箍筋表面氧化膜的破坏　　　　B. 混凝土构件裂缝的产生

C. 含氧水分侵入　　　　　　　　D. 混凝土的碳化进程

24. 在结构使用期间，其值不随时间变化，或其变化与平均值相比可以忽略不计，或其变化是单调的并能趋于限值的荷载称为（　　）。

A. 可变荷载　　　B. 准永久荷载　　　C. 偶然荷载　　　D. 永久荷载

25. 一般情况下，受弯结构是指（　　）。

A. 截面上有弯矩作用的构件

B. 截面上有剪力作用的构件

C. 截面上有弯矩和剪力作用的构件

D. 截面上有弯矩、剪力和扭矩作用的构件

26. 对于仅配箍筋的梁，在荷载形式及配筋率 ρ_{sv} 不变时，提高受剪承载力的最有效措施是（　　）。

A. 增大截面高度　　　　　　　　B. 增大箍筋力强度

C. 增大截面宽度　　　　　　　　D. 增大混凝土强度的等级

27. 生产硅酸盐水泥时加适量石膏主要起（　　）作用。

A. 促凝　　　B. 缓凝　　　C. 助磨　　　D. 膨胀

28. 硅酸盐水泥适合于（　　）市政工程。

A. 早期强度要求高的混凝土　　　　　B. 大体积混凝土

C. 与软水接触的混凝土　　　　　　　D. 抗硫酸盐的混凝土

29. 砂率越大，混凝土中骨料的总表面积就（　　）。

A. 越大　　　　　B. 越小　　　　　C. 越好　　　　　D. 不变

30. 坍落度小于（　　）的新拌混凝土，应采用维勃稠度仪测定其和易性。

A. 20mm　　　　B. 15mm　　　　C. 10mm　　　　D. 5mm

31. 防止混凝土中钢筋锈蚀的主要措施为（　　）。

A. 钢筋表面刷防锈漆

B. 钢筋表面用强碱进行处理

C. 提高混凝土的密实度和加大混凝土保护层

D. 掺入引气剂

32. 沥青技术指标中，盐度表征沥青的（　　）。

A. 黏滞性　　　　B. 感温性　　　　C. 延展性　　　　D. 粘附性

33. 根据招标投标相关法律、法规的规定，下列行为中，不构成招标人和投标人串通投标的是（　　）。

A. 招标人在开标前将投标情况告知其他投标人

B. 招标人预先内定中标人

C. 中标人与投标人事先商定压低标价，中标后再给中标人让利

D. 中标人从几名中标候选人中确定中标人

34. 根据《工程建设项目施工招标投标办法》规定，不属于施工招标文件内容的是（　　）。

A. 投标人须知　　B. 技术条款　　C. 施工组织设计　　D. 合同主要条款

35. 建设工程施工合同应以（　　）为合同履行地。

A. 原告住所地　　B. 合同签订地　　C. 施工行为地　　D. 被告住所地

36. 工程监理单位在施工监理过程中，发现存在安全事故隐患，且情况严重的，应当要求施工单位（　　）。

A. 暂时停止施工，并及时报告建设单位

B. 立即整改，并及时报告建设单位

C. 暂时停止施工，并及时报告有关主管部门

D. 立即整改，并及时报告有关主管部门

37. 根据《建设工程质量管理条例》规定，下列文件中不属于工程监理单位对施工质量实施监理依据的是（　　）。

A. 监理合同　　　　　　　　　　　B. 法律、法规

C. 施工合同中约定采用的推荐性标准　　D. 工程施工图纸

38. 某办公大楼在保修期间出现外墙裂缝，经查是由于设计缺陷造成。若原施工单位进行了维修之后，其应向（　　）索赔维修费用。

A. 设计单位　　B. 物业管理单位　　C. 监理单位　　D. 建设单位

39. 施工单位依法对本企业的安全生产工作负全面责任的是（　　）。

A. 企业技术负责人　　　　　　　　B. 企业法定代表人

C. 企业安全管理部门负责人　　　　　D. 项目负责人

40. 某施工单位从租赁公司租赁了一批工程模板。施工完毕，施工单位以自己的名义将该批模板卖给其他公司。后租赁公司同意将该批模板卖给施工单位。此时施工单位出卖模板的合同为(　　)合同。

A. 可变更　　　　　B. 可撤销　　　　　C. 无效　　　　　D. 效力待定

二、多项选择题

41. 建设工程图纸中的细实线表示的是(　　)。

A. 尺寸界线　　　　　　　　　　　B. 尺寸线

C. 引出线　　　　　　　　　　　　D. 轮廓线

E. 轴线

42. 三面正投影图的特征是(　　)。

A. 长对正　　　　　　　　　　　　B. 高平齐

C. 宽相等　　　　　　　　　　　　D. 平行性

E. 相似性

43. 根据选取基准点的不同，标高分为(　　)。

A. 绝对标高　　　　　　　　　　　B. 相对标高

C. 基准标高　　　　　　　　　　　D. 高程标高

E. 黄海标高

44. 经纬仪因仪器因素所产生的观测误差有(　　)。

A. 使用年限过久　　　　　　　　　B. 检测维修不完善

C. 支架下沉　　　　　　　　　　　D. 对中不认真

E. 调平不准

45. 经纬仪的安置工作的内容主要包括(　　)。

A. 初平　　　　　　　　　　　　　B. 定平

C. 精平　　　　　　　　　　　　　D. 对中

E. 复核

46. 目前所采用的电子水准测量仪器的测量原理是(　　)。

A. 相关法　　　　　　　　　　　　B. 几何法

C. 相位法　　　　　　　　　　　　D. 光电法

E. 数学法

47. 施工定额是建筑企业用于工程施工管理的定额，它由(　　)组成。

A. 时间定额　　　　　　　　　　　B. 劳动定额

C. 产量定额　　　　　　　　　　　D. 材料消耗定额

E. 机械台班使用定额

48. 目前承包工程的结算方式通常有(　　)。

A. 工程量清单结算　　　　　　　　B. 施工图预算加签证结算

C. 平方米造价包干结算　　　　　　D. 总造价包干结算

E. 预算包干结算

49. 施工图预算编制完以后，需要进行认真的审查，审查施工图预算的内容有( )。

  A. 计算项目数
  B. 工程量

  C. 综合单价套用
  D. 其他有关费用

  E. 工程利润

50. 光圆钢筋与混凝土的粘接作用主要由( )所组成。

  A. 钢筋与混凝土接触面上的化学吸附作用力

  B. 混凝土收缩握裹钢筋而产生摩阻力

  C. 钢筋表面凹凸不平与混凝土之间产生的机械咬合作用力

  D. 钢筋的横肋与混凝土的机械咬合作用力

  E. 钢筋的横肋与破碎混凝土之间的楔合力

51. 钢筋和混凝土是两种性质不同的材料，两者能有效地共同工作是因为( )。

  A. 钢筋和混凝土之间有着可靠的粘结力，受力后变形一致，不产相对滑移

  B. 混凝土提供足够的锚固力

  C. 钢筋和混凝土的温度线膨胀系数大致相同

  D. 钢筋和混凝土的互楔作用

  E. 混凝土保护层防止钢筋锈蚀，保证耐久性

52. 属于影响混凝土梁斜截面受剪承载力的主要因素有( )。

  A. 剪跨比
  B. 混凝土强度

  C. 箍筋配箍率
  D. 箍筋抗拉强度

  E. 纵向受力钢筋配筋率和纵向受力钢筋抗拉强度

53. 高层建筑可能采用的结构形式有( )。

  A. 砌体结构体系
  B. 剪力墙结构体系

  C. 框架-剪力墙结构体系
  D. 筒体结构体系

  E. 框支剪力墙体系

54. 影响水泥体积安定性的因素主要有( )。

  A. 水泥熟料中游离氧化镁含量
  B. 水泥熟料中游离氧化钙含量

  C. 水泥的细度
  D. 水泥中三氧化硫含量

  E. 水泥的烧失量

55. 下列建筑材料中属于脆性材料的有( )。

  A. 素混凝土
  B. 黏土砖

  C. 低碳钢
  D. 木材

  E. 陶瓷

56. 大体积混凝土防止表面出现裂缝的措施有( )。

  A. 优先选用硅酸盐水泥
  B. 使用缓凝剂

  C. 12h 内对混凝土养护
  D. 加入微膨胀剂

  E. 设置后浇缝

57. 下列质量问题中，不属于施工单位在保修期内应承担保修责任有( )。

  A. 因使用不当造成的质量问题
  B. 质量监督机构没有发现的质量问题

  C. 第三方造成的质量问题
  D. 监理单位没有发现的质量问题

E. 不可抗力造成的质量问题

58. 下列工程施工过程之中，属于侵权责任的情形有（　　）。

A. 施工单位未按合同约定支付项目经理奖金

B. 施工单位违约造成供货商重大损失

C. 工地上塔吊倒塌造成供货商重大损失

D. 施工单位将施工废料倒入邻近鱼塘致使大量鱼苗死亡

E. 分包商在施工时操作不当造成公用供电设施损坏

59. 拆迁人申请房屋拆迁许可证时，应向房屋所在地的市、县人民政府拆迁管理部门提交（　　）。

A. 建设用地规划许可证　　　　　　B. 土地使用权批准文件

C. 拆迁计划和拆迁方案　　　　　　D. 拆迁补偿安置资金证明

E. 建设工程规划许可证

60. 在市政工程建设时，要大力倡导以（　　）为主要内容的职业道德，鼓励人们在工作中做一个好建设者。

A. 爱岗敬业　　　　　　　　　　　B. 诚实守信

C. 办事公道　　　　　　　　　　　D. 服务群众

E. 奉献社会

三、判断题

61. 在工程图中，可见轮廓线的线型为细实线。　　　　　　　　　　　　（　　）

62. 剖面图剖切符号的编号数字可以写在剖切位置的任意一边。　　　　　（　　）

63. 水准仪的仪高是指望远镜的中心到地面的铅垂距离。　　　　　　　　（　　）

64. 高层建筑由于层数较多、高度较高、施工场地狭窄等原因，故在施工过程中，对于垂直度偏差、水平度偏差及轴线尺寸偏差都必须严格控制。　　　　　　　　（　　）

65. 用于工程测量尺寸的端点均为零刻度。　　　　　　　　　　　　　　（　　）

66. 在建筑工程类别判定中，建筑物高度应自设计室内地坪算起至屋面檐口高度。

（　　）

67. 施工机械使用费用中包含机上人工费。　　　　　　　　　　　　　　（　　）

68. 按照单项工程的构成，可以分为建筑工程和设备安装工程两类。　　　（　　）

69. 在浇注大深度混凝土时，为防止在钢筋底面出现沉淀收缩和泌水，形成疏松空隙层，削弱粘结，对高度较大的混凝土构件应采用分层浇注或二次浇捣。　　　（　　）

70. 钢筋混凝土结构中和横向钢筋（如梁的箍筋）的设置不仅有助于提高抗剪性能，还可以限制混凝土内部裂缝的发展，提高粘结强度。　　　　　　　　　　（　　）

71. 在适筋梁中，当其他条件不变的情况时，ρ 越大，受弯构件正截面的承载力越大。

（　　）

72. 对矩形截面构件，当轴向力偏心方向的截面边长大于另一方向的边长时，除按偏心受压计算外，还应对较小边长方向按轴心受压验算。　　　　　　　　　（　　）

73. 施工现场发现混凝土流动性不足，可以用增加用水量解决。　　　　　（　　）

74. 钢材的屈强比越大，表示使用过程中的安全度越高。　　　　　　　　（　　）

75. 采用蒸汽养护的混凝土，其早期强度和后期强度均能得到提高。　　　（　　）

76. 单位工程完工后，施工单位应自行组织有关人员进行检查评定，并向建设单位提交工程竣工验收报告。 （　　）

四、案例题

（一）某工程在施工放线测量时，水准基点由于提供的水准基点距离工地较远，达到 2.158km，引测到工地中间转折了 18 次。A 点工程为 48.812m，测量时在两点中间放置水准仪，后视 A 点的读数为 1.562m，前视 B 点的读数为 0.995m。

77. 水准仪的操作步骤为（　　）。（单选题，2 分）

A. 安置仪器、粗平、瞄准、精平、读数

B. 安置仪器、瞄准、粗平、精平、读数

C. 安置仪器、粗平、精平、瞄准、读数

D. 安置仪器、粗平、瞄准、读数、精平

78. 此次测量的允许误差是（　　）mm。（单选题，2 分）

A. 4　　　　　　　　B. 8　　　　　　　　C. 27　　　　　　　　D. 29

79. 在本次水准仪测量中，通过 A 和 B 两点的读数可知 （　　）。（单选题，1 分）

A. A 点比 B 点低　　　　　　　　　　B. A 点比 B 点高

C. A 点与 B 点同高　　　　　　　　　D. A 和 B 点的高低无法确定

80. B 点高程为（　　）m。（单选题，1 分）

A. 48.245　　　　　　B. 49.379　　　　　　C. 49.807　　　　　　D. 50.374

（二）某单跨仓库采用砌体结构形式，跨度：1.5m×36m。檐口标高＋6.00m，屋面结构采用钢筋混凝土屋架有檩体系。其结构布置简图见下图。

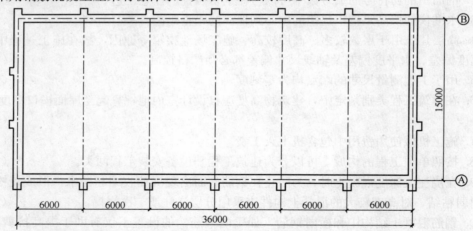

81. 房屋的静力计算方案应选用（　　）。（单选题，1 分）

A. 刚性方案　　　　B. 弹性方案　　　　C. 刚弹性方案　　　　D. 空间方案

82. 该工程关于圈梁作用描述正确的是（　　）。（单选题，1 分）

A. 增强砌体结构房屋的整体刚度

B. 提高其高厚比，以满足稳定性

C. 防止由于较大的振动荷载对房屋引起的不利影响

D. 增大墙体的承载力

83. 圈梁宜连续地设在同一水平面上并交圈封闭。当圈梁被门窗洞口截断时，应在洞

口上部增设与截面相同的附加圈梁，附加圈梁与圈梁的搭接长度。（　　）

A. 不应小于垂直间距 H 的 1.5 倍　　　　B. 不应小于垂直间距 H 的 2 倍

C. 不得小于 1500mm　　　　　　　　　　D. 不得小于 2000mm

84. 若设置过梁，其破坏形式一般不会发生的情形是（　　）。（单选题，2 分）

A. 跨中截面受弯承载力不足而破坏

B. 过梁支座处水平灰缝受剪承载力不足而发生破坏

C. 支座附近斜截面受剪承载力不足，阶梯形斜裂缝不断扩展而破坏

D. 过梁局部压坏

85. 关于构造柱的做法错误的是（　　）。（单选题，1 分）

A. 应设置基础　　　　　　　　　　　　B. 可不单独设置基础

C. 应伸入室外地面下 500mm　　　　　　D. 与埋深 500mm 的基础圈梁相连

第二部分　专业管理实务

一、单项选择题

86. 不同性质的土应分类、分层填筑，不得混填，填土中大于（　　）的土块应打碎或剔除。

A. 5cm　　　　　　B. 10cm　　　　　　C. 15cm　　　　　　D. 20cm

87. 只能用于沥青混凝土面层下面层的是（　　）沥青混凝土。

A. 粗粒式　　　　　B. 中粒式　　　　　C. 细粒式　　　　　D. 微粒式

88. 用振动压路机碾压厚度较小的改性沥青混合料路面时，其振动频率和振幅大小宜采用（　　）。

A. 低频低振幅　　　B. 低频高振幅　　　C. 高频高振幅　　　D. 高频低振幅

89. 下列关于水泥混凝土道路垫层的说法中，不正确的是（　　）。

A. 垫层的宽度与路基宽度相同　　　　　B. 垫层最小厚度为 100mm

C. 排水垫层宜采用颗粒材料　　　　　　D. 半刚性垫层宜采用无机结合料稳定材料

90. 水泥混凝土路面施工前，应按（　　）强度作混凝土配合比设计。

A. 标准试件的抗压　　　　　　　　　　B. 标准试件的抗剪

C. 直角棱柱体小梁的抗压　　　　　　　D. 直角棱柱体小梁的弯拉

91. 填路筑堤的材料，以采用强度高，（　　）好，压缩性小，便于施工压实以及运距短的土、石材料为宜。

A. 高温稳定性　　　B. 抗车辙　　　　　C. 水稳定性　　　　D. 低温稳定性

92. 直接位于沥青层面下由不同材料铺筑的主要（　　）层，称做基层。

A. 承重　　　　　　B. 磨耗　　　　　　C. 隔离　　　　　　D. 防水

93. 密级配沥青混合料复压宜优先采用（　　）压路机进行碾压，以增加泌水性。

A. 振动　　　　　　B. 三轮钢筒式　　　C. 重型轮胎　　　　D. 双轮钢筒式

94. 改性沥青混合料的贮藏时间不宜超过（　　）h。

A. 8　　　　　　　　B. 12　　　　　　　C. 24　　　　　　　D. 36

95. 在道路施工中，机械开挖作业时，必须避开建筑物、管线，在距管道边（　　）范围内应采用人工开挖。

A. 0.5m   B. 1.0m   C. 1.5m   D. 2.0m

96. 某道路有一座单跨拱桥，其净跨径为 l_0，计算跨径为 l，净矢高 f_0，计算矢高为 f，则该拱桥的矢跨比为（　　）。

A. f_0/l_0 B. f_0/l C. f/l_0 D. f/l

97. 桥梁总跨径长度的选择要求保证桥下有足够的（　　）。

A. 过水断面   B. 最低水位   C. 通航水位   D. 通航净空高度

98. 桥梁标高是由（　　）确定的。

A. 桥梁总跨径   B. 桥梁分孔数

C. 设计水位   D. 设计通航净空高度

99. 梁式桥的内力以（　　）为主。

A. 拉力   B. 弯矩   C. 剪力   D. 压力

100. （　　）的桥墩或桥台要承受很大的水平推力，因此对桥的下部结构和基础的要求比较高。

A. 梁式桥   B. 拱式桥   C. 刚架桥   D. 斜拉桥

101. 一般纯摩擦桩压桩的终止条件按（　　）进行控制。

A. 设计压力   B. 设计桩长   C. 贯入度   D. 锤击数

102. 梁、板落位时，横桥向位置应以梁的纵向（　　）为准。

A. 左边线   B. 右边线   C. 中心线   D. 间距均匀

103. （　　）是沟槽、基坑开挖与回填施工中的主要项目之一，所需要的劳动量和机械台班量很大，往往是影响施工进度、成本和工程质量的主要因素。

A. 测量与放线   B. 土石方工程

C. 接口   D. 管道施工质量检查与验收

104. 承重结构用砖的强度等级不宜低于（　　）。

A. MU10   B. MU7.5   C. MU5   D. MU2.5

105. 工程目标主要依据（　　），由建设单位及相关主管部门要求制定。

A. 施工合同   B. 工程进度

C. 工程现场安全生产   D. 工程规模

106. 施工段划分的目的是为了适应（　　）的需要。

A. 流水施工   B. 工程进度   C. 工程质量   D. 安全生产

107. 现浇混凝土盖梁前，搭设施工脚手架时不能实施的选项是（　　）。

A. 通道必须设置临边防护   B. 必须与承重支架相连接

C. 必须可靠接地   D. 必须验收合格后方可使用

108. 预应力混凝土粗集料应采用碎石，其粒径宜为（　　）mm。

A. 5～20   B. 5～25   C. 10～20   D. 10～25

109. 放张预应力筋时，混凝土强度必须符合设计要求，设计未按规定时，不得低于强度设计值的（　　）。

A. 30%   B. 50%   C. 75%   D. 85%

110. 钢梁制造焊接应在室内进行，相对湿度不宜高于（　　）。

A. 50%   B. 60%   C. 70%   D. 80%

111. 混凝土试块试压后，某组三个试块的强度分别为 26.5MPa、32.5MPa、37.9MPa，该组试块的混凝土强度代表值为（　　）。

    A. 36.5MPa　　　　　　　　　　　B. 32.3MPa

    C. 32.5MPa　　　　　　　　　　　D. 不作为强度评定的依据

112. 给水排水管道工程和厂站工程施工中，常采用的降低地下水位的降水方法不包括（　　）。

    A. 井点　　　　　　B. 管井　　　　　　C. 坎儿井　　　　　　D. 集水井

113. 给水排水管道功能性实验规定，管道的实验长度除规范和设计另有要求外，无压力管道闭水试验的管道长度不宜超过（　　）个连续井段。

    A. 3　　　　　　　　B. 4　　　　　　　　C. 5　　　　　　　　D. 6

114. 因建设或者其他特殊需要临时占用城市绿化用地，须经城市人民政府（　　）同意，并按照有关规定办理临时用地手续。

    A. 城市绿化监督管理部门　　　　　　B. 城市绿化行政主管部门

    C. 城市绿化规划部门　　　　　　　　D. 城市建设主管部门

115. 张拉机具设备试用期间的校验期限应视机具设备的情况确定，当千斤顶使用超过（　　）个月后应重新校验。

    A. 3　　　　　　　　B. 4　　　　　　　　C. 5　　　　　　　　D. 6

二、多项选择题

116. 路基施工常用机械有（　　）。

    A. 推土机　　　　　　　　　　　　B. 装载机

    C. 平地机　　　　　　　　　　　　D. 挖土机

    E. 压路机

117. 路堤填筑的常见方式有（　　）。

    A. 水平分层填筑　　　　　　　　　B. 竖向填筑

    C. 混合填筑　　　　　　　　　　　D. 对称填筑

    E. 上下填筑

118. 目前公认的沥青路面车辙类型包括（　　）。

    A. 结构型车辙　　　　　　　　　　B. 失稳型车辙

    C. 磨耗型车辙　　　　　　　　　　D. 疲劳型车辙

    E. 低温型车辙

119. 沥青混合料碾压目的是提高沥青路面的（　　）等路用性能。

    A. 密实度　　　　　　　　　　　　B. 强度

    C. 抗车辙　　　　　　　　　　　　D. 抗疲劳

    E. 平整度

120. 桥梁总体规划设计的基本内容包括（　　）。

    A. 桥位选定　　　　　　　　　　　B. 桥梁总跨径的确定

    C. 桥型选定　　　　　　　　　　　D. 桥梁荷载设计

    E. 桥梁设计单位的确定

121. 国产盆式橡胶支座分为（　　）。

A. 单向活动支座
B. 双向活动支座
C. 板式橡胶支座
D. 简易支座
E. 固定支座

122. 城市桥梁工程大体积混凝土出现的裂缝按深度的不同，分为（　　）裂缝。

A. 局部
B. 内层
C. 贯穿
D. 深层
E. 表面

123. 污水管道闭水试验应符合的要求有（　　）。

A. 在管道填土完成前进行
B. 在管道灌满水 24h 后进行
C. 在抹带完成前进行
D. 渗水量的测定时间不小于 30min
E. 试验水位应为下游管道内顶以上 2m

124. 球墨铸铁管一般为柔性橡胶圈密封接口，其优点为（　　）。

A. 抗震效果好
B. 适用于小半径弯道直接安管施工
C. 接口密封性好
D. 适应地基变形性能强
E. 接口在一定转角内不漏水

125. 液压锤的特点包括（　　）。

A. 设备简单
B. 噪声小
C. 耗能小
D. 锤击速度慢
E. 不会污染空气

126. 下面属于建设工程项目特征的是（　　）。

A. 项目的一次性
B. 项目目标的明确性
C. 项目的临时性
D. 项目作为管理对象的整体性
E. 项目的生命周期性

127. 计划成本对于（　　），具有十分重要的作用。

A. 降低施工项目成本
B. 建立和健全施工项目成本管理责任制
C. 控制施工过程中生产费用
D. 加强企业的经济核算
E. 加强项目经理部的经济核算

128. 下列影响建设工程项目质量的因素中，属于可控因素的有（　　）。

A. 人的因素
B. 技术因素
C. 社会因素
D. 管理因素
E. 环境因素

129. 建设工程施工质量的事后控制是指（　　）。

A. 质量活动结果的评价和认定
B. 质量活动的检查和监控
C. 质量活动的行为约束
D. 质量偏差的纠正
E. 已完施工的成品保护

130. 当计算工期超过计划工期时，可压缩关键工作的持续时间以满足工期要求。在确定缩短持续时间的关键工作时，宜选择（　　）。

A. 缩短持续时间而不影响质量和安全的工作
B. 有多项紧前工作的工作

C. 有充足备用资源的工作

D. 缩短持续时间所增加的费用相对较少的工作

E. 单位时间消耗资源量大的工作

三、判断题

131. 沉降缝和伸缩缝在挡土墙中同设于一处，称之为沉降伸缩缝。对于非岩石地基，挡土墙每隔 10～15m 设置一道沉降伸缩缝。　　　　　　　　　　　　　（　　）

132. 锥坡填土宜采用透水性较好的粗砂或砂性土，不得采用耕植土或重黏土。

　　　　　　　　　　　　　　　　　　　　　　　　　　　　　　　（　　）

133. 管道施工质量检查与验收是沟槽、基坑开挖与回填施工中的主要项目之一，所需要的劳动量和机械台班量很大，往往是影响施工进度、成本和工程质量的主要因素。

　　　　　　　　　　　　　　　　　　　　　　　　　　　　　　　（　　）

134. 支护结构为施工期间的临时支挡结构，没有必要按永久结构来施工。　（　　）

135. 不需专家论证的专项方案，经施工单位审核合格后报监理单位，需由项目总监理工程师签字批准。　　　　　　　　　　　　　　　　　　　　　　　（　　）

136. 所有验收，必须办理书面确认手续，否则无效。　　　　　　　　　（　　）

137. 在进度计划的调整过程中通过改变某些工作的逻辑关系可以达到缩短工作持续时间的目的。　　　　　　　　　　　　　　　　　　　　　　　　　　　（　　）

138. 对大中型项目工程、结构复杂的重点工程，除了必须在施工组织总体设计中编制施工安全技术措施外，还应编制单位工程或分部，分项工程安全技术措施。　（　　）

139. "工程管理"的工作阶段就是工程项目的实施阶段。　　　　　　　　（　　）

140. 实施建设工程监理前，建设单位应当委托的监理单位、监理的内容及监理权限，通过书面方式通知被监理的建筑施工企业。　　　　　　　　　　　　　　（　　）

四、案例题

（一）某工程基坑开挖后发现有城市供水管道横跨基坑，须将供水管道改线并对地基进行处理。为此，业主以书面形式通知施工单位停工 10d，并同意合同工期拖延 10d。为确保继续施工，要求工人、施工机械等不要撤离施工现场，但在通知中未涉及由此造成施工单位停工损失如何处理，施工单位认为损失过大，意欲索赔。

根据以上背景资料，请回答以下问题：

141. 该案例中的索赔可以成立。（　　）（判断题，2.5 分）

142. 该案例中，若索赔成立，施工单位应向（　　）索赔。（单选题，2.5 分）

A. 建设单位　　　　　　　　　　　B. 监理单位

C. 设计单位　　　　　　　　　　　D. 供货单位

143. 由此引起的损失费用项目有 10d 的工人窝工、施工机械停滞及管理费用。

（　　）（判断题，2.5 分）

144. 如果提出索赔要求，应向业主提供索赔费用计算书及索赔证据复印件。（　　）

（判断题，2.5 分）

（二）某城市桥梁的桥墩工程有立模版、钢筋绑扎、浇筑混凝土三个施工过程，分为三个施工段组织流水施工，各施工过程在各施工段上的工作持续时间见下表，无技术、组织间歇，试组织无节奏专业流水施工。

施工过程	①	②	③
立模版	2d	2d	2d
钢筋绑扎	2d	2d	2d
浇筑混凝土	1d	2d	1d

根据以上背景资料，请回答一下问题：

145. 该工程的工期是（   ）。（单选题，2.5分）

A. 9d   B. 10d   C. 12d   D. 16d

146. 施工段的划分是为了适应（   ）的需要。（单选题，2.5分）

A. 施工人员   B. 施工步距   C. 流水施工   D. 施工机械

147. 施工段划分的大小应与（   ）相适应，保证足够的工作面，以便于操作、发挥生产效率。（多选题，2.5分）

A. 劳动组织   B. 施工步距

C. 机械设备   D. 施工机械生产能力

E. 施工单位水平

148. 工程施工顺序应在满足工程建设的要求下，组织分期分批施工，使组织施工在全局上科学合理，连续均衡；同时必须注意遵循（   ）的原则进行安排。（多选题，2.5分）

A. 先地下、后地上   B. 先主体、后附属

C. 先深后浅   D. 先干线、后支线

E. 先陆地、后水中